U0156777

水利工程施工技术与组织管理

于林军 ◎ 著

中国华侨出版社
·北京·

图书在版编目（CIP）数据

水利工程施工技术与组织管理 / 于林军著. -- 北京：
中国华侨出版社，2023.5
ISBN 978-7-5113-8887-2

Ⅰ．①水… Ⅱ．①于… Ⅲ．①水利工程－施工组织
②水利工程－施工管理 Ⅳ．①TV512

中国版本图书馆 CIP 数据核字(2022)第 160123 号

水利工程施工技术与组织管理

著　　者：于林军

责任编辑：孟宪鑫

封面设计：北京万瑞铭图文化传媒有限公司

经　　销：新华书店

开　　本：787 毫米×1092 毫米　1/16 开　印张：18　字数：283 千字

印　　刷：北京天正元印务有限公司

版　　次：2023 年 5 月第 1 版

印　　次：2023 年 5 月第 1 次印刷

书　　号：ISBN 978-7-5113-8887-2

定　　价：79.00 元

中国华侨出版社 北京市朝阳区西坝河东里 77 号楼底商 5 号　　邮编：100028

发行部：(010)69363410　　　传　真：(010)69363410

网　址：www.oveaschin.com　　E-mail：oveaschin@sina.com

前言

　　水是一切生命之源，也是人类社会与经济发展的基础。人类在与自然界的共处中，逐步地摸索出治水、利水的天工开物，那就是水利工程。水利工程是人类谋生的物质手段，也是生产斗争的产物。水利建设作为我国经济社会的基础设施，造福于人民，成为促使经济可持续发展不可或缺的支撑。继往开来，21世纪现代水利面临的是在全面建设防洪减灾体系的同时，重点解决水资源紧缺和生态环境恶化的严峻挑战，合理利用水资源与兴修水利仍将是保证我国新世纪发展目标的一项重大战略措施。

　　水利工程基本建设项目近年来得到国家的高度重视，水利工程建设项目也迅速发展，但随之而来的是水利工程的很多问题。为了提高施工现场负责人的业务水平，为水利工程建设提供人员保障而编写了本书。

　　本书是关于水利工程施工技术和施工组织管理的著作，本书首先对水利工程的基础知识进行阐述，然后对水利工程的地基、土方石等施工技术进行详细论述，最后对水利工程的施工组织和项目管理进行叙述。本书可为水利工程施工技术研究人员提供参考。

　　随着我国水资源的大力开发，水利工程施工过程中的环境问题受到人们越来越多的重视。应在工程的规划、设计、施工、运行及管理的各个环节中都要注意保护生态环境。本书在编写过程中参考了大量的文献书籍，在此对每位作者表示衷心的感谢。本书虽经反复推敲核证，仍难免有不妥甚至疏漏之处，恳请广大读者提出宝贵意见。

目录

第一章 水利工程综述

第一节 水利工程建设的必要性

一、全面建设小康社会的需要

全面建设小康社会，最根本的是坚持以经济建设为中心，不断提高人民的生活水平。黄土高原地区是我国经济基础相对薄弱的地区。而加快黄土高原地区堤坝建设，对促进地方经济发展和群众脱贫致富，全面建设小康社会具有重要的现实意义。堤坝将泥沙就地拦截，形成坝地，使荒沟变成了高产、稳产的基本农田。

二、促进西部大开发的需要

黄土高原地区有煤炭、石油、天然气等30多种矿产，资源丰富，是我国西部地区十大矿产集中区之一，开发潜力巨大。该区是我国重要的能源和原材料基地，在我国经济社会发展中具有重要地位。该地区严重的水土流失和极其脆弱的生态环境与其在我国经济社会发展中的重要作用极不相称，这就要求在开发建设的同时，必须同步进行水土保持生态建设。堤坝建设是水土保持生态建设的重要措施，也是资源开发和经济建设的基础工程，加快堤坝建设，可以快速控制水土流失，提高水资源利用率，通过促进退耕还林、还草及封禁保护，加快生态自我修复，实现生态环境的良性循环，改善生产、生活和交通条件，为西部开发创造良好的建设环境，对于国家实施西部大开发的战略具有重要的促进作用。

黄河以上山丘区资源丰富，有大量的矿产资源，如金、银、铁、铜、大理石及其他矿产资源等，由于缺电，这些矿产资源不能得到合理的开发和深加工。同时，山丘区的加工业及其他产业发展也受到限制，严重制约着山区农村经济的发展。工程建成以后，由于电力资源丰富，可以促进农村经济的发展，该水电站是山区水利和山区经济的重要组成部分，是贫困山区经济发展的重要支柱，地方财政收入的重要来源，农民增收的根本途径，对精神文明建设以及对乡镇工、副业的发展和农村电气化将发挥重要作用。

三、改善生态环境的需要

巩固退耕还林、还草成果的关键是当地群众要有长远稳定的基本生活保证。堤坝建设形成了旱涝保收，稳产、高产的基本农田和饲料基地，使农民由过去的广种薄收改为少种高产多收，促进了农村产业结构调整，为发展经济创造了条件，解除了群众的后顾之忧，与国家退耕政策相配合，就能够保证现有坡耕地"退得下、稳得住、不反弹"，为植被恢复创造条件，实现山川秀美。

四、实现防洪安全的需要

泥沙主要来源于高原。修建于沟道中的堤坝，从源头上封堵了向下游输送泥沙的通道，在泥沙的汇集和通道处形成了一道人工屏障。它不但能够拦蓄坡面汇入沟道内的泥沙，而且能够固定沟床，抬高侵蚀基准面，稳定沟坡，制止沟岸扩张、沟底下切和沟头前进，减轻沟道侵蚀。

五、水利枢纽

水利枢纽是为满足各项水利工程兴利除害的目标，在河流或渠道的适宜地段修建的不同类型水工建筑物的综合体。水利枢纽按承担任务的不同，可分为防洪枢纽、灌溉枢纽、水力发电枢纽和航运枢纽等。多数水利枢纽承担多项任务，称为综合性水利枢纽。影响水利枢纽功能的主要因素是合理的位置和最优的布置方案。水利枢纽工程的位置一般通过河流流域规划或地区水利规划确定。需充分考虑地形、地质条件，使各个水工建筑物都能布置在安全可靠的地基上，并能满足建筑物的尺度和布置要求，以及施工的必需条件。水利枢纽工程的布置，一般通过可行性研究和初步设计确定。枢纽布置必须使各个不同功能的建筑物在位置上各得其所，在运用中相互协调，充分有效地完成所承担的任务；各个水工建筑物单独使用或联合使用时水流条件良好，上下游的水流和冲淤变化不影响或少影响枢纽的正常运行，总之技术上要安全可靠；在满足基本要求的前提下，要力求建筑物布置紧凑，一个建筑物能发挥多种作用，减少工程量和工程占地，以减小投资；同时要充分考虑管理运行的要求和施工便利、工期短。一个大型水利枢纽工程的总体布置是一项复杂的系统工程，需要按系统工程的分析研究方法进行论证确定。

建设水利工程是国家实施可持续发展战略的重要体现，将为水电发展提供新的动力。小水电作为清洁可再生绿色能源，越来越广泛地得到全社会的肯定。发展小水电既可减少有限的矿物燃料消耗，减少二氧化碳的排放，减少环境污染，还可以解决农民的烧柴和农村能源问题，有利于促进农村能源结构的调整，有利于促进退耕还林、封山绿化、植树造林和改善生态环境，有利于人口、环境的协调发展，有利于水资源和水能资源的可持续利用，促进当地经济的可持续发展。

第二节 水利工程的分类

按目的或服务对象可分为防止洪水灾害的防洪工程；防止旱、涝、渍灾为农业生产服务的农田水利工程，或称灌溉和排水工程；将水能转化为电能的水力发电工程；改善和创建航运条件的航道和港口工程；为工业和生活用水服务，并处理和排除污水、雨水的城镇供水和排水工程；防止水土流失和水质污染，维护生态平衡的水土保持工程和环境水利工程；保护和增进渔业生产的渔业水利工程，围海造田，满足工农业生产或交通运输需要的海涂围垦工程；等等。一项水利工程同时为防洪、灌溉、发电、航运等多种目标服务的，称为综合利用水利工程。

一、防洪工程

防洪工程是防止旱、涝、渍灾为农业生产服务的农田水利工程，或称灌溉和排水工程。

二、水利发电工程

水利发电工程是将水能转化为电能的水力发电工程。

三、引水工程

引水工程，一般在水体补给区修建调洪水库、引水渠和截流水沟等。调洪水库的设计标准要比灌溉水库的标准高，适当考虑提高设计烈度，以防地震时水库溃决，形成特大的泥石流和水灾。引水渠可按一般水渠工程设计。

截流沟的设计同滑坡的截流沟，在施工中保证质量，严防漏水。

四、提水工程

提水工程是指利用扬水泵站从河道、湖泊等地表水体提水的工程（不包括从蓄水、引水工程中提水的工程），按大、中、小型规模分别统计。调水工程，是指水资源一级区或独立流域之间的跨流域调水工程，蓄、引、提工程中均不包括调水工程的配套工程。地下水源工程，是指利用地下水的水井工程，按浅层地下水和深层承压水分别统计。

五、地下水源工程

指利用地下水的水井工程，按浅层地下水和深层承压水分别统计。地下水利用研究地下水资源的开发和利用，使之更好地为国民经济各部门（如城市给水、工矿企业用水、农业用水等）服务。农业上的地下水利用，就是合理开发与有效地利用地下水进行灌溉或排灌结合改良土壤以及农牧业给水。必须根据地区的水文地质条件、水文气象条件和用水条件，进行全面规划。在对地下水资源进行评价和摸清可开采量的基础上，制订开发计划与工程措施。在地下水利用规划中要遵循以下原则：

①充分利用地面水，合理开发地下水，做到地下水和地面水统筹安排。

②应根据各含水层的补水能力，确定各层水井数目和开采量，做到分层取水，浅、中、深结合，合理布局。

③必须与旱涝碱咸的治理结合，统一规划，做到既保障灌溉，又降低地下水位、防碱防渍；既开采了地下水，又腾空了地下库容；使汛期能存蓄降雨和地面径流，并为治涝治碱创造条件。在利用地下水的过程中，还须加强管理，避免盲目开采而引起不良后果（指与当地降水、地表水体有直接补排关系的潜水和与潜水有紧密水力联系的弱承压水）。其他水源工程包括。集雨工程、污水处理再利用和海水利用等供水工程。

第三节 水利工程任务及规模

建设项目的任务，是指项目建成后需要达到的目标，而建设范围是指建设规模。这是整个水利工程任务中最核心的一个环节，有关专业人员要从工程中每一个过程当中对于科技和效益两个大方面实施强有力的审核和校评，同时也要在良好方法的前提下，准确、严格地制定工程任务的费用的预期计划，这是整个水利工程当中各阶段预期费用掌控任务总的经济投入的重要性根据。在投资决策阶段，要挑选工程任务实施得最佳、最准确的建设水准以及挑选最佳的工艺配备装置，进行完整性、准确性、公正的评估。

一、工程特征水位的初步选择

初选灌区开发方式，确定灌区范围，选定灌溉方式。拟定设计水平年，选定设计保证率。确定供水范围、供水对象，选定供水工程总体规划。说明规划阶段确定的梯级衔接水位，结合调查的水库淹没数据和制约条件以及工程地质条件，通过技术经济比较，基本选定水库正常蓄水位，初选其他主要特征水位。

二、地区社会经济发展状况、工程开发任务

收集工程影响地区的社会经济现状和水利发展规划资料。收集水利工程资料，主要包括现有、在建和拟建的各类水利工程的地区分布、供灌能力以及待建工程的投资、年运行费等。确定本工程的主要水文及水能参数和成果；收集近年来社会经济情况，人口、土地、矿产、水资源等资料，工农业、交通运输业的现状及发展规划，主要国民经济指标，水资源和能源的开发和供应状况等资料。阐述经济发展和城镇供水及灌溉对水库的要求，论述本工程的开发任务。

三、主要任务

确定工程等别及主要建筑物级别、相应的洪水标准和地震设防烈度；初选坝址；初拟工程枢纽布置和主要建筑物的形式和主要尺寸，对复杂的技术问题进行重点研究，分项提出工程量。根据相关规划，结合本工程的特点，分析各综合利用部门对工程的要求，初定其开发任务以灌溉、供水为主，兼有防洪、发电、改善水环境等功能。

（一）供水范围、设计水平年、设计保证率

根据相关规划，协调区域水资源配置，结合上阶段分析成果，进一步论证工程供水范围。经查勘综合进行分析。

（二）设计水平年和设计保证率

根据区域经济发展规划,结合工程的特点,拟定以××××年为基准年,

工程设计水平年为 ×××× 年。根据本区水资源条件和各综合利用部门特点，初拟设计保证率：灌溉 $P = 80\%$、供水 $P = 90\%$。

（三）需水预测

根据工程供水范围内区域社会经济发展规划及各行业发展规划，分部门预测灌溉需水、生活需水、二三产业需水、生态环境需水及其他需水。水库坝址需下泄的生态环境用水量由环评专业提供，本专业重点研究灌溉需水、生活需水、工业需水、牲畜需水、发电用水。

1. 灌溉需水

①了解分析灌区的土地利用规划、种植业发展规划，拟定灌区田土比例和种植制度，土壤理化参数；

②以 ×× 站为代表站，参考规划及 ×× 灌溉用水定额编制评价报告，分别拟定水稻、玉米、小麦、油菜、红苕、烤烟和水果等主要农作物的生育期参数，以水稻以候，旱作以旬为时段，进行单项作物的灌溉制度设计，并计算灌区综合灌溉定额；

③提出灌区 $P = 50\%$、$P = 80\%$、$P = 90\%$、$P = 95\%$ 典型年灌溉用水旬过程线，并制作 $P = 80\%$ 灌水率过程线或图；

④根据灌溉定额和结合灌区规划预测分片的灌溉需水。

2. 生活需水

调查了解灌区城镇和农村人口的用水情况，包括用水指标、取水水源等，分析预测设计水平年需水利工程供水的人口和指标，预测分片的生活需水量。根据灌区调查，初拟城镇人口生活用水指标（不含公共设施的用水）为 160 升 / 人·天，农村人口生活用水指标为 80 升 / 人·天。

3. 工业需水

调查了解灌区工业的发展及用水情况，包括增加值、增加值年递增率、用水指标、取水水源，分析预测设计水平年工业增加值、用水指标、预测分片的工业需水量和需水利工程供水量。根据灌区调查，灌区工业以电解锰企业为主，吨产品用水量 1.5 ~ 30 立方米，平均 10 立方米，折合为万元增加值用水指标为 1.5 ~ 30 立方米 / 万元·年，平均 10.4 万立方米 / 万元·年。

4. 牲畜需水

调查了解灌区牲畜发展及用水情况，包括牲畜数量、用水指标、取水水源，分析预测设计水平牲畜数量、用水指标、预测分片的牲畜需水量和需水利工程供水量。根据灌区调查，初拟牲畜用水指标为大牲畜 40 升 / 头·天，小牲畜 20 升 / 头·天。

5. 发电用水

应结合是否预留专门库容以及是否发电与灌溉供水结合应进行研究

（1）是否预留发电库容的方案

方案Ⅰ：不预留专门库容，水库对电站用水不作调节，水库规模由灌区综合供水和生态环境用水确定。

方案Ⅱ：考虑到水库来水丰沛，汛期余水较多，水库按枯水年（或中水年）基本达到完全年调节控制。

（2）是否发电与灌区供水结合的方案

方案Ⅰ：发电与灌区供水结合，电站布置在渠首，多利用灌区综合用水发电。

方案Ⅱ：发电与灌区供水不结合，电站布置在坝后，仅利用环境用水和水库汛期余水发电，但可多利用水头。

（四）供水预测

调查了解灌区现有水利工程的数量、分布、供水能力及运行情况，收集有关的水利规划资料，分析预测灌区各类水工程的数量和可供水量。

1. 引水堰和提灌站

根据其灌溉和供水户的需水量、引水能力和取水坝址来水量分析计算。

2. 山坪塘和石河堰

采用兴利库容乘以供水系数法估算供水量。采用典型调查方法，参照邻近及类似地区的成果分析确定其供水系数，结合水文提供的各年径流频率求逐年的供水量，主要用于削减灌区用水峰量。

3. 小水库

根据其集水面积、兴利库容、水文提供的径流深以及供水区需水预测成果，采用长系列进行调节计算，得出逐年的供水量。

（五）供水区水量平衡分析

1. 渠系总布置

与水工专业共同研究渠系总布置方案，落实干支斗渠的长度，衬砌形式，绘制灌区渠系直线示意图。并根据灌区的地形条件进行典型区选择和典型区田间灌排渠系布置，以此为据，计算干支斗渠以下的田间灌溉水利用系数。

2. 分片区水量平衡

根据灌区分片，首先根据需水预测、灌区水资源分析成果和调查的自备水源供水情况，分析预测现状和设计水平年自备水源的供水量，在求得灌区需水利工程供水量后，据灌区供需水预测成果，进行现状和设计水平年供需平衡分析。

3. 灌溉水利用系数分析及水库的供水量计算

在分片水量平衡的基础上，根据灌区渠系布置及分渠系设计灌水率，采用考斯加可夫公式，从下往上进行逐级推算渠道净流量、毛流量和水量，求得各级渠道的渠道水利用系数及干渠渠首水库的供水量。田间水利用系数采用 0.92，由不计工业生活供水时求得的渠系水利用系数乘以渠系水利用系数得到灌区的灌溉水利用系数。

（六）水库径流调节

根据水库天然来水量及水库的供水量，进行水库调节计算，经方案比较，选择水库兴利容积及相应特征水位。

（七）防洪规划

可根据河流域场镇分布特点，分析确定水库防洪保护范围。分析防洪保护对象防洪要求，确定其防护标准。根据河流域自然地理条件、防洪现状，结合防洪保护对象防洪要求，选择防洪总体布置方案。

第四节 水利工程占地与安置

一、水利工程占地

随着我国经济的发展，水利工程事业也在逐步发展壮大。水利工程是一项重大的长期的工程，是关乎几代人生存发展的重要工程。发展水利对于我国这样一个水利大国非常必要，同时，兴水利、促进水利和人民和谐共存是建设水利工程的目标，而高质量的水利工程是发挥水利作用的重要保证。有效的、高质量的水利工程对于农业经济发展也有着举足轻重的作用。我国水利情况较为复杂，水利相关建设难度较大，国家的经济发展和人民群众的自身生活与水利设施关系密切。在水利工程的投资工作上，我国在管理上还存在着不少问题，在征地拆迁和移民安置的问题上还有所不足。水利工程的建设对于我国的治理水灾、农业经济发展等各方面都有着重要以及深远的意义。在现阶段，随着我国经济的快速发展，水利项目不断增多，整体行业的规模不断扩大。作为项目管理团队，在管理工作上也遇到了很大的挑战，做好水利项目的管理工作，严格控制水利工程中投资资金，做好征地移民安置工作，对于打造安全稳定的高质量水利工程，保证我国的经济稳定发展，维持社会和谐和稳定，保证人民生命财产安全有着重要的意义。征地移民是水利工程建设管理中的重要一环，要利用完善的监管工作对征地移民工作进行管理，为工程单位经济效益提供保障，同时也保证拆迁地区居民的自身权益。

在征地移民的工作进行前，要进行良好的规划工作，做好合理科学的安置计划。水利工程所征土地，大多数是农村地区的土地，所以，征地工作对农民的影响非常大，也是整体工程进行和实施中较为重要的不安定因素。在制订安置计划时，要在法律、法规的基础上，合理地对征地移民工作进行分析，做好前期规划工作，保证后续工作的顺利开展。

（一）征、占地拆迁及移民设计的原则

征、占地拆迁及移民设计原则是尽量少征用土地，少拆迁房屋，少迁移人口，深入实地调查，要顾全堤防整险加固工程建设和人民群众两方面的根本利益。

（二）减少拆迁移民的措施

堤身加高培厚、填筑内外平台、堤基渗控处理等，是堤防整险加固工程造成移民拆迁的主要原因。经过技术及经济合理性分析研究及优化设计，在不影响干堤防洪能力的情况下，可以采取以下措施减少拆迁移民：在人口集中的地区，在加高培厚进行整治时，进行多方案比较，选取最优的方案，以减少堤身加高培厚造成的工程占地和拆迁移民，例如，加培方式和堤线选择方面，采用外帮和内帮的方案比较，逐段优化堤线并以外帮为主的方案。堤基渗控措施一般方式为"以压为主，压导结合"，根据堤段具体地质条件，堤基如有浅沙层，可采取垂直截渗措施，以减少防渗铺盖和堤后压重占地而导致的移民。在拆迁和征地较集中的地区，根据工程实施情况，尽可能采用分步实施的原则，既可以减少一次性投资过大，又可以减少给地方带来的压力，更重要的是，减少由于大量集中拆迁移民，从而使拆迁移民产生反感情绪以及不良的社会影响。

（三）征、占地范围

根据堤防工程设计，如长江支流干堤整险加固工程将加高培厚原堤身断面，填筑内外平台，险工险段增加防渗铺盖和压浸平台，填筑堤内外100～200m 范围内的渊塘，涵闸泵站重建或改造等，这些工程措施将占压一定数量的土地和拆迁工程范围内的房屋及搬迁部分居民。同时，施工料场和施工场地、道路，需要临时占用部分土地。

（四）实物指标调查方法

实物指标的调查方法，是按照实物指标调查的内容制定调查表格，提出调查要求，由各区堤防管理部门负责调查、填表。在此基础上进行汇总统计和分析，重点进行抽样调查，实地核对。主要包括居民户调查、企事业单位拆迁调查、占地调查。另外，对工程占压的道路、输变电设施、电信设施、广播电视设施、公用设施及其他专用设施分堤段进行调查登记。根据各区调查登记的成果，组织专业技术人员对征地拆迁量较大的堤段进行重点抽样调查、核对。

二、移民安置

移民安置是指对非自愿水利水电工程移民的居住、生活和生产的全面规划与实施，以达到移民前的水平，并保证他们在新的生产、生活环境下的可持续发展。具体包括移民的去向安排，移民居住和生活设施、交通、水电、医疗、学校等公共设施的建设或安排，土地征集和生产条件的建立，社区的组织和管理，等等，是为移民重建新的社会、经济、文化系统的全部活动，是一项多行业、综合性、极其复杂的系统工程。移民安置是水利水电工程建设的重要组成部分，安置效果的好坏直接关系到工程建设的进展、效益的发挥乃至社会的安定。

（一）移民安置环境容量

在一定区域、一定时期内，在保证自然生态向良性循环演变，并保证一定生活水平和环境质量的条件下，按照拟定的规划目标和安置标准，通过对该区域自然资源的综合开发利用，该区域经济所能供养和吸收的移民人口数量。某区域的环境容量与其资源数量成正比，如某村民小组的耕地越多，则该组容量越大；容量与资源的开发利用水平、产出水平成正比，如同样面积的耕地，种植大棚蔬菜的容量比种植水稻的容量要大；容量与安置标准成反比，安置标准越高，容量越小。第二产业安置移民环境容量计算只考虑结合地方资源优势，利用移民生产安置资金新建的第二产业项目，按项目拟配置的生产工人数量确定接纳移民劳动力的数量。

（二）生产安置人口

因水利水电工程建设征收或影响主要生产资料（土地），需要重新安排生产出路的农业人口。计算公式为：生产安置人口＝涉淹村、组受淹没影响的主要生产资料÷该村、组征地前人平均主要生产资料（不同质量或种类的生产资料可以换算成一种主要生产资料）。也可以这样理解：一个以土地为主要收入来源的村庄，受水库淹没影响后，其生产安置人口占村庄总人口的比重与水库淹没影响的土地占该村庄土地总量的比重是一致的。生产安置人口在规划阶段，是一个量化分析的尺度，不容易落实到具体的人。

（三）搬迁安置人口

由于水利水电工程建设征地而必须拆迁的房屋内所居住的人口，含农业人口和非农业人口。搬迁安置人口＝居住在建设征地范围内人口＋居住在坍岸、滑坡、孤岛、浸没等影响处理区需搬迁人口＋库边地段因建设征地影响失去生产生活条件需搬迁安置人口（如水库淹没后某部分人的基础设施恢复难度太大而需要搬迁的人口）＋淹地不淹房需搬迁人口（生产安置随迁人口）。搬迁安置人口可以根据住房的对应关系落实到人。生产安置人口和搬迁安置人口是安置任务指标，不是淹没影响实物指标。

（四）水库库底清理

在水库蓄水前，为保证水库水质和水库运行安全，必须对淹没范围内涉及的房屋及附属建筑物、地面附着物（林木）、坟墓、各类垃圾和可能产生污染的固体废弃物采取拆除、砍伐、清理等处理措施。这些工作称为水库库底清理。库底清理分为一般清理和特殊清理。一般清理又分为卫生清理、建（构）筑物清理（残留高度不得超过地面0.5米）、林木清理（残留树桩不得高出地面0.3米）三类。特殊清理是指为开发水域各项事业而需要进行的清理（如水上运动场内的一切障碍物应清除，水井、地窖、人防及井巷工程的进出口等，应进行封堵、填塞和覆盖），特殊清理费用由相关单位自理。

三、移民安置的原则

根据国家和地方有关法律、法规，参照其他工程移民经验，确定以下移民安置原则：

①节约土地是我国的基本国策。安置规划应根据我国人多地少的实际情况，尽量考虑少占压土地，少迁移人口。

②移民安置规划要与安置地的国土整治、国民经济和社会发展相协调，要把安置工作与地区建设、资源开发、经济发展及环境保护、水土保持相结合，因地制宜地制定恢复与发展移民生产的措施，为移民自身发展创造良好条件。

③贯彻开发性移民方针，坚持国家扶持、政策优惠、各方支援、自力更生的原则，正确处理国家、集体、个人之间的关系。通过采取前期补偿、补助与后期生产扶持的办法，妥善安置移民的生产、生活，逐步使移民生活达到或者超过原有水平。

④移民安置规划方案要充分反映移民的意愿，要得到广大移民理解和认可。

⑤各项补偿要以核实并经移民签字认可的实物调查指标为基础，合理确定补偿标准，不留投资缺口。

⑥农村人口安置应尽可能以土地为依托。

⑦集中安置要结合集镇规划和城市规划进行。

⑧迁建项目的建设规模和标准以恢复原规模、原标准（等级）、原功能为原则。结合地区发展，扩大规模，提高标准以及远景规划所需的投资，需由当地政府和有关部门自行解决。

四、移民安置基本政策

水利建设征地主要对农村影响较大，农村移民是水利工程建设征地实施中容易引发不安定因素的群体。因此，妥善安置征地搬迁的移民，除了做好有关政策工作，同时还需要做好实施安置的前期调查规划工作。

（一）实行开发性移民工作方针

改消极补偿为积极创业，变救济生活为扶持生产，把移民安置与经济社会发展、资源开发利用、生态环境保护相结合，使移民在搬迁后获得可持续发展的生产资料和能力，使其生产、生活条件能得到不断改善提高，实现移民长远生计有保障。开发性移民的理论基础是系统工程论，它从系统的、开发的观点指导移民安置工作。开发性移民工作方针应该把握以下几个关键：一是科学编制移民安置规划；二是使移民获得一定的生产资料而不是简单发放土地补偿补助费用；三是培训移民使其具有从配置的生产资料上获得收入的能力；四是实际工作中要注意区分哪些属移民补偿费用，哪些属发展费用，不能把发展部分的费用放在移民补偿的账上。

（二）前期补偿补助、后期扶持政策

有别于政治移民、赔偿移民的政策，基于当前我国经济发展水平提出前期补偿补助、后期扶助政策，并随经济发展不断调整前期补偿水平和后期扶持力度。

（三）移民安置基本目标——使移民生活达到或超过原有水平

既是社会主义市场经济的基本要求，又是立党为公、执政为民理念的具体体现，也是落实科学发展观、建设和谐社会的必然要求。移民安置规划目标一般取人均资源占有量。

五、移民安置基本程序及主要工作内容

水利水电工程移民问题的有效解决有利于改善广大移民的生活质量，保障库区移民的生存和发展。本书主要对水利水电工程移民的几种安置方式进行详细探讨，主要有农业安置、非农业安置、兼业安置以及自谋出路四种安置方式，以期为广大水利水电工程进行移民安置提供价值性的参考。

（一）前期工作阶段

中央审批的水利水电工程项目，移民安置规划设计按水利行业标准《水利水电工程建设征地移民安置规划设计规范》分四阶段编制，设计文件审核审批按水利部水规划项目建议书，编制征地移民安置规划设计篇章或专题报告。由水利部审查，国家发改委审批。

（二）可行性研究

编制移民安置规划大纲、征地移民安置规划设计专题报告或篇章。移民安置规划大纲由省级人民政府和水利部联合审批，移民安置规划由水利部审查，国家发改委审批。

（三）初步设计阶段

编制征地移民安置规划设计专题报告。由水利部审批，国家发改委核定投资概算。

（四）技施设计阶段

编制征地移民安置规划设计工作报告。专项工程施工图设计文件可依据地方规定履行审批手续。中央审批的水电工程项目移民安置规划设计按电力行业标准《水电工程建设征地移民安置规划设计规范》分三阶段编制，按国家发改委相关规定实行核准制。

1. 预可行性研究报告

编制建设征地移民安置初步规划报告，设计深度要求同水利项目建议书阶段。由水电水利规划设计总院技术审查。

2. 可行性研究报告

编制移民安置规划报告，设计深度要求同水利行业初步设计阶段。由国家发改委核准。

3. 移民安置实施阶段

编制移民安置验收综合设计报告，设计深度同水利行业技施设计阶段。专项工程施工图设计可依据地方规定履行审批手续。

六、移民生产安置规划

因各方面因素，水利水电工程建设征地造成了较多的遗留问题，甚至现在有的在建的水利水电工程，由于征地补偿方案缺乏科学性，补偿概算不足等问题，造成了一定的社会不安定因素，诱发了一些地区性的社会、经济不和谐的现象和问题。这一问题已引起业内人士的广泛关注。它既关系到征地移民的切身利益，也关系到地方经济发展的一次契机。移民安置方式对移民文化有着重大影响。

水利建设征地主要对农村影响较大，农村移民是水利工程建设征地实施中容易引发出不安定因素的群体。因此，妥善安置征地搬迁的移民，除了做好有关政策工作，还需要做好实施安置的前期调查规划工作。

（一）策略

①农村移民生产安置应贯彻开发性移民方针，以大农业安置为主，通过改造中、低产田，发展种植业，推广农业科学技术，提高劳动生产率，使每个移民都有恢复原有生活水平的物质基础。

②对有条件的地方，应积极发展村办企业和第三产业安置移民。

③对耕地分享达不到预定收入目标的地方，可向农业人口提供非农业就业机会。

（二）生产安置对象和任务

生产安置对象为因工程征地而失去土地的人口。

（三）安置目标

移民生产安置的目标是达到或超过原有的生活水平。由于工程的影响，征地区农民人均占有耕地将有不同程度的减少，如维持现有的生产条件，将会影响农民的收入，因此，要达到上述安置目标，必须采取生产扶持措施。考虑到征地区人均拥有耕地少，除了可采取以提高劳动生产率和单位面积产出率为途径的种植业生产措施，还需大力开展养殖业和村办企业、第三产业，确保农民生活达到或超过原有的水平。

（四）安置标准

1. 种植业安置

在农业生产条件较好、农作物产量高的地区，采取以推广农业科学技术、优化种植结构、扩大高效经济作物种植比例、提高农产品商品率、发展生态农业为主要途径的生产安置方式。有关资料表明，采取上述模式，农产品亩产值将有效提高，亩纯收入可增加 400 ~ 500 元。在农业生产条件有待改善的地区，采取以土地改良和加强农田水利建设，提高单位面积产量为主要途径的生产安置方式。根据地方实际情况测算，农业生产条件改善以后，中、低产田每亩可增加粮食产量 150 ~ 170 千克、棉花产量 25 千克，可增加农业纯收入 300 ~ 400 元。通过以上分析，项目区每安置一名农业人口，并使年纯收入达到 2750 元的目标，至少要对 10 亩左右耕地进行农业生产模式的改造或农业生产条件的改善。为使征地区农民收入更有保障地达到预定目标，安置规划拟采用每改造或改善 10 ~ 15 亩耕地安置一名农业人口。对于少数人多地少的地区，因可供改造的耕地有限，将根据地方特色，调整种植结构，优先发展大棚蔬菜、林果花卉等经济作物，实现高投入、高产出，使移民生活保持原有水平或有所提高。

2. 养殖业安置

因土地资源有限，通过种植业仍不能安置的农业人口，可结合地区特色，发展养殖业。每村安置人数不超过 20 人，启动资金按 2 万元/人的标准控制。

3. 二、三产业安置

对采取上述方式仍不能安置的农业人口，可通过发展村办企业和第三产业进行安置，启动资金按 3 万元 / 人的标准控制。

第二章 水利工程的理论基础

第一节 水文与地质

一、水文知识

（一）河流和流域

地表上较大的天然水流称为河流。河流是陆地上最重要的水资源和水能资源，是自然界中水文循环的主要通道。我国的主要河流一般发源于山地，最终流入海洋、湖泊或洼地。沿着水流的方向，一条河流可以分为河源、上游、中游、下游和河口几段。我国最长的河流是长江，其河源发源于青海的唐古拉山，湖北宜昌以上河段为上游，长江的上游主要在深山峡谷中，水流湍急，水面坡降大。自湖北宜昌至安徽安庆的河段为中游，河道蜿蜒弯曲，水面坡降小，水面明显加宽。安庆以下河段为下游，长江下游段河流受海潮顶托作用。河口位于上海市。

在水利水电枢纽工程中，为了便于工作，习惯上以面向河流下游为准，左手侧河岸称为左岸，右手侧称为右岸。我国的主要河流中，多数流入太平洋，如长江、黄河、珠江等。少数流入印度洋（怒江、雅鲁藏布江等）和北冰洋。沙漠中的少数河流只有在雨季存在，成为季节河。

直接流入海洋或内陆湖的河流称为干流，流入干流的河流为一级支流，流入一级支流的河流为二级支流，依此类推。河流的干流、支流、溪涧和流域内的湖泊彼此连接所形成的庞大脉络系统，称为河系，或水系，如长江水系、黄河水系、太湖水系。

一个水系的干流及其支流的全部集水区域称为流域。在同一个流域内的降水，最终通过同一个河口注入海洋，如长江流域、珠江流域。较大的支流或湖泊也能称为流域，如汉水流域、清江流域、洞庭湖流域、太湖流域。两个流域之间的分界线称为分水线，是分隔两个流域的界限。在山区，分水线通常为山岭或山脊，所以又称分水岭，如秦岭为长江和黄河的分水岭。在平原地区，流域的分界线则不甚明显。特殊的情况如黄河下游，其北岸为海河流域，南岸为淮河流域，黄河两岸大堤成为黄河流域与其他流域的分水线。流域的地表分水线与地下分水线有时并不完全重合，一般以地表分水线作为流域分水线。在平原地区，要划分明确的分水线往往是较为困难的。

影响河流水文特性的主要因素包括：流域内的气象条件（降水、蒸发等），地形和地质条件（山地、丘陵、平原、岩石、湖泊、湿地等），流域的形状特征（形状、面积、坡度、长度、宽度等），地理位置（纬度、海拔、临海等），植被条件和湖泊分布，人类活动，等等。

（二）河（渠）道的水文学和水力学指标

1. 河（渠）道横断面

河渠道横断面是垂直于河流方向的河道断面地形。天然河道的横断面形状多种多样，常见的有 V 形、U 形、复式等。人工渠道的横断面形状则比较规则，一般为矩形、梯形。河道水面以下部分的横断面为过水断面。过水断面的面积随河水水面涨落变化，与河道流量相关。

2. 河道纵断面

河道纵断面是沿河道纵向最大水深线切取的断面。

3. 水位

河道水面在某一时刻的高程，即相对于海平面的高度差。我国目前采用黄海海平面作为基准海平面。

4. 河流长度

河流长度是河流自河源开始，沿河道最大水深线至河口的距离。

5. 落差

落差是河流两个过水断面之间的水位差。

6. 纵比降

纵比降是水面落差与此段河流长度之比。河道水面纵比降与河道纵断面基本上是一致的，在某些河段并不完全一致，与河道断面面积变化、洪水流量有关。河水在涨落过程中，水面纵比降随洪水过程的时间变化而变化。

在涨水过程中，水面纵比降较大，落水过程中则相对较小。

7. 水深

水深是水面某一点到河底的垂直深度。河道断面水深指河道横断面上水位与最深点的高程差。

8. 流量

流量是单位时间内通过某一河道（渠道、管道）的水体体积，单位为 m^3/s。

9. 流速 V

流速是河水在单位时间流过的距离单位 m/s。在河道过水断面上，各点流速不一致。一般情况下，过水断面上水面流速大于河底流速。常用断面平均流速作为其特征指标。断面平均流速。

10. 水头

水中某一点相对于另一水平参照面所具有的水能。

（三）河川径流

径流是指河川中流动的水流量。在我国，河川径流多由降雨所形成。

河川径流形成的过程是指自降水开始，到河水从海口断面流出的整个过程。这个过程非常复杂，一般要经历降水、蓄渗（入渗）、产流和汇流几个阶段。

降雨初期，雨水降落到地面后，除一部分被植被的枝叶或洼地截留外，大部分渗入土壤中。如果降雨强度小于土壤入渗率，雨水不断渗入土壤中，不会产生地表径流。在土壤中的水分达到饱和以后，多余部分在地面形成坡面漫流。当降水强度大于土壤的入渗率时，土壤中的水分来不及被降水完全饱和。一部分雨水在继续不断地渗入土壤的同时，另一部分雨水即开始在坡面形成流动。初始流动沿坡面最大坡降方向漫流。坡面水流顺坡面逐渐汇集到沟槽、溪涧中，形成溪流。从涓涓细流汇流形成小溪、小河，最后归于大江大河。渗入土壤的水分中，一部分将通过土壤和植物蒸发到空中，另一部分通过渗流缓慢地从地下渗出，形成地下径流。相当一部分地下径流将补充注入高程较低的河道内，成为河川径流的一部分。

1. 径流量

径流量是单位时间内通过河流某一过水断面的水体体积。

2. 径流总量

径流总量是一定的时段内通过河流某过水断面的水体总量。

3. 径流模数

径流模数是径流量在流域面积上的平均值。

4. 径流深度

径流深度是流域单位面积上的径流总量。

5. 径流系数

径流系数是某时段内的径流深度与降水量之比。

（四）河流的洪水

当流域在短时间内较大强度地集中降雨，或地表冰雪迅速融化时，大量水经地表或地下迅速地汇集到河槽，造成河道内径流量急增，河流中发生洪水。

河流的洪水过程是在河道流量较小、较平缓的某一时刻开始，河流的径流量迅速增长，并到达一峰值，随后逐渐降落到趋于平缓的过程。与其同时，河道的水位也经历一个上涨、下落的过程。河道洪水流最的变化过程曲线称为洪水流量过程线。洪水流量过程线上的最大值称为洪峰流量，起涨点以下流量称为基流。基流由岩石和土壤中的水缓慢外渗或冰雪逐渐融化形成。大江大河的支流众多，各支流的基流汇合，使其基流量也比较大。山区性河流，特别是小型山溪，基流非常小，冬天枯水期甚至断流。

洪水过程线的形状与流域条件和暴雨情况有关。

影响洪水过程线的流域条件有河流纵坡降、流域形状系数。一般而言，山区性河流由于山坡和河床较陡，河水汇流时间短，洪水很快形成，又很快消退。洪水陡涨陡落，往往几小时或十几小时就经历一场洪水过程。平原河流或大江大河干流上，一场洪水过程往往需要经历三天、七天甚至半个月。如果第一场降雨形成的洪水过程尚未完成又遇降雨，洪水过程线就会形成双峰或多峰。大流域中，因多条支流相继降水，也会造成双峰或其他组合形态。流域形状系数大，表示河道相对较长，汇流时间较长，洪水过程线相对较平缓，反之则涨落时间较短。

影响洪水过程线的暴雨条件有暴雨强度、降雨时间、降雨量、降雨面积、雨区在流域中的位置等。洪水过程还与降雨季节、与上一场降雨的间隔时间等有关。如春季第一场降雨，因地表土壤干燥而使其洪峰流最较小。发生在夏季的同样的降雨可能因土壤饱和而使其洪峰流量明显变大。流域内的地形、河流、湖泊、洼地的分布也是影响洪水过程线的重要因素。

由于种种因素，实际发生的每一次洪水过程线都有所不同。但是，同一条河流的洪水过程还是有其基本规律。研究河流洪水过程及洪峰流量大小，可为防洪、设计等提供理论依据。工程设计中，通过分析诸多洪水过程线，选择其中具有典型特征的一条，称为典型洪水过程线。典型洪水过程线能够代表该流域（或河道断面）的洪水特征，作为设计依据。

符合设计标准（指定频率）的洪水过程线称为设计洪水过程线。设计洪水过程线由典型洪水过程线按一定的比例放大而得。洪水放大常用方法有同倍比放大法和同频率放大法，其中同倍比放大法又有"以峰控制"和"以量控制"两种。

（五）河流的泥沙

河流中常挟带着泥沙，是水流冲蚀流域地表所形成的。这些泥沙随着水流在河槽中运动。河流中的泥沙一部分是随洪水从上游冲蚀带来，一部分是从沉积在原河床冲扬起来的。当随上游洪水带来的泥沙总量与被洪水带走的泥沙总量相等时，河床处于冲淤平衡状态。冲淤平衡时，河床维持稳定。我国流域的水量大部分是由降雨汇集而成的。暴雨是地表侵蚀的主要因素。地表植被情况是影响河流泥沙含量多少的另一主要因素。在我国南方，尽管暴雨强度远大于北方，由于植被情况良好，河流泥少含量远小于北方。位于北方植被条件差的黄河流经黄土地区，黄土结构疏松，抗雨水冲蚀能力差，使黄河成为高含沙量的河流。影响河流泥沙的另一重要因素是人类活动。近年来，随着部分地区的盲目开发，南方某些河流的泥沙含量也较前有所增多。

泥沙在河道或渠道中有两种运动方式。颗粒小的泥沙能够被流动的水流扬起，并被带动着随水流运动，称为悬移质。颗粒较大的泥沙只能被水流推动，在河床底部滚动，称为推移质。水流挟带泥沙的能力与河道流速大小相关。流速大，则挟带泥沙的能力大，泥沙在水流中的运动方式也随之变化。在坡度陡、流速高的地方，水流能够将较大粒径的泥沙扬起，成为悬移质。这部分泥沙被带到河势平缓、流速低的地方时，落于河床上转变为推移质，甚至沉积下来，成为河床的一部分。沉积在河床的泥沙称为床沙。悬移质、推移质和床沙在河流中随水流流速的变化相互转化。

在自然条件下，泥沙运动不断地改变着河床形态。随着人类活动的介入，河流的自然变迁条件受到限制。人类在河床两岸筑堤挡水，使泥沙淤积在受到约束的河床内，从而抬高河床底高程。随着泥沙不断地淤积和河床不断地抬高，人类被迫不断地加高河堤。例如，黄河开封段、长江荆江段均已成为河床底部高于两岸陆面十多米的悬河。

水利水电工程建成以后，破坏了天然河流的水沙条件和河床形态的相对平衡。拦河坝的上游，因为水库水深增加，水流流速大为减少，泥沙因此而沉积在水库内。泥沙淤积的一般规律是：从河流回水末端的库首地区开始，入库水流流速沿程逐渐减小。因此，粗颗粒首先沉积在库首地区，较细颗粒沿程陆续沉积，直至坝前。随着库内泥沙淤积高程的增加，较粗颗粒也会逐渐带至坝前。水库中的泥沙淤积会使水库库容减少，降低工程效益。泥沙淤积在河流进入水库的口门处，会抬高口门处的水位及其上游回水水位，增加上游淹没。进入水电站的泥沙会磨损水轮机。水库下游，因泥沙被水库拦截，下泄水流变清，河床因清水冲刷造成河床刷深下切。

在多沙河流上建造水利水电枢纽工程时，需要考虑泥沙淤积对水库和水电站的影响。需要在适当的位置设置专门的冲沙建筑物，用以减缓库区淤积速度，阻止泥沙进入发电输水管（渠）道，延长水库和水电站的使用寿命。

描述河流泥沙的特征值有以下几个。

1. 含沙量

含沙量是单位水体中所含泥沙重量，单位为 kg/m^3。

2. 输沙量

输沙量是一定时间内通过某一过水断面的泥沙重量，一般以年输沙量衡量一条河流的含沙量。

3. 起动流速

起动流速是使泥沙颗粒从静止变为运动的水流流速。

二、地质知识

地质构造是指由于地壳运动使岩层发生变形或变位后形成的各种构造形态。地质构造有五种基本类型：水平构造、倾斜构造、直立构造、褶皱构造和断裂构造。这些地质构造不仅改变了岩层的原始产状、破坏了岩层的连续性和完整性，甚至降低了岩体的稳定性和增大了岩体的渗透性。因此研究地质构造对水利工程建筑有着非常重要的意义。要研究上述五种构造必须了解地质年代和岩层产状的相关知识。

（一）地质年代和地层单位

地球形成至今已有 46 亿年，对整个地质历史时期而言，地球的发展演化及地质事件的记录和描述需要有一套相应的时间概念，即地质年代。同人类社会发展历史分期一样，可将地质年代按时间的长短依次分为宙、代、纪、世不同时期，对应于上述时间段所形成的岩层（即地层）依次称为宇、界、系、统，这便是地层单位。如太古代形成的地层称为太古界，石炭纪形成的地层称为石炭系等。

（二）岩层产状

1. 岩层产状要素

岩层产状指岩层在空间的位置，用走向、倾向和倾角表示，称为岩层产状三要素。

（1）走向

岩层面与水平面的交线叫走向线，走向线两端所指的方向即为岩层的走向。走向有两个方位角数值，且相差 180°，如 NW300° 和 SE120°。岩层的走向表示岩层的延伸方向。

（2）倾向

层面上与走向线垂直并沿倾斜面向下所引的直线叫倾斜线，倾斜线在水平面上投影所指的方向就是岩层的倾向。对于同一岩层面，倾向与走向垂直，且只有一个方向。岩层的倾向表示岩层的倾斜方向。

（3）倾角

倾角是指岩层面和水平面所夹的最大锐角（或二面角）。

除岩层面外，岩体中其他面（如节理面、断层面等）的空间位置也可以用岩层产状三要素来表示。

2. 岩层产状要素的测量

岩层产状要素需用地质罗盘测量。地质罗盘的主要构件有磁针、刻度环、方向盘、倾角旋钮、水准泡、磁针锁制器等。刻度环和磁针是用来测岩层的走向和倾向的。刻度环按方位角分划，以北为 0°，逆时针方向分划为

360°。在方向盘上用四个符号代表地理方位，即 N（0°）表示北，S（180°）表示南，E（90°）表示东，W（270°）表示西。方向盘和倾角旋钮是用来测倾角的。方向盘的角度变化为 0°~90°。测量方法如下：

（1）测量走向

罗盘水平放置，将罗盘与南北方向平行的边与层面贴触（或将罗盘的长边与岩层面贴触），调整圆水准泡居中，此时罗盘边与岩层面的接触线即为走向线，磁针（无论南针或北针）所指刻度环上的度数即为走向。

（2）测量倾向

罗盘水平放置，将方向盘上的 N 极指向岩层层面的倾斜方向，同时使罗盘平行于东西方向的边（或短边）与岩层面贴触，调整圆水准泡居中，此时北针所指刻度环上的度数即为倾向。

（3）测量倾角

罗盘侧立摆放，将罗盘平行于南北方向的边（或长边）与层面贴触，并垂直于走向线，然后转动罗盘背面的测有旋钮，使长水准泡居中，此时倾角旋钮所指方向盘上的度数即为倾角大小。若是长方形罗盘，此时桃形指针在方向盘上所指的度数，即为所策略的倾角。

3. 岩层产状的记录方法

岩层产状的记录方法有以下两种：

（1）象限角表示法

一般以北或南的方向为准，记走向、倾向和倾角，如 N30° E，NW∠35°，即走向北偏东 30°、向北西方向倾斜、倾角 35°。

（2）方位角表示法

一般只记录倾向和倾角。如 SW230°∠35°，前者是倾向的方位角，后者是倾角，即倾向 230°、倾角 35°。走向可通过倾向 ±90° 的方法换算求得。上述记录表示岩层走向为北西 320°，倾向南西 230°，倾角 35°。

（三）水平构造、倾斜构造和直立构造

1. 水平构造

岩层产状呈水平或近似水平。岩层呈水平构造，表明该地区地壳相对稳定。

2. 倾斜构造（单斜构造）

岩层产状的倾角 $0° < \alpha < 90°$，岩层呈倾斜状。

岩层呈倾斜构造说明该地区地壳不均匀抬升或受到岩浆作用的影响。

3. 直立构造

岩层产状的倾角 $\alpha \approx 90°$，岩层呈直立状。

岩层呈直立构造说明岩层受到强有力的挤压。

（四）褶皱构造

褶皱构造是指岩层受构造应力作用后产生的连续弯曲变形。绝大多数褶皱构造是岩层在水平挤压力作用下形成的。褶皱构造是岩层在地壳中广泛发育的地质构造形态之一，它在层状岩石中最为明显，在块状岩体中则很难见到。褶皱构造的每一个向上或向下弯曲称为褶曲。两个或两个以上的褶曲组合叫褶皱。

1. 褶皱要素

褶皱构造的各个组成部分称为褶皱要素。

（1）核部

褶曲中心部位的岩层成为核部。

（2）翼部

核部两侧的岩层。一个褶曲有两个翼称为翼部。

（3）翼角

翼部岩层的倾角称为翼角。

（4）轴面

对称平分两翼的假象面称为轴面。轴面可以是平面，也可以是曲面。轴面与水平面的交线称为轴线，轴面与岩层面的交线称为枢纽。

（5）转折端

从一翼转到另一翼的弯曲部分称为转折端。

2. 褶皱的基本形态

褶皱的基本形态是背斜和向斜。

（1）背斜

岩层向上弯曲，两翼岩层常向外倾斜，核部岩层时代较老，两翼岩层依次变新并呈对称分布。

（2）向斜

岩层向下弯曲，两翼岩层常向内倾斜，核部岩层时代较新，两翼岩层依次变老并呈对称分布。

3.褶皱的类型

根据轴面产状和两翼岩层的特点，将褶皱分为直立褶皱、倾斜褶皱、倒转褶皱、平卧褶皱、翻卷褶皱。

4.褶皱构造对工程的影响

（1）褶皱构造影响水工建筑物地基岩体的稳定性及渗透性

选择坝址时，应尽量考虑避开褶曲轴部地段。因为轴部节理发育、岩石破碎、易受风化、岩体强度低、渗透性强，所以工程地质条件较差。当坝址选在褶皱翼部时，若坝轴线平行岩层走向，则坝基岩性较均一。再从岩层产状考虑，岩层倾向上游，倾角较陡时，对坝基岩体抗滑稳定有利，也不易产生顺层渗漏；当倾角平缓时，虽然不易向下游渗漏，但坝基岩体易于滑动。岩层倾向下游，倾角又缓时，岩层的抗滑稳定性最差，也容易向下游产生顺层渗漏。

（2）褶皱构造与其蓄水的关系

褶皱构造中的向斜构造，是良好的蓄水构造，在这种构造盆地中打井，地下水常较丰富。

（五）断裂构造

岩层受力后产生变形，当作用力超过岩石的强度时，岩石就会发生破裂，形成断裂构造。断裂构造的产生，必将对岩体的稳定性、透水性及其工程性质产生较大影响。根据破裂之后的岩层有无明显位移，将断裂构造分为节理和断层两种形式。

1.节理

没有明显位移的断裂称为节理。节理按照成因分为三种类型：第一种为原生节理，是岩石在成岩过程中形成的节理，如玄武岩中的柱状节理；第二种为次生节理，是风化、爆破等原因形成的裂隙，如风化裂隙等；第三种为构造节理，是由构造应力所形成的节理。其中，构造节理分布最广。构造节理又分为张节理和剪节理。张节理由张应力作用产生，多发育在褶皱的轴部，其主要特征为：节理面粗糙不平，无擦痕，节理多开口，一般被其他物质充填，在砾岩或沙岩中的张节理常常绕过砾石或沙粒，节理一般较稀疏，而且延伸不远。剪节理由剪应力作用产生，其主要特征为：节理面平直光滑，有时可见擦痕，节理面一般是闭合的，没有充填物，在砾岩或沙岩中的剪节理常常切穿砾石或沙粒，产状较稳定，间距小、延伸较远，发育完整剪节理呈 X 形。

2. 断层

有明显位移的断裂称为断层。

（1）断层要素

断层的基本组成部分叫断层要素。断层要素包括断层面、断层线、断层带、断盘及断距。

①断层面。岩层发生断裂并沿其发生位移的破裂面。它的空间位置仍由走向、倾向和倾角表示。它可以是平面，也可以是曲面。

②断层线。断层面与地面的交线。其方向表示断层的延伸方向。

③断层带。包括断层破碎带和影响带。破碎带是指被断层错动搓碎的部分，常由岩块碎屑、粉末、角砾及黏土颗粒组成，其两侧被断层面所限制。影响带是指靠近破碎带两侧的岩层受断层影响裂隙发育或发生牵引弯曲的部分。

④断盘。断层面两侧相对位移的岩块称为断盘。其中，断层面之上的称为上盘，断层面之下的称为下盘。

⑤断距。断层两盘沿断层面相对移动的距离。

（2）断层的基本类型

按照断层两盘相对位移的方向，将断层分为以下三种类型：

①正断层。上盘相对下降，下盘相对上升的断层。

②逆断层。上盘相对上升，下盘相对下降的断层。

③平移断层。是指两盘沿断层面作相对水平位移的断层。

3. 断裂构造对工程的影响

节理和断层的存在，破坏了岩石的连续性和完整性，降低了岩石的强度，增强了岩石的透水性，给水利工程建设带来很大影响。如节理密集带或断层破碎带，会导致水工建筑物的集中渗漏、不均匀变形甚至发生滑动破坏。因此，在选择坝址、确定渠道及隧洞线路时，尽量避开大的断层和节理密集带，否则必须对其进行开挖、帷幕灌浆等方法处理，甚至调整坝或洞轴线的位置。不过，这些破碎地带，有利于地下水的运动和汇集。因此，断裂构造对于山区找水具有重要意义。

第二节 水资源规划

一、规划类型

水资源开发规划是跨系统、跨地区、多学科和综合性较强的前期工作，按区域、范围、规模、目的、专业等可以有多种分类或类型。

（一）按水体划分

按不同水体可分为地表水开发规划、地下水开发规划、污水资源化规划、雨水资源利用规划和海咸水淡化利用规划等。

（二）按目的划分

按不同目的可分为供水水资源规划、水资源综合利用规划、水资源保护规划、水土保持规划、水资源养蓄规划、节水规划和水资源管理规划等。

（三）按用水对象划分

按不同用水对象可分为人畜生活饮用水供水规划、工业用水供水规划和农业用水供水规划等。

（四）按自然单元划分

按不同自然单元可分为独立平原的水资源开发规划、流域河系水资源梯级开发规划、小流域治理规划和局部河段水资源开发规划等。

（五）按行政区域划分

按不同行政区域可分为以宏观控制为主的全国性水资源规划和包含特定内容的省、地（市）、县域水资源开发现划。乡镇因常常不是一个独立的自然单元或独立小流域，而水资源开发不仅受到地域且受到水资源条件的限制，所以，按行政区划的水资源开发规划至少应是县以上行政区域。

（六）按目标单一与否划分

按目标的单一与否可分为单目标水资源开发规划（经济或社会效益的单目标）和多目标水资源开发现划（经济、社会、环境等综合的多目标）。

（七）按内容和含义划分

按不同内容和含义可分为综合规划和专业规划。

各种水资源开发现划编制的基础是相同的，相互间是不可分割的，但是各自的侧重点或主要目标不同，且各具特点。

二、规划的方法

进行水资源规划必须了解和收集各种规划资料，并且掌握处理和分析这些资料的方法，使之为规划任务的总目标服务。

（一）水资源系统分析的基本方法

水资源系统分析的常用方法包括：

1. 回归分析方法

它是处理水资源规划资料最常用的一种分析方法。在水资源规划中最常用的回归分析方法有一元线性回归分析、多元回归分析、非线性回归分析、拟合度量和显著性检验等。

2. 投入产出分析方法

它在描述、预测、评价某项水资源工程对该地区经济作用时具有明显的效果。它不仅可以说明直接用水部门的经济效果，也能说明间接用水部门的经济效果。

3. 模拟分析方法

在水资源规划中多采用数值模拟分析。数值模拟分析又可分为两类：数学物理方法和统计技术。数值模拟技术中的数学物理方法在水资源规划的确定性模型中应用较为广泛。

4. 最优化方法

由于水资源规划过程中插入的信息和约束条件不断增加，处理和分析这些信息，以制定和筛选出最有希望的规划方案，使用最优化技术是行之有效的方法。在水资源规划中最常用的最优化方法有线性规划、网络技术动态规划与排队论等。

（二）系统模型的分解与多级优化

在水资源规划中，系统模型的变量很多，模型结构较为复杂，完全采用一种方法求解是困难的。因此，在实际工作中，往往把一个规模较大的复杂系统分解成许多"独立"的子系统，分别建立子模型，然后根据子系统模型的性质以及子系统的目标和约束条件，采用不同的优化技术求解。这种分解和多级最优化的分析方法在求解大规模复杂的水资源规划问题时非常有用，它的突出优点是使系统的模型更为逼真，在一个系统模型内可以使用多种模拟技术和最优化技术。

（三）规划的模型系统

在一个复杂的水资源规划中，可以有许多规划方案。因此，从加快方案筛选的观点出发，必须建立一套适宜的模型系统。对于一般的水资源规划问题可建立三种模型系统：筛选模型、模拟模型、序列模型。

系统分析的规划方法不同于传统的规划方法，它涉及社会、环境和经济方面的各种要求，并考虑多种目标。这种方法在实际使用中已显示出它们的优越性，是一种适合于复杂系统综合分析需要的方法。

我国水资源管理的规划总要求是：以落实最严格水资源管理制度、实行水资源消耗总量和强度双控行动、加强重点领域节水、完善节水激励机制为重点，加快推进节水型社会建设，强化水资源对经济社会发展的刚性约束，构建节水型生产方式和消费模式，基本形成节水型社会制度框架，进一步提高水资源利用效率和效益。

强化节水约束性指标管理。严格落实水资源开发利用总量、用水效率和水功能区限制纳污总量"三条红线"，实施水资源消耗总量和强度双控行动，健全取水计量、水质监测和供用耗排监控体系。加快制定重要江河流域水量分配方案，细化落实覆盖流域和省市县三级行政区域的取用水总量控制指标，严格控制流域和区域取用水总量。实施引调水工程要先评估节水潜力，落实各项节水措施。健全节水技术标准体系。将水资源开发、利用、节约和保护的主要指标纳入地方经济社会发展综合评价体系，县级以上地方人民政府对本行政区域水资源管理和保护工作负总责。加强水资源管理制度考核工作，把节水作为约束性指标纳入政绩考核，在严重缺水地区率先推行。

强化水资源承载能力刚性约束。加强相关规划和项目建设布局水资源论证工作，国民经济和社会发展规划以及城市总体规划的编制、重大建设项目的布局，应当与当地水资源条件和防洪要求相适应。严格执行建设项目水资源论证和取水许可制度，对取用水总量已达到或超过控制指标的地区，暂停审批新增取水。强化用水定额管理，完善重点行业、区域用水定额标准。

严格水功能区监督管理，从严核定水域纳污容量，严格控制入河湖排污总量，对排污量超出水功能区限排总量的地区，限制审批新增取水和入河湖排污口。强化水资源统一调度。

强化水资源安全风险监测预警。健全水资源安全风险评估机制，围绕经济安全、资源安全、生态安全，从水旱灾害、水供求态势、河湖生态需水、地下水开采、水功能区水质状况等方面，科学评估全国及区域水资源安全风险，加强水资源风险防控。以省、市、县三级行政区为单元，开展水资源承载能力评价，建立水资源安全风险识别和预警机制。抓紧建成国家水资源管理系统，健全水资源监控体系，完善水资源监测、用水计量与统计等管理制度和相关技术标准体系，加强省界等重要控制断面、水功能区和地下水的水质水量监测能力建设。

第三节　水利枢纽与水库

一、水利枢纽知识

为了综合利用和开发水资源，常需在河流适当地段集中修建几种不同类型和功能的水工建筑物，以控制水流，并便于协调运行和管理。这种由几种水工建筑物组成的综合体，称为水利枢纽。

（一）水利枢纽的分类

水利枢纽的规划、设计、施工和运行管理应尽量遵循综合利用水资源的原则。

水利枢纽的类型很多。为实现多种目标而兴建的水利枢纽，建成后能满足国民经济不同部门的需要，称为综合利用水利枢纽。以某一单项目标为主而兴建的水利枢纽，常以主要目标命名，如防洪枢纽、水力发电枢纽、航运枢纽、取水枢纽等。在很多情况下水利枢纽是多目标的综合利用枢纽，如防洪——发电枢纽，防洪——发电——灌溉枢纽，发电——灌溉——航运枢纽等。按拦河坝的型式还可分为重力坝枢纽、拱坝枢纽、土石坝枢纽及水闸枢纽等。根据修建地点的地理条件不同，有山区、丘陵区水利枢纽和平原、滨海区水利枢纽之分。根据枢纽上下游水位差的不同，有高、中、低水头之分。世界各国对此无统一规定。我国一般水头 70m 以上的是高水头枢纽，水头

30 ～ 70m 的是中水头枢纽，水头为 30m 以下的是低水头枢纽。

（二）水利枢纽工程基本建设程序及设计阶段划分

水利是国民经济的基础设施和基础产业。水利工程建设要严格按建设程序进行。水利工程建设程序一般分为项目建议书、可行性研究报告、初步设计、施工准备（包括招标设计）、建设实施、生产准备、竣工验收、后评价等阶段。建设前期根据国家总体规划以及流域综合规划，开展前期工作，包括提出项目建议书、可行性研究报告和初步设计（或扩大初步设计）。水利工程建设项目的实施，必须通过基本建设程序立项。水利工程建设项目的立项过程包括项目建议书和可行性研究报告阶段。根据目前管理现状，项目建议书、可行性研究报告、初步设计由水行政主管部门或项目法人组织编制。

项目建议书应根据国民经济和社会发展长远规划、流域综合规划、区域综合规划、专业规划，按照国家产业政策和国家有关投资建设方针进行编制，是对拟进行工程项目的初步说明。项目建议书编制一般由政府委托有相应资质的设计单位承担，并按国家现行规定权限向主管部门申报审批。

可行性研究应对项目进行方案比较，对项目在技术上是否可行和经济上是否合理进行科学的分析和论证。经过批准的可行性研究报告，是项目决策和进行初步设计的依据。可行性研究报告，由项目法人（或筹备机构）组织编制。可行性研究报告经批准后，不得随意修改和变更，在主要内容上有重要变动，应经原批准机关复审同意。项目可行性报告批准后，应正式成立项目法人，并按项目法人责任制实行项目管理。

初步设计是根据批准的可行性研究报告和必要而准确的设计资料，对设计对象进行全面研究，阐明拟建工程在技术上的可行性和经济上的合理性，规定项目的各项基本技术参数，编制项目的总概算。初步设计任务应择优选择有相应资质的设计单位承担，依照有关初步设计编制规定进行编制。

建设项目初步设计文件已批准，项目投资来源基本落实，可以进行主体工程招标设计和组织招标工作以及现场施工准备。项目的主体工程开工之前，必须完成各项施工准备工作，其主要内容包括：①施工现场的征地、拆迁；②完成施工用水、电、通信、路和场地平整等工程；③必需的生产、生活临时建筑工程；④组织招标设计、工程咨询、设备和物资采购等服务；⑤组织建设监理和主体工程招标投标，并择优选定建设监理单位和施工承包商。

建设实施阶段是指主体工程的建设实施，项目法人按照批准的建设文件，组织工程建设，保证项目建设目标的实现。项目法人或建设单位向主管部门提出主体工程开工申请报告，按审批权限，经批准后，方能正式开工。随着社会主义市场经济体制的建立，工程建设项目实行项目法人责任制后，主体工程开工，必须具备以下条件：①前期工程各阶段文件已按规定批准，施工详图设计可以满足初期主体工程施工需要；②建设项目已列入国家年度计划，年度建设资金已落实；③主体工程招标已经决标，工程承包合同已经签订，并得到主管部门同意；④现场施工准备和征地移民等建设外部条件能够满足主体工程开工需要。

生产准备应根据不同类型的工程要求来确定，一般应包括如下内容：①生产组织准备，建立生产经营的管理机构及相应管理制度；②招收和培训人员；③生产技术准备；④生产的物资准备；⑤正常的生活福利设施准备。

竣工验收是工程完成建设目标的标志，是全面考核基本建设成果、检验设计和工程质量的重要步骤。竣工验收合格的项目即从基本建设转入生产或使用。

工程项目竣工投产后，一般经过一至两年生产营运后，要进行一次系统的项目后评价，主要内容包括：①影响评价——项目投产后对各方面的影响进行评价；②经济效益评价——对项目投资、国民经济效益、财务效益、技术进步和规模效益、可行性研究深度等进行评价；③过程评价——对项目的立项、设计施工、建设管理、竣工投产、生产营运等全过程进行评价。项目后评价一般按三个层次组织实施，即项目法人的自我评价、项目行业的评价、计划部门（或主要投资方）的评价。

设计工作应遵循分阶段、循序渐进、逐步深入的原则进行。以往大中型枢纽工程常按三个阶段进行设计，即可行性研究、初步设计和施工详图设计。对于工程规模大，技术上复杂而又缺乏设计经验的工程，经主管部门指定，可在初步设计和施工详图设计之间，增加技术设计阶段。20世纪80年代以来，为适应招标投标合同管理体制的需要，初步设计之后又有招标设计阶段，例如，三峡工程设计包括可行性研究、初步设计、单项工程技术设计、招标设计和施工详图设计五个阶段。

另外，原电力工业部在对水电工程设计阶段的划分作如下调整：

1. 增加预可行性研究报告阶段

在江河流域综合利用规划及河流（河段）水电规划选定的开发方案基础上，根据国家与地区电力发展规划的要求，编制水电工程预可行性研究报告。预可行性研究报告经主管部门审批后，即可编报项目建议书。预可行性研究是在江河流域综合利用规划或河流（河段）水电规划以及电网电源规划基础上进行的设计阶段。其任务是论证拟建工程在国民经济发展中的必要性、技术可行性、经济合理性。本阶段的主要工作内容包括：河流概况及水文气象等基本资料的分析；工程地质与建筑材料的评价；工程规模、综合利用及环境影响的论证；初拟坝址、厂址和引水系统线路；初步选择坝型、电站、泄洪、通航等主要建筑物的基本形式与枢纽布置方案；初拟主体工程的施工方法，进行施工总体布置、估算工程总投资、工程效益的分析和经济评价等。预可行性研究阶段的成果，为国家和有关部门作出投资决策及筹措资金提供基本依据。

2. 将原有可行性研究与初步设计两阶段合并，统称为可行性研究报告阶段

加深原有可行性研究报告深度，使其达到原有初步设计编制规程的要求。可行性研究阶段的设计任务在于进一步论证拟建工程在技术上的可行性和经济上的合理性，并要解决工程建设中重要的技术经济问题。主要设计内容包括：对水文、气象、工程地质以及天然建筑材料等基本资料做进一步分析与评价；论证本工程及主要建筑物的等级；进行水文水利计算，确定水库的各种特征水位及流量，选择电站的装机容量、机组机型和电气主接线以及主要机电设备；论证并选定坝址、坝轴线、坝型、枢纽总体布置及其他主要建筑物的型式和控制性尺寸；选择施工导流方案，进行施工方法、施工进度和总体布置的设计，提出主要建筑材料、施工机械设备、劳动力、供水、供电的数量和供应计划；提出水库移民安置规划；提出工程总概算，进行技术经济分析，阐明工程效益。最后提交可行性研究报告文件，包括文字说明和设计图纸及有关附件。

3. 招标设计阶段

暂按原技术设计要求进行勘测设计工作，在此基础上编制招标文件。招标文件分三类：主体工程、永久设备和业主委托的其他工程的招标文件。

招标设计是在批准的可行性研究报告的基础上，将确定的工程设计方案进一步具体化，详细定出总体布置和各建筑物的轮廓尺寸、材料类型、工艺要求和技术要求等。其设计深度要求做到可以根据招标设计图较准确地计算出各种建筑材料的规格、品种和数量，混凝土浇筑、土石方填筑和各类开挖、回填的工程量，各类机械电气和永久设备的安装工程量等。根据招标设计图所确定的各类工程量和技术要求，以及施工进度计划，监理工程师可以进行施工规划并编制出工程概算，作为编制标底的依据。编标单位则可以据此编制招标文件，包括合同的一般条款、特殊条款、技术规程和各项工程的工程量表，满足以固定单价合同形式进行招标的需要。施工投标单位，也可据此进行投标报价和编制施工方案及技术保证措施。

4.施工详图阶段

配合工程进度编制施工详图。施工详图设计是在招标设计的基础上，对各建筑物进行结构和细部构造设计；最后确定地基处理方案，进行处理措施设计；确定施工总体布置及施工方法，编制施工进度计划和施工预算等；提出整个工程分项分部的施工、制造、安装详图。施工详图是工程施工的依据，也是工程承包或工程结算的依据。

（三）水利工程的影响

水利工程是防洪、除涝、灌溉、发电、供水、围垦、水土保持、移民、水资源保护等工程及其配套和附属工程的统称，是人类改造自然、利用自然的工程。修建水利工程，是为了控制水流、防止洪涝灾害，并进行水量的调节和分配，从而满足人们生活和生产对水资源的需要。因此，大型水利工程往往显现出显著的社会效益和经济效益，带动地区经济发展，促进流域以至整个中国经济社会的全面可持续发展。

但是也必须注意到，水利工程的建设可能会破坏河流或河段及其周围地区在天然状态下的相对平衡。特别是具有高坝大库的河川水利枢纽的建成运行，对周围的自然和社会环境都将产生重大影响。

修建水利工程对生态环境的不利影响是：河流中筑坝建库后，上下游水文状态将发生变化。可能出现泥沙淤积、水库水质下降、淹没部分文物古迹和自然景观，还可能会改变库区及河流中下游水生生态系统的结构和功能，对一些鱼类和植物的生存和繁殖产生不利影响；水库的"沉沙池"作用，使过坝的水流成为"清水"，冲刷能力加大，由于水势和含沙量的变化，还可能改变下游河段的河水流向和冲积程度，造成河床被冲刷侵蚀，也可能影响到河势变化乃至河岸稳定；大面积的水库还会引起小气候的变化，库区蓄水后，水域面积扩大，水的蒸发量上升，因此会造成附近地区日夜温差缩小，改变库区的气候环境，例如可能增加雾天的出现频率；兴建水库可能会增加库区地质灾害发生的频率，例如，兴建水库可能诱发地震，增加库区及附近地区地震发生的频率；山区的水库由于两岸山体下部未来长期处于浸泡之中，发生山体滑坡、塌方和泥石流的频率可能会有所增加；深水库底孔下放的水，水温会较原天然状态有所变化，可能不如原来情况更适合农作物生长；此外，库水化学成分改变、营养物质浓集导致水的异味或缺氧等，也会对生物带来不利影响。

修建水利工程对生态环境的有利影响是：防洪工程可有效地控制上游洪水，提高河段甚至流域的防洪能力，从而有效地减免洪涝灾害带来的生态环境破坏；水力发电工程利用清洁的水能发电，与燃煤发电相比，可以少排放大量的二氧化碳、二氧化硫等有害气体，减轻酸雨、温室效应等大气危害以及燃煤开采、洗选、运输、废渣处理所导致的严重环境污染；能调节工程中下游的枯水期流量，有利于改善枯水期水质；有些水利工程可为调水工程提供水源条件；高坝大库的建设较天然河流大大增加了水库面积与容积，可以养鱼，对渔业有利；水库调蓄的水量增加了农作物灌溉的机会。

此外，由于水位上升使库区被淹没，需要进行移民，并且由于兴建水库导致库区的风景名胜和文物古迹被淹没，需要进行搬迁、复原等。在国际河流上兴建水利工程，等于重新分配了水资源，间接地影响了水库所在国家与下游国家的关系，还可能造成外交上的影响。

上述这些水利工程在经济、社会、生态方面的影响，有利有弊，因此兴建水利工程，必须充分考虑其影响，精心研究，针对不利影响应采取有效的对策及措施，促进水利工程所在地区经济、社会和环境的协调发展。

二、水库知识

（一）水库的概念

水库是指在山沟或河流的狭口处建造拦河坝形成的人工湖泊。水库建成后，可发挥防洪、蓄水、灌溉、供水、发电、养鱼等效益。有时天然湖泊也称为水库（天然水库）。

水库规模通常按总库容大小划分，水库总库容 $\geqslant 10 \times 10^8\,\mathrm{m}^3$ 的为大（1）型水库，水库总库容为（$1.0 \sim 10$）$\times 10^8\,\mathrm{m}^3$ 的是大（2）型水库，水库总库容为（$0.10 \sim 1.0$）$\times 10^8\,\mathrm{m}^3$ 的是中型水库，水库总库容为（$0.01 \sim 0.10$）$\times 10^8\,\mathrm{m}^3$ 的是小（1）型水库，水库总库容为（$0.001 \sim 0.01$）$\times 10^8\,\mathrm{m}^3$ 的是小（2）型水库。

（二）水库的作用

河流天然来水在一年间及各年间一般都会有所变化，这种变化与社会工农业生产及人们生活用水在时间和水量分配上往往存在矛盾。兴建水库是解决这类矛盾的主要措施之一。兴建水库也是综合利用水资源的有效措施。水库不仅可以使水量在时间上得到重新分配，满足灌溉、防洪、供水的要求，还可以利用大量的蓄水和抬高了的水头来满足发电、航运及渔业等其他用水部门的需要。水库在来水多时把水存蓄在水库中，然后根据灌溉、供水、发电、防洪等综合利用要求适时适量地进行分配。这种把来水按用水要求在时间和数量上重新分配的作用，称为水库的调节作用。水库的径流调节是指利用水库的蓄泄功能有计划地对河川径流在时间上和数量上进行控制和分配。

径流调节通常按水库调节周期分类，根据调节周期的长短，水库也可分为无调节、日调节、周调节、年调节和多年调节水库。无调节水库没有调节库容，按天然流量供水；日调节水库按用水部门一天内的需水过程进行调节；周调节水库按用水部门一周内的需水过程进行调节；年调节水库将一年中的多余水量存蓄起来，用以提高缺水期的供水量；多年调节水库将丰水年的多余水量存蓄起来，用以提高枯水年的供水量，调节周期超过一年。水库径流调节的工程措施是修建大坝（水库）和设置调节流量的闸门。

水库还可按水库所承担的任务，划分为单一任务水库及综合利用水库；按水库供水方式，可分为固定供水调节及变动供水调节水库；按水库的作用，可分为反调节、补偿调节、水库群调节及跨流域引水调节等。补偿调节是指两个或两个以上水库联合工作，利用各库水文特性、调节性能及地理位置等条件的差别，在供水量、发电出力、泄洪量上相互协调补偿。通常，将其中调节性能高的、规模大的、任务单纯的水库作为补偿调节水库，而以调节性能差、用水部门多的水库作为被补偿水库（电站），考虑不同水文特性和库容进行补偿。一般是上游水库作为补偿调节水库补充放水，以满足下游电站或给水、灌溉引水的用水需要。反调节水库又称再调节水库，是指同一河段相邻较近的两个水库，下一级反调节水库在发电、航运、流量等方面利用上一级水库下泄的水流。

（三）水量平衡原理

水量平衡是水量收支平衡的简称。对于水库而言，水量平衡原理是指任意时刻，水库（群）区域收入（或输入）的水量和支出（或输出）的水量之差，等于该时段内该区域储水量的变化。

（四）水库的特征水位和特征库容

水库的库容大小决定着水库调节径流的能力和它所能提供的效益。因此，确定水库特征水位及其相应库容是水利水电工程规划、设计的主要任务之一。水库工程为完成不同任务，在不同时期和各种水文情况下，需控制达到或允许消落的各种库水位称为水库的特征水位。相应于水库的特征水位以下或两特征水位之间的水库容积称为水库的特征库容。水库的特征水位主要有正常蓄水位、死水位、防洪限制水位、防洪高水位、设计洪水位、校核洪水位等；主要特征库容有兴利库容、死库容、重叠库容、防洪库容、调洪库容、总库容等。

1. 水库的特征水位

正常蓄水位是指水库在正常运用情况下，为满足兴利要求在开始供水时应该蓄到的水位，又称正常水位、兴利水位，或设计蓄水位。它是决定水工建筑物的尺寸、投资、淹没、水电站出力等指标的重要依据。选择正常蓄水位时，应根据电力系统和其他部门的要求及水库淹没、坝址地形、地质、水工建筑物布置、施工条件、梯级影响、生态与环境保护等因素，拟定不同方案，通过技术经济论证及综合分析比较确定。

防洪限制水位是指水库在汛期允许兴利蓄水的上限水位，又称汛前限制水位。防洪限制水位也是水库在汛期防洪运用时的起调水位。选择防洪限制水位，要兼顾防洪和兴利的需要，应根据洪水及泥沙特性，研究对防洪、发电及其他部门和对水库淹没、泥沙冲淤及淤积部位、水库寿命、枢纽布置以及水轮机运行条件等方面的影响，通过对不同方案的技术经济比较，综合分析确定。

设计洪水位是指水库遇到大坝的设计洪水时，在坝前达到的最高水位。它是水库在正常运用情况下允许达到的最高洪水位，可采用相应于大坝设计标准的各种典型洪水，按拟定的调度方式，自防洪限制水位开始进行调洪计算求得。

校核洪水位是指水库遇到大坝的校核洪水时，在坝前达到的最高水位。它是水库在非常运用情况下，允许临时达到的最高洪水位，可采用相应于大坝校核标准的各种典型洪水，按拟定的调洪方式，自防洪限制水位开始进行调洪计算求得。

防洪高水位是指水库遇下游保护对象的设计洪水时在坝前达到的最高水位。当水库承担下游防洪任务时，需确定这一水位。防洪高水位可采用相应于下游防洪标准的各种典型洪水，按拟定的防洪调度方式，自防洪限制水位开始进行水库调洪计算求得。

死水位是指水库在正常运用情况下，允许消落到的最低水位。选择死水位，应比较不同方案的电力、电量效益和费用，并应考虑灌溉、航运等部门对水位、流量的要求和泥沙冲淤、水轮机运行工况以及闸门制造技术对进水口高程的制约等条件，经综合分析比较确定。正常蓄水位到死水位间的水库深度称为消落深度或工作深度。

2. 水库的特征库容

最高水位以下的水库静库容，称为总库容，一般指校核洪水位以下的水库容积，它是表示水库工程规模的代表性指标，可作为划分水库等级、确定工程安全标准的重要依据。

防洪高水位至防洪限制水位之间的水库容积，称为防洪库容。它用以控制洪水，满足水库下游防护对象的防洪要求。

校核洪水位至防洪限制水位之间的水库容积，称为调洪库容。

正常蓄水位至死水位之间的水库容积，称为兴利库容或有效库容。

当防洪限制水位低于正常蓄水位时，正常蓄水位至防洪限制水位之间汛期用于蓄洪、非汛期用于兴利的水库容积，称为共用库容或重复利用库容。

死水位以下的水库容积，称为死库容。除特殊情况外，死库容不参与径流调节。

第四节 水电站与泵站

一、水电站知识

水电站是将水能转换为电能的综合工程设施，又称水电厂。它包括为利用水能生产电能而兴建的一系列水电站建筑物及装设的各种水电站设备。利用这些建筑物集中天然水流的落差形成水头，汇集、调节天然水流的流量，并将它输向水轮机，经水轮机与发电机的联合运转，将集中的水能转换为电能，再经变压器、开关站和输电线路等将电能输入电网。

在通常情况下，水电站的水头是通过适当的工程措施，将分散在一定河段上的自然落差集中起来而构成的。就集中落差形成水头的措施而言，水能资源的开发方式可分为坝式、引水式和混合式三种基本方式。根据三种不同的开发方式，水电站也可分为坝式、引水式和混合式三种基本类型。

（一）坝式水电站

在河流峡谷处拦河筑坝、坝前壅水，形成水库，在坝址处形成集中落差，这种开发方式称为坝式开发。用坝集中落差的水电站称为坝式水电站。其特点为：

坝式水电站的水头取决于坝高。坝越高，水电站的水头越大，但坝高往往受地形、地质、水库淹没、工程投资、技术水平等条件的限制，因此与其他开发方式相比，坝式水电站的水头相对较小。目前坝式水电站的最大水头不超过300m。

拦河筑坝形成水库，可用来调节流量。坝式水电站的引用流量较大，电站的规模也大，水能利用比较充分。目前世界上装机容量超过2000MW的巨型水电站大都是坝式水电站。此外，坝式水电站水库的综合利用效益高，可同时满足防洪、发电、供水等兴利要求。

要求工程规模大，水库造成的淹没范围大，迁移人口多，因此坝式水电站的投资大，工期长。

坝式开发适用于河道坡降较缓，流量较大，有筑坝建库条件的河段。

坝式水电站按大坝和发电厂的相对位置的不同又可分为河床式、坝后式、闸墩式、坝内式、溢流式等。在实际工程中，较常用的坝式水电站是河床式和坝后式水电站。

1. 河床式水电站

河床式水电站一般修建在河流中下游河道纵坡平缓的河段上，为避免大量淹没，坝建得较低，故水头较小。大中型河床式水电站水头一般为25m以下，不超过 $30 \sim 40$m；中小型水电站水头一般为10m以下。河床式电站的引用流量一般都较大，属于低水头大流量型水电站，其特点是：厂房与坝（或闸）一起建在河床上，厂房本身承受上游水压力，并成为挡水建筑物的一部分，一般不设专门的引水管道，水流直接从厂房上游进水口进入水轮机。

2. 坝后式水电站

坝后式水电站一般修建在河流中上游的山区峡谷地段，受水库淹没限制相对较小，所以坝可建得较高，水头也较大，在坝的上游形成了可调节天然径流的水库，有利于发挥防洪、灌溉、航运及水产等综合效益，并给水电站运行创造了十分有利的条件。由于水头较高，厂房不能承受上游过大水压力而建在坝后（坝下游）。其特点是：水电站厂房布置在坝后，厂坝之间常用缝分开，上游水压力全部由坝承受。三峡水电站、福建水口水电站等，均属坝后式水电站。

坝后式水电站厂房布置型式很多，当厂房布置在坝体内时，称为坝内式水电站；当厂房布置在溢流坝段之后时，通常称为溢流式水电站。当水电站拦河坝为土坝或堆石坝等当地材料坝时，水电站厂房可采用河岸式布置。

（二）引水式开发和引水式水电站

在河流坡降较陡的河段上游，通过人工建造的引入道（渠道、隧洞、管道等）引水到河段下游，集中落差，这种开发方式称为引水式开发。用引水道集中水头的水电站，称为引水式水电站。

引水式开发的特点是：由于引水道的坡降（一般取 $1/1000 \sim 1/3000$）小于原河道的坡降，因而随着引水道的增长，逐渐集中水头；与坝式水电站相比，引水式水电站由于不存在淹没和筑坝技术上的限制，水头相对较高，目前最大水头已达2000m以上；引水式水电站的引用流量较小，没有水库调节径流，水量利用率较低，综合利用价值较差，电站规模相对较小，工程量较小，单位造价较低。

引水式开发适用于河道坡降较陡且流量较小的山区河段。根据引水建筑物中的水流状态不同，可分为无压引水式水电站和有压引水式水电站。

1. 无压引水式水电站

无压引水式水电站的主要特点是具有较长的无压引水水道，水电站引水建筑物中的水流是无压流。无压引水式水电站的主要建筑物有低坝、无压进水口、沉沙池、引水渠道（或无压隧洞）、日调节池、压力前池、溢水道、压力管道、厂房和尾水渠等。

2. 有压引水式水电站

有压引水式水电站的主要特点是有较长的有压引水道，如有压隧洞或压力管道，引水建筑物中的水流是有压流。有压引水式水电站的主要建筑物有拦河坝、有压进水口、有压引水隧洞、调压室、压力管道、厂房和尾水渠等。

（三）混合式开发和混合式水电站

在一个河段上，同时采用筑坝和有压引水道共同集中落差的开发方式称为混合式开发。坝集中一部分落差后，再通过有压引水道集中坝后河段上另一部分落差，形成了电站的总水头。用坝和引水道集中水头的水电站称为混合式水电站。

混合式水电站适用于上游有良好坝址，适宜建库，而紧邻水库的下游河道突然变陡或河流有较大转弯的情况。这种水电站同时兼有坝式水电站和引水式水电站的优点。

混合式水电站和引水式水电站之间没有明确的分界线。严格说来，混合式水电站的水头是由坝和引水建筑物共同形成的，且坝一般构成水库。而引水式水电站的水头，只由引水建筑物形成，坝只起抬高上游水位的作用。但在工程实际中常将具有一定长度引水建筑物的混合式水电站统称为引水式水电站，而较少采用混合式水电站这个名称。

（四）抽水蓄能电站

随着国民经济的迅速发展以及人民生活水平的不断提高，电力负荷和电网日益扩大，电力系统负荷的峰谷差越来越大。

在电力系统中，核电站和火电站不能适应电力系统负荷的急剧变化，且受到技术最小出力的限制，调峰能力有限；而且火电机组调峰煤耗多，运行维护费用高。而水电站启动与停机迅速，运行灵活，适宜担任调峰、调频和事故备用负荷。

抽水蓄能电站不是为了开发水能资源向系统提供电能，而是以水体为储能介质，起调节作用。抽水蓄能电站包括抽水蓄能和放水发电两个过程，它有上下两个水库，用引水建筑物相连，蓄能电站厂房建在下水库处。在系统负荷低谷时，利用系统多余的电能带动泵站机组（电动机＋水泵）将下库的水抽到上库，以水的势能形式储存起来；当系统负荷高峰时，将上库的水放下来推动水轮发电机组（水轮机＋发电机）发电，以补充系统中电能不足。

随着电力行业的改革，实行负荷高峰高电价、负荷低谷低电价后，抽水蓄能电站的经济效益将是显著的。抽水蓄能电站除产生调峰填谷的静态效益外，还由于其特有的灵活性而产生动态效益，包括同步备用、调频、负荷调整、满足系统负荷急剧爬坡的需要、同步调相运行等。

（五）潮汐水电站

海洋水面在太阳和月球引力的作用下，发生一种周期性涨落的现象，称为潮汐。从涨潮到涨潮（或落潮到落潮）之间间隔的时间，即潮汐运动的周期（亦称潮期），约为 12h 又 25min。在一个潮汐周期内，相邻高潮位与低潮位间的差值，称为潮差，其大小受引潮力、地形和其他条件的影响因时因地而异，一般为数米。有了这样的潮差，就可以在沿海的港湾或河口建坝，构成水库，利用潮差所形成的水头来发电，这就是潮汐能的开发。据计算，世界海洋潮汐能蕴藏量约为 27×10^6MW，若全部转换成电能，每年发电量大约为 1.2 万亿 kW·h。

利用潮汐能发电的水电站称为潮汐水电站。潮汐电站多修建于海湾。其工作原理是修建海堤，将海湾与海洋隔开，并设泄水闸和电站厂房，然后利用潮汐涨落时海水位的升降，使海水流经水轮机，通过水轮机的转动带动发电机组发电。涨潮时外海水位高于内库水位，形成水头，这时引海水入湾发电；退潮时外海水位下降，低于内库水位，可放库中的水入海发电。海潮昼夜涨落两次，因此海湾每昼夜充水和放水也是两次。潮汐水电站可利用的水头为潮差的一部分，水头较小，但引用的海水流量可以很大，是一种低水头大流量的水电站。

潮汐能与一般水能资源不同，是取之不尽，用之不竭的。潮差较稳定，且不存在枯水年与丰水年的差别，因此潮汐能的年发电量稳定。但由于发电的开发成本较高和技术上的问题，所以发展较慢。

（六）无调节水电站和有调节水电站

水电站除按开发方式进行分类外，还可以按其是否有调节天然径流的能力而分为无调节水电站和有调节水电站两种类型。

无调节水电站没有水库，或虽有水库却不能用来调节天然径流。当天然流量小于电站能够引用的最大流量时，电站的引用流量就等于或小于该时刻的天然流量；当天然流量超过电站能够引用的最大流量时，电站最多也只能利用它所能引用的最大流量，超出的那部分天然流量只好弃水。

凡是具有水库，能在一定限度内按照负荷的需要对天然径流进行调节的水电站，统称为有调节水电站。根据调节周期的长短，有调节水电站又可分为日调节水电站、年调节水电站及多年调节水电站等，视水库的调节库容与河流多年平均年径流量的比值（称为库容系数）而定。无调节和日调节水电站又称径流式水电站。具有比日调节能力大的水库的水电站又称蓄水式水电站。

在前述的水电站中，坝后式水电站和混合式水电站一般都是有调节的；河床式水电站和引水式水电站则常是无调节的，或者只具有较小的调节能力，例如日调节。

二、泵站知识

（一）泵站的主要建筑物

1.进水建筑物

进水建筑物包括引水渠道、前池、进水池等。其主要作用是衔接水源地与泵房，其体型应有利于改善水泵进水流态，减少水力损失，为主泵创造良好的引水条件。

2.出水建筑物

进水建筑物有出水池和压力水箱两种主要形式。出水池是连接压力管道和灌排干渠的衔接建筑物，起消能稳流作用。压力水箱是连接压力管道和压力涵管的衔接建筑物，起消能稳流作用。压力水箱是连接压力管道和压力涵管的衔接建筑物，起汇流排水的作用，这种结构形式适用于排水泵站。

3. 泵房

泵房是安装水泵、动力机和辅助设备的建筑物，是泵站的主体工程，其主要作用是为主机组和运行人员提供良好的工作条件。泵房结构形式的确定，主要根据主机组结构性能、水源水位变幅、地基条件及枢纽布置，通过技术经济比较，择优选定。

（二）泵房的结构型式

1. 固定式泵房

固定式泵房按基础型式的特点又可分为分基型、干室型、湿室型和块基型四种。

（1）分基型泵房

泵房基础与水泵机组基础分开建筑的泵房。这种泵房的地面高于进水池的最高水位，通风、采光和防潮条件都比较好，施工容易，是中小型泵站最常采用的结构型式。

分基型泵房适用于安装卧式机组，且水源的水位变化幅度小于水泵的有效吸程，以保证机组不被淹没的情况。要求水源岸边比较稳定，地质和水文条件都比较好。

（2）干室型泵房

干室型泵房及其底部均用钢筋混凝土浇筑成封闭的整体，在泵房下部形成一个无水的地下室。这种结构型式比分基型复杂，造价高，但可以防止高水位时水通过泵房四周和底部渗入。

干室型泵房不论是卧式机组还是立式机组都可以采用，其平面形状有矩形和圆形两种，其立面上的布置可以是一层的或者多层的，视需要而定。这种型式的泵房适用于以下场合：水源的水位变幅大于泵的有效吸程；采用分基型泵房在技术和经济上不合理；地基承载能力较低和地下水位较高。设计中要校核其整体稳定性和地基应力。

（3）湿室型泵房

湿室型泵房下部有一个与前池相通并充满水的地下室的泵房。一般分两层，下层是湿室，上层安装水泵的动力机和配电设备，水泵的吸水管或者泵体淹没在湿室的水面以下。湿室可以起着进水池的作用，湿室中的水体重量可平衡一部分地下水的浮托力，湿室中的水体重量可平衡一部分地下水的浮托力，增强了泵房的稳定性。口径 1m 以下的立式或者卧式轴流泵及立式离心泵都可以采用湿室型泵房。这种泵房一般都建在软弱地基上，因此对其整体稳定性应予以足够的重视。

（4）块基型泵房

块基型泵房是用钢筋混凝土把水泵的进水流道与泵房的底板浇成一块整体，并作为泵房的基础的泵房。安装立式机组的这种泵房立面上按照从高到低的顺序可分为电机层、连轴层、水泵层和进水流道层。水泵层以上的空间相当于干室型泵房的干室，可安装主机组、电气设备、辅助设备和管道等；水泵层以下进水流道和排水廊道，相当于湿室型泵房的进水池。进水流道设计成钟形或者弯肘形，以改善水泵的进水条件。从结构上看，块基型泵房是干室型和湿室型泵房的发展。由于这种泵房结构的整体性好，自身的重量大、抗浮和抗滑稳定性较好，它适用于以下情况：口径大于 1.2m 的大型水泵；需要泵房直接抵挡外河水压力；适用于各种地基条件。根据水力设计和设备布置确定这种泵房的尺寸之后，还要校核其抗渗、抗滑以及地基承载能力，确保在各种外力作用下，泵房不产生滑动倾倒和过大的不均匀沉降。

2. 移动式泵房

在水源的水位变化幅度较大，建设固定式泵站投资大、工期长、施工困难的地方，应优先考虑建设移动式泵站。移动式泵房具有较大的灵活性和适应性，没有复杂的水下建筑结构，但其运行管理比固定式泵站复杂。这种泵房可以分为泵船和泵车两种。

承载水泵机组及其控制设备的泵船可以用木材、钢材或钢丝网水泥制造。木制泵船的优点是一次性投资少、施工快，基本不受地域限制；缺点是强度低、易腐烂、防火效果差、使用期短、养护费高，且消耗木材多。钢船强度高，使用年限长，维护保养好的钢船使用寿命可达几十年，它没有木船的缺点；但建造费用较高，使用钢材较多。钢丝网水泥船具有强度高、耐久性好，节省钢材和木材，造船施工技术并不复杂，维修费用少、重心低、稳定性好，使用年限长等优点。

根据设备在船上的布置方式，泵船可以分为两种型式：将水泵机组安装在船甲板上面的上承式和将水泵机组安装在船舱底骨架上的下承式。泵船的尺寸和船身形状根据最大排水量条件确定，设计方法和原则应按内河航运船舶的设计规定进行。

选择泵船的取水位置应注意以下几点：河面较宽，水足够深，水流较平稳；洪水期不会漫坡，枯水期不会出现浅滩；河岸稳定，岸边有合适的坡度；在通航和放筏的河道中，泵船与主河道有足够的距离防止撞船；应避开大回流区，以免漂浮物聚集在进水口，影响取水；泵船附近有平坦的河岸，作为泵船检修的场地。

泵车是将水泵机组安装在河岸边轨道上的车子内，根据水位涨落，靠绞车沿轨道升降小车改变水泵的工作高程的提水装置。其优点是不受河道内水流的冲击和风浪运动的影响，稳定性较泵船好，缺点是受绞车工作容量的限制，泵车不能做得太大，因而其抽水量较小。其使用条件如下：水源的水位变化幅度为 10 ～ 35m，涨落速度不大于 2m/h；河岸比较稳定，岸坡地质条件较好，且有适宜的倾角，一般以 10° ～ 30° 为宜；河流漂浮物少，没有浮冰，不易受漂木、浮筏、船只的撞击；河段顺直，靠近主流；单车流量在 1m³/s 以下。

（三）泵房的基础

基础是泵房的地下部分，其功能是将泵房的自重、房顶屋盖面积、积雪重量、泵房内设备重量及其荷载和人的重量等传给地基。基础和地基必须具备足够的强度和稳定性，以防止泵房或设备因沉降过大或不均匀沉降而引起厂房开裂和倾斜，造成设备不能正常运转。

基础的强度和稳定性既取决于其形状和选用的材料，又依赖于地基的性质，而地基的性质和承载能力必须通过工程地质勘测加以确定。设计泵房时，应综合考虑荷载的大小、结构型式、地基和基础的特性，选择经济可靠的方案。

1. 基础的埋置深度

基础的底面应该设置在承载能力较大的老土层上，填土层太厚时，可通过打桩、换土等措施加强地基承载能力。基础的底面应该在冰冻线以下，以防止水的结冰和融化。在地下水位较高的地区，基础的底面要设在最低地下水位以下，以避免因地下水位的上升和下降而增加泵房的沉降量和引起不均匀沉陷。

2. 基础的型式和结构

基础的型式和大小取决于其上部的荷载和地基的性质，需通过计算确定。泵房常用的基础有以下几种：

（1）砖基础

用于荷载不大、基础宽度较小、土质较好及地下水位较低的地基上，分基型泵房多采用这种基础。由墙和大方脚组成，一般砌成台阶形，由于埋在土中比较潮湿，需采用不低于 75 号的黏土砖和不低于 50 号的水泥砂浆砌筑。

（2）灰土基础

当基础宽度和埋深较大时，采用这种型式，以节省大方脚用砖。这种基础不宜做在地下水和潮湿的土中。由砖基础、大方脚和灰土垫层组成。

（3）混凝土基础

适合于地下水位较高，泵房荷载较大的情况。可以根据需要做成任何形式，其总高度小于 0.35m 时，截面常做成矩形；总高度在 0.35 ~ 1.0m，用踏步形；基础宽度大于 2.0m，高度大于 1.0m 时，如果施工方便常做成梯形。

（4）钢筋混凝土基础

适用于泵房荷载较大，而地基承载力又较差和采用以上基础不经济的情况。由于这种基础底面有钢筋，抗拉强度较高，故其高宽比较前述基础小。

第三章 地基施工

第一节 地基处理的基础

一、地基处理概述

地基处理一般是指用于改善支承建筑物的地基（土或岩石）的承载能力或改善其变形性质或渗透性质而采取的工程技术措施。

（一）处理目的

地基面临的问题主要有以下几个方面：①承载力及稳定性问题；②压缩及不均匀沉降问题；③渗漏问题；④液化问题；⑤特殊土的特殊问题。当天然地基存在上述五类问题之一或其中几个时，需采用地基处理措施以保证上部结构的安全与正常使用。通过地基处理，达到以下一种或几种目的。

1.提高地基土的承载力

地基剪切破坏的具体表现形式有建筑物的地基承载力不够，由于偏心荷载或侧向土压力的作用使结构失稳；由于填土或建筑物荷载，使邻近地基产生隆起；土方开挖时边坡失稳，基坑开挖时坑底隆起。地基土的剪切破坏主要因为地基土的抗剪强度不足，因此，为防止剪切破坏，就需要采取一定的措施提高地基土的抗剪强度。

2.降低地基土的压缩性

地基的压缩性表现在建筑物的沉降和差异沉降大，而土的压缩性与土的压缩模量有关。因此，必须采取措施提高地基土的压缩模量，以减少地基的沉降和不均匀沉降。

3.改善地基的透水特性

基坑开挖施工中，因土层内夹有薄层粉沙或粉土而产生管涌或流沙，这些都是因地下水在土中的运动而产生的问题，故必须采取措施使地基土降低透水性或减少其动水压力。

4. 改善地基土的动力特性

饱和松散粉细沙（包括部分粉土）在地震的作用下会发生液化在承受交通荷载和打桩时，会使附近地基产生振动下降，这些是土的动力特性的表现。地基处理的目的就是要改善土的动力特性以提高土的抗振动性能。

5. 改善特殊土不良地基特性

对于湿陷性黄土和膨胀土，就是消除或减少黄土的湿陷性或膨胀土的胀缩性。

（二）处理分类

地基处理主要分为：基础工程措施、岩土加固措施。

有的工程不改变地基的工程性质，而只采取基础工程措施；有的工程还同时对地基的土和岩石加固，以改善其工程性质。选定适当的基础形式，不需改变地基的工程性质就可满足要求的地基称为天然地基；反之，已进行加固后的地基称为人工地基。地基处理工程的设计和施工质量直接关系到建筑物的安全，如处理不当，往往发生工程质量事故，且事后补救大多比较困难。因此，对地基处理要求实行严格质量控制和验收制度，以确保工程质量。

（三）处理方法

常用的地基处理方法有换填垫层法、强夯法、沙石桩法、振冲法、水泥土搅拌法、高压喷射注浆法、预压法、夯实水泥土桩法、水泥粉煤灰碎石桩法、石灰桩法、灰土挤密桩法和土挤密桩法、柱锤冲扩桩法、单液硅化法和碱液法以及综合比较法等。

1. 换填垫层法

换填垫层法适用于浅层软弱地基及不均匀地基的处理。其主要作用是提高地基承载力，减少沉降量，加速软弱土层排水固结，防止冻胀和消除膨胀土的胀缩。

2. 强夯法

强夯法适用于处理碎石土、沙土、低饱和度的粉土与黏性土、湿陷性黄土、杂填土和素填土等地基。强夯置换法适用于高饱和度的粉土，软塑到流塑的黏性土等地基上对变形控制不严的工程，在设计前必须通过现场试验确定其适用性和处理效果。强夯法和强夯置换法主要用来提高土的强度，减少压缩性，改善土体抵抗振动液化能力和消除土的湿陷性。对饱和黏性土宜结合堆载预压法和垂直排水法使用。

3. 沙石桩法

适用于挤密松散沙土、粉土、黏性土、素填土、杂填土等地基，提高地基的承载力和降低压缩性，也可用于处理可液化地基。对饱和黏土地基上变形控制不严的工程也可采用沙石桩置换处理，使沙石桩与软黏土构成复合地基，加速软土的排水固结，提高地基承载力。

4. 振冲法

分加填料和不加填料两种，加填料的通常称为振冲碎石桩法，振冲法适用于处理沙土、粉土、粉质黏土、素填土和杂填土等地基，对于处理不排水抗剪强度不小于20kPa的黏性土和饱和黄土地基，应在施工前通过现场试验确定其适用性；不加填料振冲加密适用于处理黏粒含量不大于10%的中、粗沙地基。振冲碎石桩主要用来提高地基承载力，减少地基沉降量，还可用来提高土坡的抗滑稳定性或提高土体的抗剪强度。

5. 水泥土搅拌法

分为浆液深层搅拌法（简称湿法）和粉体喷搅法（简称干法）。水泥土搅拌法适用于处理正常固结的淤泥与淤泥质土、黏性土、粉土、饱和黄土、素填土以及无流动地下水的饱和松散沙土等地基。不宜用于处理泥炭土、塑性指数大于25的黏土、地下水具有腐蚀性以及有机质含量较高的地基。若需采用时必须通过试验确定其适用性，当地基的天然含水量小于30%（黄土含水量小于25%）、大于70%或地下水的pH小于4时不宜采用干法。连续搭接的水泥搅拌桩可作为基坑的止水帷幕，受其搅拌能力的限制，该法在地基承载力大于140kPa的黏性土和粉土地基中的应用有一定难度。

6. 高压喷射注浆法

适用于处理淤泥、淤泥质土、黏性土、粉土、沙土、人工填土和碎石土地基。当地基中含有较多的大粒径块石、大量植物根茎或较高的有机质时，应根据现场试验结果确定其适用性。对地下水流速度过大、喷射浆液无法在注浆套管周围凝固等情况不宜采用。高压旋喷桩的处理深度较大，除地基加固外，也可作为深基坑或大坝的止水帷幕，目前最大处理深度已超过30m。

7. 预压法

适用于处理淤泥、淤泥质土、冲填土等饱和黏性土地基，按预压方法分为堆载预压法及真空预压法。堆载预压分塑料排水带或沙井地基堆载预压和天然地基堆载预压。当软土层厚度小于 4m 时，可采用天然地基堆载预压法处理；当软土层厚度超过 4m 时，应采用塑料排水带、沙井等竖向排水预压法处理。对真空预压工程，必须在地基内设置排水竖井。预压法主要用来解决地基的沉降及稳定问题。

8. 夯实水泥土桩法

适用于处理地下水位以上的粉土、素填土、杂填土、黏性土等地基。该法施工周期短、造价低、施工文明、造价容易控制，在北京、河北等地的旧城区危改小区工程中得到不少成功的应用。

9. 水泥粉煤灰碎石桩（CFG 桩）法

适用于处理黏性土、粉土、沙土和已自重固结的素填土等地基。对淤泥质土应根据地区经验或现场试验确定其适用性。基础和桩顶之间需设置一定厚度的褥垫层，保证桩、土共同承担荷载形成复合地基。该法适用于条基、独立基础、箱基、筏基，可用来提高地基承载力和减少变形。对可液化地基，可采用碎石桩和水泥粉煤灰碎石桩多桩型复合地基，达到消除地基土的液化和提高承载力的目的。

10. 石灰桩法

适用于处理饱和黏性土、淤泥、淤泥质土、杂填土和素填土等地基。用于地下水位以上的土层时，可采取减少生石灰用量和增加掺合料含水量的办法提高桩身强度，该法不适用于地下水下的沙类土。

11. 灰土挤密桩法和土挤密桩法

适用于处理地下水位以上的湿陷性黄土、素填土和杂填土等地基，可处理的深度为 5 ~ 15m。当用来消除地基土的湿陷性时，宜采用土挤密桩法；当用来提高地基土的承载力或增强其水稳定性时，宜采用灰土挤密桩法；当地基土的含水量大于 24%、饱和度大于 65% 时，不宜采用这种方法。灰土挤密桩法和土挤密桩法在消除土的湿陷性和减少渗透性方面效果基本相同，土挤密桩法地基的承载力和水稳定性不及灰土挤密桩法。

12. 柱锤冲扩桩法

适用于处理杂填土、粉土、黏性土、素填土和黄土等地基，对地下水位以下的饱和松软土层，应通过现场试验确定其适用性，地基处理深度不宜超过 6m。

13. 单液硅化法和碱液法

适用于处理地下水位以上渗透系数为 0.1 ~ 2m/d 的湿陷性黄土等地基，在自重湿陷性黄土场地，对 Ⅱ 级湿陷性地基，应通过试验确定碱液法适用性。

14. 综合比较法

在确定地基处理方案时，宜选取不同的多种方法进行比选。对复合地基而言，方案选择是针对不同土性、设计要求的承载力提高幅质、选取适宜的成桩工艺和增强体材料。

地基基础其他处理办法还有：砖砌连续墙基础法、混凝土连续墙基础法、单层或多层条石连续墙基础法、浆砌片石连续墙（挡墙）基础法等。

以上地基处理方法与工程检测、工程监测、桩基动测、静载实验、土工试验、基坑监测等相关技术整合在一起，称为地基处理的综合技术。

（四）处理步骤

地基处理方案的确定可按下列步骤进行：

①收集详细的工程质量、水文地质及地基基础的设计材料。

②根据结构类型、荷载大小及使用要求，结合地形地貌、土层结构、土质条件、地下水特征、周围环境和相邻建筑物等因素，初步选定几种可供考虑的地基处理方案。另外，在选择地基处理方案时，应同时考虑上部结构、基础和地基的共同作用；也可选用加强结构措施（如设置圈梁和沉降缝等）和处理地基相结合的方案。

③对初步选定的各种地基处理方案，分别从处理效果、材料来源及消耗、机具条件、施工进度、环境影响等方面进行认真的技术经济分析和对比，根据安全可靠、施工方便、经济合理等原则，从而因地制宜地选择最佳的处理方法。值得注意的是，每一种处理方法都有一定的适用范围、局限性和优缺点，没有一种处理方案是万能的，必要时也可选择两种或多种地基处理方法组成的综合方案。

④对已选定的地基处理方法，应按建筑物重要性和场地复杂程度，在

有代表性的场地上进行相应的现场试验和试验性施工，并进行必要的测试以验算设计参数和检验处理效果。如达不到设计要求时，应查找原因、采取措施或修改设计以达到满足设计的要求为目的。

⑤地基土层的变化是复杂多变的，因此，确定地基处理方案，一定要有经验的工程技术人员参加，对重大工程的设计一定要请专家参加。当前有一些重大的工程，由于设计部门缺乏经验和过分保守，往往很多方案确定得不合理，浪费也是很严重的，必须引起有关领导的重视。

（五）基础工程

1. 浅基础

通常把埋置深度不大，只需经过挖槽、排水等普通施工程序就可以建造起来的基础称为浅基础。它可扩大建筑物与地基的接触面积，使上部荷载扩散。浅基础主要有：①独立基础（如大部分柱基）；②条形基础（如墙基）；③筏形基础（如水闸底板）。当浅层土质不良，需把基础埋置于深处的较好地层时，就要建造各种类型的深基础，如桩基础、墩基础、沉井或沉箱基础、地下连续墙等，它将上部荷载传递到周围地层或下面较坚硬地层上。

2. 桩基础

桩基础是一种古老的地基处理方式。按施工方法不同，桩可分为预制桩和灌注桩。预制桩是将事先在工厂或施工现场制成的桩，用不同沉桩方法沉入地基；灌注桩是直接在设计桩位开孔，然后在孔内浇灌混凝土而成。

3. 沉井和沉箱基础

沉井又称开口沉箱。它是将上下开敞的井筒沉入地基，作为建筑物基础。沉井有较大的刚度，抗震性能好，既可作为承重基础，又可作为防渗结构。沉箱又称气压沉箱，其形状、结构、用途与沉井类似，只是在井筒下端设有密闭的工作室，下沉时，把压缩空气压入工作室内，防止水和土从底部流入，工人可直接在工作室内干燥状态下施工。

4. 地下连续墙

利用专门机具在地基中造孔、泥浆固壁、灌注混凝土等材料而建成的承重或防渗结构物。它可做成水工建筑物的混凝土防渗墙；也可作一般土木建筑的挡土墙、地下工程的侧墙等，墙厚一般 40 ~ 130cm。

5. 土基加固

土基加固是采取专门措施改善土基的工程性质。土基加固方法很多，如置换法、碾压法、强夯法、爆炸压密、沙井、排水法、振冲法、灌浆、高压喷射灌浆等。

6. 置换法

置换法是将建筑物基础地面以下一定范围内的软弱土层挖除，置换以良好的无侵蚀性急低压缩性的散粒材料（土、沙、碎石）或与建筑物相同的材料，然后压实或夯实。一般用基用沙或碎石置换，称沙垫层或碎石垫层。

7. 强夯法

强夯法是用几十吨重的夯锤，从几十米高处自由落下，进行强力夯实的地基处理方法。夯锤一般重落距 6 ~ 40m，处理深度可达 10 ~ 20m。采用强夯法要注意可能发生的副作用及其对邻近建筑物的影响。

8. 排水法

排水法是采取相应措施如沙垫层、排水井、塑料多孔排水板等，使软基表层或内部形成水平或垂直排水通道，然后在土壤自重或外界荷载作用下，加速土壤中水分的排出，使土壤固结的方法。

如，排水井法是在地基内按一定的间距打孔，孔内灌注透水性良好的沙，缩短排水路径，并在上部施加预压荷载的处理方法。它可加速地基固结和强度增长，提高地基稳定性，并使基础沉降提前完成。沙井直径一般 25 ~ 50cm，间距 2 ~ 3m。沙井一般用射水法造孔，也可采用袋沙井、排水纸板等，还可采用真空预压法，即用抽真空的办法加压，可取得相应于 80kPa 的等效荷载。

9. 振冲法

振冲法是用振冲器加固地基的方法，即在沙土中加水振动使沙土密实。用振冲法造成的沙石桩或碎石桩，都称振冲桩。

10. 灌浆

灌浆是借助于压力，通过钻孔或其他设施将浆液压送到地基孔隙或缝隙中，改善地基强度或防渗性能的工程措施，主要有固结灌浆、帷幕灌浆、接触灌浆、化学灌浆以及高压喷射灌浆。

（1）固结灌浆

固结灌浆是通过面状布孔灌浆，以改善基岩的力学性能，减少基础的变形和不均匀沉降，改善工作条件，减少基础开挖深度的一种方法。特点是：灌浆面积较大、深度较浅、压力较小。

（2）帷幕灌浆

帷幕灌浆是在基础内，平行于建筑物的轴线，钻一排或几排孔，用压力灌浆法将浆液灌入岩石的缝隙中去，形成一道防渗帷幕，截断基础渗流，降低基础扬压力的一种方法。特点是：深度较深、压力较大。

（3）接触灌浆

接触灌浆是在建筑物和岩石接触面之间进行灌浆，以加强二者之间的结合程度和基础的整体性，提高抗滑稳定，同时也增进岩石固结与防渗性能一种方法。

（4）化学灌浆

化学灌浆是以一种高分子有机化合物为主体材料的灌浆方法。这种浆材成溶液状态，能灌入 0.10mm 以下的细微管缝，浆液经过一定时间起化学作用，可将裂缝黏合起来形成凝胶，起到堵水防渗以及补强的作用。

（5）高压喷射灌浆

高压喷射灌浆是通过钻入土层中的灌浆管，用高压压入某种流体和水泥浆液，并从钻杆下端的特殊喷嘴以高速喷射出去的地基处理方法。在喷射的同时，钻杆以一定速度旋转，并逐渐提升；高压射流使四周一定范围内的土体结构遭受破坏，并被强制与浆液混合，凝固成具有特殊结构的圆柱体，也称旋喷桩。如采用定向喷射，可形成一段墙体，一般每个钻孔定喷后的成墙长度为 3 ~ 6m。用定喷在地下建成的防渗墙称为定喷防渗墙。喷射工艺有三种类型：①单管法，只喷射水泥浆液；②二重管法，由管底同轴双重喷嘴同时喷射水泥浆液及空气；③三重管法，用三重管分别喷射水、压缩空气和水泥浆液。

11. 水泥土搅拌桩

水泥土搅拌桩地基系利用水泥作为固化剂，通过深层搅拌机在地基深部，就地将软土和固化剂（浆体或粉体）强制拌和，利用固化剂和软土发生一系列物理、化学反应，使凝结成具有整体性、水稳性好和较高强度的水泥加固体，与天然地基形成复合地基。

12. 岩基加固

少裂隙、新鲜、坚硬的岩石，强度高、渗透性低，一般可以不加处理作为天然地基，但风化岩、软岩、节理裂隙等构造发育的岩石，须采取专门措施进行加固。岩基加固的方法有开挖置换、设置断层混凝土塞、锚固、灌浆等。

13. 开挖置换

开挖置换类似土基加固的换土法，将设计规定的建筑物建基高程以上的风化岩全部开挖，用混凝土置换。

14. 设置断层混凝土塞

设置断层混凝土塞是将断层内断层角砾岩、断层泥挖除至一定深度，回填混凝土，形成混凝土塞。

15. 锚固

锚固是在岩石内埋设锚索，用以抵抗侧向力或向上的力；通常锚索为被水泥浆或其他固定剂所包裹的高强度钢件（钢筋、钢丝或钢束），锚固法也可以加固土基。

16. 灌浆

灌浆主要有帷幕灌浆和固结灌浆。

（六）综合技术

1. 地基处理前

利用软弱土层作为持力层时，可按下列规定执行：①淤泥和淤泥质土，宜利用其上覆较好土层作为持力层，当上覆土层较薄，应采取避免施工时对淤泥和淤泥质土扰动的措施；②冲填土、建筑垃圾和性能稳定的工业废料，当均匀性和密实度较好时，均可利用作为持力层；③对于有机质含量较多的生活垃圾和对基础有侵蚀性的工业废料等杂填土，未经处理不宜作为持力层。局部软弱土层以及暗塘、暗沟等，可采用基础梁、换土、桩基或其他方法处理。在选择地基处理方法时，应综合考虑场地工程地质和水文地质条件、建筑物对地基要求、建筑结构类型和基础型式、周围环境条件、材料供应情况、施工条件等因素，经过技术经济指标比较分析后择优采用。

2. 地基处理设计时

地基处理设计时，应考虑上部结构，基础和地基的共同作用，必要时应采取有效措施，加强上部结构的刚度和强度，以增加建筑物对地基不均匀变形的适应能力。对已选定的地基处理方法，宜按建筑物地基基础设计等级，选择代表性场地进行相应的现场试验，并进行必要的测试，以检验设计参数和加固效果，同时为施工质量检验提供相关依据。

3. 地基处理后

经处理后的地基，当按地基承载力确定基础底面积及埋深而需要对地基承载力特征值进行修正时，基础宽度的地基承载力修正系数取零，基础埋深的地基承载力修正系数取 1.0；在受力范围内仍存在软弱下卧层时，应验算软弱下卧层的地基承载力。对受较大水平荷载或建造在斜坡上的建筑物或构筑物，以及钢油罐、堆料场等，地基处理后应进行地基稳定性计算。结构工程师需根据有关规范分别提供用于地基承载力验算和地基变形验算的荷载值；根据建筑物荷载差异大小、建筑物之间的联系方法、施工顺序等，按有关规范和地区经验对地基变形允许值合理提出设计要求。地基处理后，建筑物的地基变形应满足现行有关规范的要求，并在施工期间进行沉降观测，必要时尚应在使用期间继续观测，用以评价地基加固效果和作为使用维护依据。复合地基设计应满足建筑物承载力和变形要求，地基土为欠固结土、膨胀土、湿陷性黄土、可液化土等特殊土时，设计要综合考虑土体的特殊性质，选用适当的增强体和施工工艺。复合地基承载力特征值应通过现场复合地基载荷试验确定，或采用增强体的载荷试验结果和其周边土的承载力特征值结合经验确定。

二、清基处理

（一）新堤清基

①堤基处理属隐蔽工程，直接影响堤的安全。一旦发生事故，较难补救。因此，必须按设计要求认真施工，清基厚度不小于0.3m，直至清到原状土为止，清基的范围大于设计边线5m。

②根据设计要求，充分研究工程地质和水文地质资料，制订有关技术措施，对于缺少或遗漏的部分，会同设计单位补充勘探和试验。

③清理堤基及铺盖地基时，将树木、草皮、树根、乱石、坟墓以及各

种建筑物等全部消除，并认真做好水井、泉眼、地道、洞穴等的处理。

④堤基表层的粉土、细沙、淤泥、腐殖土、泥炭均应按设计要求清除。

⑤工程范围内的地质勘探孔、竖井、平洞、试坑均按图逐一检查，彻底处理。

⑥清基结束，进行碾压并经联合验收合格后方进行下一道施工工序。

（二）质量控制措施

①在施工中应积极推行全面质量管理，并加强人员培训，建立健全各级责任制，以保证施工质量达到设计标准、工程安全可靠与经济合理。

②施工人员必须对质量负责，做好质量管理工作，实行自检、互检、交接班检，并设立主要负责人领导下的专职质量检查机构。

③质检人员与施工人员都必须树立"预防为主"和"质量第一"的观点，双方密切配合，控制每一道工序的操作质量，防止发生质量事故。

④质量检查部门按国家和部颁的有关标准、工程的设计和施工图、技术要求以及工地制定的施工规程制度，对所有取样检查部位的平面位置、高程、检验结果等均应如实记录，并逐班、逐日填写质量报表，分送有关部门和负责人。质检资料必须妥善保存，防止丢失，严禁自行销毁。

⑤质量检查部门应在验收小组领导下，参加施工期的分部验收工作，特别隐蔽工程，应详细记录工程质量情况，必要时应照相或取原状样品保存。

⑥施工过程中，对每班出现的质量问题、处理经过及遗留问题，在现场交接班记录本上详细写明，并由值班负责人签署。针对每一质量问题，在现场做出的决定，必须由主管技术负责人签署，作为施工质控的原始记录。

⑦发生质量事故时，施工部门应会同质检部门查清原因，提出补救措施，及时处理，并提出书面报告。

（三）堤基处理质量控制

①堤基处理过程中，必须严格按设计和有关规范要求，认真进行质量控制，并应事先明确检查项目和方法。

②填筑前按有关规范对堤基进行认真检查。

（四）洒水湿润情况

①铺土厚度和碾压参数。

②碾压机具规格、重量。

③随时检查碾压情况，以判断含水量、碾重等是否适当。

④有无层间光面、剪力破坏、弹簧土、漏压或欠压土层、裂缝等。

⑤堤坡控制情况。

第二节 岩石地基灌浆

一、灌浆方法

基岩灌浆有多种方法，按照浆液流动的方式分，有纯压式灌浆和循环式灌浆；按照灌浆段施工的顺序分，有自上而下灌浆和自下而上灌浆等。它们各有优缺点，各自适应不同的情况。

（一）纯压式和循环式灌浆

1.纯压式灌浆

将浆液灌注到灌浆孔段内，不再返回的灌浆方式称为纯压式灌浆。

很显然，纯压式灌浆的浆液在灌浆孔段中是单向流动的，没有回浆管路，灌浆塞的构造也很简单，施工工效也较高，这是它的优点；它的缺点是，当长时间灌注后或岩层裂隙很小时，浆液的流速慢，容易沉淀，可能会堵塞一部分裂隙通道。解决这一问题的办法是提高浆液的稳定性，如在浆液中掺加适量的膨润土，或者使用稳定性浆液。

2.循环式灌浆

浆液灌注到孔段内，一部分渗入岩石裂隙；一部分经回浆管路返回储浆桶，这种方法称为循环式灌浆。为了达到浆液在孔内循环的目的，要求射浆管出口接近灌浆段底部，规范规定其距离不大于50cm。

循环式灌浆时，无论何时灌浆孔段内的浆液总是保持着流动状态，因而可最大限度地减少浆液在孔内的沉淀现象，不易过早地堵塞裂隙通道，有利于提高灌浆质量，这是其优点；它的缺点是比纯压式灌浆施工复杂、浆液损耗量大、工效也低一些，在有的情况下，如灌注浆液较浓，注入率较大，回浆很少，灌注时间较长等，可能会发生孔内浆液凝住射浆管的事故。

（二）自上而下和自下而上灌浆

1.自上而下灌浆

自上而下灌浆法（也称下行式灌浆法）是指自上而下分段钻孔、分段安装灌浆塞进行的灌浆。在孔口封闭灌浆法推广以前，我国多数灌浆工程采用此法。

采用自上而下灌浆法时，各灌浆段灌浆塞分别安装在其上部已灌灌浆段的底部。每一灌浆段的长度通常为5m，特殊情况下可适当缩短或加长，但最长也不宜大于10m，其他各种灌浆方法的分段要求也是如此。灌浆塞在钻孔中预定的位置上安装时，有时候由于钻孔工艺或地质条件的问题，可能达不到封闭严密的要求，在这种情况下，灌浆塞可适当上移，但不能下移。自上而下灌浆法可适用于纯压式灌浆和循环式灌浆，但通常与循环式灌浆配套采用。

2. 自下而上灌浆

自下而上灌浆法（也称上行式灌浆法）就是将钻孔一次钻到设计孔深，然后自下而上逐段安装灌浆塞进行灌浆的方法。这种方法通常与纯压式灌浆结合使用，很显然，采用自下而上灌浆法时，灌浆塞在预定的位置塞不住，其调整的方法是适当上移或下移，直至找到可以塞住的位置。如上移时就加大了灌浆段的长度，当灌浆段长度大于10m时，应当采取补救措施。补救的方法一般是在其旁布置检查孔，通过检查孔发现其影响程度，同时可进行补灌。

3. 综合灌浆法

综合灌浆法是在钻孔的某些段采用自上而下灌浆，另一些段采用自下而上灌浆的方法。这种方法通常在钻孔较深、地层中间夹有不良地质段的情况下采用。

4. 全孔一次灌浆

全孔一次灌浆法是指整个灌浆孔不分段一次进行的灌浆。这种方法一般在孔深不超过6m的浅孔灌浆时采用，也有的工程放宽到8～10m。全孔一次灌浆法可采用纯压式灌浆，也可采用循环式灌浆。

（三）孔口封闭灌浆法

孔口封闭法是我国当前用得最多的灌浆方法，它是采用小口径钻孔，自上而下分段钻进，分段进行灌浆。但每段灌浆都在孔口封闭，并且采用循环式灌浆法。

1. 工艺流程

孔口封闭灌浆法单孔施工程序为：孔口管段钻进→裂隙冲洗兼简易压水→孔口管段灌浆→镶铸孔口管→待凝 72h →第二灌浆段钻进→裂隙冲洗兼简易压水→灌浆→下一灌浆段钻孔、压水、灌浆→……直至终孔→封孔。

2. 技术要点

孔口封闭法是成套的施工工艺，施工人员应完整地掌握其技术要点，而不能随意肢解，各取所需。

（1）钻孔孔径

孔口封闭法适宜于小口径钻孔灌浆，因此钻孔孔径宜为 φ46mm ~ φ76mm。与 φ42mm 或 φ50mm 的钻杆（灌浆管）相配合，保持孔内浆液能较快地循环流动。

（2）孔口段灌浆

灌浆孔的第一段即孔口段是镶铸孔口管的位置，各孔的这一段应当先钻出，先进行灌浆。孔口段的孔径要比灌浆孔下部的孔径宜大 2 级，通常为 76mm 或 91mm。孔口段的深度应与孔口管的长度一致。灌浆时在混凝土盖板与岩石界面处安装灌浆塞，进行循环式或纯压式灌浆，直至达到结束条件。

（3）孔口管镶铸

镶铸孔口管是孔口封闭法的必要条件和关键工序。孔口管的直径应与孔口段钻孔的直径相配合，通常采用 φ73mm 或 φ89mm。孔口管的长度应当满足深入基岩 1 ~ 2.5m 和高出地面 10cm，灌浆压力高或基岩条件差时，深入基岩应当长一些。孔口管的上端应当预先加工有螺纹，以便于安装孔口封闭器。孔口段灌浆结束后应当随即镶铸孔口管，即将孔口管下至孔底，管壁与钻孔孔壁之间填满 0.5 : 1 的水泥浆，导正并固定孔口管，待凝 72h。

（4）孔口封闭器

由于灌浆孔很深，灌浆管要深入孔底，所以必须确保在灌浆过程中灌浆管不被浆液凝固住，因此孔口封闭器的作用十分重要。规范要求，孔口封闭器应有良好的耐压和密封性，在灌浆过程中灌浆管应能灵活转动和升降。

（5）射浆管

孔口封闭法的射浆管即孔内灌浆管，也就是钻杆。射浆管必须深入灌浆孔底部，离孔底的距离不得大于 50cm，这是形成循环式灌浆的必要条件。

（6）孔口各段灌浆

孔口段及其以下 2～3 段段长划分宜短，灌浆压力递增宜快，这样做的目的一方面是为了减少抬动危险，另方面是尽快达到最大设计压力。通常孔口三段按 2m、1m、2m 段长划分，第四段恢复到 5m 长度，并升高到设计最大压力。

（7）裂隙冲洗及简易压水

除地质条件不允许或设计另有规定外，一般孔段均合并进行裂隙冲洗和简易压水。

需要注意的是各段压水虽然都在孔口封闭，全孔受压，但在计算透水率时，试段长度只取未灌浆段的段长，已灌浆段视为不透水。

（8）活动灌浆管和观察回浆

采用孔口封闭法进行灌浆，特别是在深孔（大于 50m）、浓浆（小于 0.7：1）、高压力（大于 4MPa）、大注入率和长时间灌注的条件下必须经常活动灌浆管和十分注意观察回浆。灌浆管的活动包括转动和上下升降，每次活动的时间 1～2min，间隔时间 2～10min，视灌浆时的具体情况而定，回浆应经常保持在 15L/min 以上。这两条措施都是为了防止在灌浆的过程中灌浆管被凝住。

（四）GIN 灌浆法

我国有一些工程进行了灌浆试验，黄河小浪底水利枢纽部分帷幕灌浆工程采用了 GIN 灌浆法。

1. 技术要点

①使用稳定的、中等稠度的浆液，以达到减少沉淀，防止过早地阻塞渗透通道和获得紧密的浆液结石的目的。

②整个灌浆过程中尽可能只使用一种配合比的浆液，以简化工艺，减少故障，提高效率。

③用 GIN 曲线控制灌浆压力，在需要和条件允许的地方，如裂隙细微、岩体较完整的部位，尽量使用较高的压力。在岩体破碎或裂隙宽大的地方避免使用高压力，避免浪费浆液。这种方法几乎自动地考虑了岩体地质条件的实际不均匀性。

④用电子计算机监测和控制灌浆过程，实时地控制灌浆压力和注入率，

绘制 P-V 过程曲线和灌浆压力与时间（P-t）、注入率与时间（F-t）、累计注入量与时间（V-t）、可灌性与时间（F/P-t）、可灌性与累计注入量（F/P-V）、灌浆压力与累计注入量（P-V）共计6种过程曲线。根据 P-V 曲线的发展情况和逼近 GIN 包络线的程度，控制灌浆进程中施工参数的调节和决定结束灌浆的时机。

此外，所采用的灌浆方式多是自下而上和纯压式灌浆。

2.GIN 灌浆法与我国常规灌浆方法的异同

GIN 灌浆法与我国《水工建筑物水泥灌浆施工技术规范》中规定的、工程界通常采用的灌浆方法与工艺要求比较见表3-1。

表3-1 GIN 灌浆法与我国常用灌浆方法的比较

项目		GIN 灌浆法	我国常用灌浆法
浆液		稳定浆液	各种浆液
灌浆过程	水灰比变换	不变换	一般应变换
	灌浆压力	缓慢升高	尽快升至设计压力
	注入率	以稳定的中低流量灌注	根据压力选择最优注入率
结束条件	灌浆压力	小于或等于最大设计压力	达到最大设计压力
	注入率	无要求	达到很小（如小于 1L/min）
	累计注入量	小于或等于设计最大注入量	无要求
	灌浆强度值	达到规定的 GIN	无
	持续时间	无明确要求	持续一定时间
计算机监测		使用计算机进行实时监测	不用，也可用
灌浆方法		一般为自下而上纯压式灌浆	优先采用自上而下循环式灌浆

3.GIN 法的缺陷

由于灌浆技术的复杂性和 GIN 法提出和应用不久，该法尚存在一些值得商榷的地方。

①像其他许多使用方法一样，GIN 法也有其局限性，它不适用于细微裂隙和宽大裂隙（包括岩溶地层）的灌浆处理。当在细微裂隙地层灌浆时，大多数孔段的灌浆过程很快甚至一开始就会达到压力上限而结束。当在宽大裂隙地层灌浆时，大多数孔段又会很快地达到注入量极限而过早地结束灌浆。

②保持 GIN 为一个常量，不仅在一个坝址的不同地段是不适宜的，而且即使在同一地段或一个孔的上部和下部也是有疑问的。因为这样，宽大裂隙的灌浆可能成为薄弱环节：第一，可能在最大注入量的限制下不能充填饱

满；第二，可能在较低的压力下不能充填饱满；第三，在较低的灌浆压力下浆液结石不够密实，这都将导致隐患。

③国内外有的专家认为该法有将复杂的工程技术问题过于简单化的倾向。有的认为该法不适宜于建造防渗标准高的帷幕。

4. 我国技术人员对 GIN 法的改进

我国灌浆技术人员在引进 GIN 法的同时，对它的不足之处进行了因地制宜的改进。

①先堵后灌。湖南江坯水利枢纽 GIN 法灌浆试验时对岩溶化石灰岩地层涌水、透水率大的层间溶蚀部位先进行堵漏灌浆，待达到注入率足够小，灌浆压力不小于 1MPa 后，再按 GIN 法要求灌浆；

②根据不同地段和灌浆深度，规定不同的灌浆强度值；

③用孔口封闭灌浆法取代自下而上纯压式灌浆法；

④各段灌浆要求在达到规定的灌浆强度值之后，还必须达到注入率、灌浆压力和持续时间的结束条件。

我国许多工程进行了 GIN 法灌浆的现场试验，但用于施工生产的仅有黄河小浪底水利枢纽的部分帷幕灌浆。从实践看，GIN 法采用计算机控制灌浆过程，具有科学性和先进性，但该法也还有一些不完善的地方值得改进。

二、灌浆压力

（一）灌浆压力的构成

准确地说，灌浆压力是指灌浆时浆液作用在灌浆段中点的压力，它是由灌浆泵输出压力（由压力表指示）、浆液自重压力、地下水压力和浆液流动损失压力的代数和。

浆液在灌浆管和钻孔中流动的压力损失 P4 包括沿程损失和局部损失。此项数值与管路长度、管径、孔径、糙率、接头弯头的多少与形式、浆液黏度、流动速度等有关，可以通过计算或试验得出，但由于计算比较复杂，试验也不易做得准确，且这项数值相对较小，因此为简便起见一般予以忽略。

在灌浆施工实践中，特别是现今多采用的高压灌浆施工中，由于灌浆压力很大（大于 3MPa），浆柱压力、地下水压力、管路损失相对都较小，因此习惯上常常就采用表压力作为灌浆压力。

由于大多数灌浆泵都是柱塞泵或活塞泵，它们输出浆液的压力是波动的，压力表或记录仪指示的压力也是波动的，有的时候波动还很大。控制和记录灌浆压力宜以波动的中值为准。我国乌江渡和龙羊峡等工程的帷幕灌浆也曾以压力波动的峰值作为压力控制的标准。

（二）灌浆压力的控制

灌浆过程中，灌浆压力的控制主要有以下两种方法：

一次升压法。灌浆开始后，尽快地将灌浆压力升到设计压力。

分级升压法。在灌浆过程中，开始使用较低的压力，随着灌浆注入率的减少，将压力分阶段逐步升高到设计值。

一次升压法适用于透水性不大、裂隙不甚发育的岩层灌浆。分级升压法适用于裂隙发育，透水率较大的地层。

灌浆压力应当根据注浆率的变化进行控制。灌浆压力和注浆率是相互关联为两个参数，在施工中应遵循这样的原则：当地层吸浆量很大、在低压下即能顺利地注入浆液时，应保持较低的压力灌注，待注浆率逐渐减小时再提高压力；当地层吸浆量较小、注浆困难时，应尽快将压力升到规定值，不要长时间在低压下灌浆。

高压灌浆应当特别注意控制灌浆压力和注入率。平缝模型试验表明，上抬力与最大灌浆压力和最大注入量成正比，而注入量与注入率有关，因此为防止上抬力过大而引起地面抬动，必须协调控制灌浆压力和注入率。

（三）基岩帷幕灌浆

帷幕灌浆通常布置在靠近坝基面的上游，是应用最普遍、工艺要求较高的灌浆工程。

1. 施工的条件与施工次序

基岩帷幕灌浆通常应当在具备了以下条件后实施：

①灌浆地段上覆混凝土已经浇筑了足够厚度，或灌浆隧洞已经衬砌完成。上覆混凝土的具体厚度各工程规定不一，龙羊峡水电站要求为30m；也有的工程要求为15m，应视灌浆压力的大小而定。

②同一地段的固结灌浆已经完成。

③基岩帷幕灌浆应当在水库开始蓄水以前，或蓄水位到达灌浆区孔口高程以前完成。

基岩帷幕灌浆通常由一排孔、二排孔或多排孔组成。由二排孔组成的帷幕，一般应先进行下游排的钻孔和灌浆，然后再进行上游排的钻孔和灌浆；由多排孔组成的帷幕，一般应先进行边排孔的钻孔和灌浆，然后向中间排逐排加密。

单排孔组成的帷幕应按三个次序施工，各次序孔按"中插法"逐渐加密，先导孔最先施工，接着顺次施工 Ⅰ、Ⅱ、Ⅲ 次序孔，最后施工检查孔。由两排孔或多排孔组成的帷幕，每排可以分为二个次序施工。

原则上说，各排各序都要按照先后次序施工，也就是说应当先序排、先序孔施工完成以后，方可以开始后序排、后序孔的施工。但是，为了加快施工进度，减少窝工，灌浆规范规定，当前一序孔保持领先 15m 的情况下，相邻后序孔也可以随后施工。

坝体混凝土和基岩接触面的灌浆段应当先行单独灌注并待凝。

2. 帷幕灌浆孔钻孔的要求

帷幕灌浆孔钻孔的钻机最好采用回转式岩芯钻机、金刚石或硬质合金钻头。这样钻出来的孔孔型圆整，孔斜较易控制，有利于灌浆，以往，经常采用的是钢粒或铁沙钻进，但在金刚石钻头推广普及之后，除有特殊需要外，钻粒钻进一般就用得很少了。

为了提高工效，国内外已经越来越多地采用冲击钻进和冲击回转钻进。但是由于冲击钻进要将全部岩芯破碎，因此，岩粉较其他钻进方式多，故应当加强钻孔和裂隙冲洗。另外，在同样情况下冲击钻进较回转钻进的孔斜率大，这也是应当加以注意的。

在各种灌浆中帷幕灌浆孔的孔斜要求是较高的，因此应当切实注意控制孔斜和进行孔斜测量。

3. 灌浆压力的确定

灌浆压力是灌浆能量的来源，一般地说使用较大的灌浆压力对灌浆质量有利，因为较大的灌浆压力有利于浆液进入岩石的裂隙，也有利于水泥浆液的泌水与硬结，提高结石强度；较大的灌浆压力可以增大浆液的扩散半径，从而减少钻孔灌浆工程量（减少孔数）。但是，过大的灌浆压力会使上部岩体或结构物产生有害的变形，或使浆液渗流到灌浆范围以外的地方，造成浪费；较高的灌浆压力对灌浆设备和工艺的要求也更高。

决定灌浆压力的主要因素有：

①防渗帷幕承受水头的大小。通常建筑物防渗帷幕承受的水头大，帷幕防渗标准也高，因而灌浆压力要大，反之，灌浆压力可以小一些。

②地质条件。通常岩石坚硬、完整，灌浆压力可以高一些，反之灌浆压。

4. 先导孔施工

（1）先导孔的作用

一项灌浆工程在设计阶段通常难以获得最充分的地质资料，因此在施工之初，利用部分灌浆孔取得必要的补充地质资料或其他资料，用以检验和核对设计及施工参数，这些最先施工的灌浆孔就是先导孔。

先导孔的工作内容主要是获取岩芯和进行压水试验，同时要完成作为Ⅰ序孔的灌浆任务。

（2）先导孔的布置

先导孔应当在Ⅰ序孔中选取，通常1~2个单元工程可布置一个，或按本排灌浆孔数的10%布置。双排孔或多排孔的帷幕先导孔应布置在最深的一排孔中并最先施工，先导孔的深度一般应比帷幕设计孔深深5m。

设计阶段资料不足或有疑问的地段可重点布置先导孔。

但应注意，虽然先导孔具有补充勘探的性质，非不得已也不要把勘探设计阶段的任务任意或大量地转移到先导孔来完成。这是因为在施工阶段来进行的先导孔施工受工期、技术和预算等条件的影响，通常不易做得很细，难以满足设计的要求。

（3）先导孔施工的方法

先导孔通常使用回转式岩芯钻机自上而下分段钻孔，采取岩芯，分段安装灌浆塞进行压水试验。压水试验的方法为三级压力五个阶段的五点法。

先导孔各孔段的灌浆宜在压水试验后接着进行。这样灌浆效果好，且施工简便，压水试验成果的准确性可满足要求。也有在全孔逐段钻孔、逐段进行压水试验直到设计深度后，再自下而上逐段安装灌浆塞进行纯压式灌浆直至孔口的。除非钻孔很浅，不允许对先导孔采取全孔一次灌浆法灌浆。

5. 浆液变换

在灌浆过程中，浆液浓度的使用一般是由稀浆开始，逐级变浓，直到达到结束标准。过早地换成浓浆，常易将细小裂隙进口堵塞，致使未能填满灌实，影响灌浆效果；灌注稀浆过多，浆液过度扩散，造成材料浪费，也不利于结石的密实性。因此，根据岩石的实际情况，恰当地控制浆液浓度的变换是保证灌浆质量的一个重要因素。一般灌浆段内的细小裂隙多时，稀浆灌注的时间应长一些；反之，如果灌浆段中的大裂隙多时，则应较快换成较浓的浆液，使灌注浓浆的历时长一些。

灌浆过程中浆液浓度的变换应遵循如下原则：

当灌浆压力保持不变，吸浆量均匀地减少时，或当吸浆量不变，压力均匀地升高时，不需要改变水灰比；

当某一级水灰比浆液的灌入量已达到某一规定值以上，或灌浆时间已达到足够长，而灌浆压力及吸浆量均无显著改变时，可改换浓一级浆液灌注；

当其注入率大于30L/min时，可根据具体情况越级变浓。

改变水灰比后，如灌浆压力突增或吸浆率锐减，应立即查明原因。

每一种比级的浆液累计吸浆量达到多少时才允许变换一级，这个数值要根据地质条件和工程具体情况而定，一般情况下可采用300L，原则是尽量使最优水灰比的浆液多灌入一些（最优水灰比通过灌浆试验得出）。

对于"无显著改变"的理解可以量化为，某一级浓度的浆液在灌注了一定数量之后，其注入率仍大于初始注入率的70%，就属于"无显著改变"。

6.抬动观测

（1）抬动观测的作用

在一些重要的工程部位进行灌浆，特别是高压灌浆时，有时要求进行抬动观测。抬动观测有两个作用：

①了解灌浆区域地面变形情况，以便分析判断这种变形对工程的影响；

②通过实时监测，及时调整灌浆施工参数，防止上部构筑物或地基发生抬动变形。

（2）抬动观测的方法

常用的抬动观测方法有：

①精密水准测量。即在灌浆范围内埋设测桩或建立其他测量标志，在灌浆前和灌浆后使用精密水准仪测量测桩或标点的高程，对照计算地面升高的数值，必要时也可在灌浆施工的中期进行加测。这种方法主要用来测量累计抬动值。

②测微计观测。建立抬动观测装置，安装百分表、千分表或位移传感

器进行监测。浅孔固结灌浆的抬动观测装置的埋置深度应大于灌浆孔深度，深孔灌浆抬动观测装置的深度一般不应小于20m。这种方法用来监测每一个灌浆段在灌浆过程中的抬动值变化情况，指导操作人员实时控制灌浆压力，防止发生抬动或抬动值超过限值。

这种抬动观测在压水和灌浆过程中应连续进行，时间间隔可为5～10min。但当抬动速率较快时，时间间隔应当缩小至1～2min。

根据观测的目的要求可以选用其中的一种观测方法，但在灌浆试验时或对抬动敏感地带，应当同时采用上述两种方法进行观测。

7. 灌浆结束条件

灌浆结束条件对于灌浆施工十分重要，它对灌浆工程的质量、工效和成本都有较大影响。

帷幕灌浆采用自上而下分段灌浆法时，在规定压力下，当注入率大于0.4L/min时，继续灌注60min；或不大于1L/min时，继续灌注90min，灌浆可以结束。

采用自下而上分段灌浆法时，继续灌注的时间可相应地减少为30min和60min，灌浆可以结束。

当采用孔口封闭灌浆法时，灌浆应同时满足两个条件：①在设计压力下，注入率不大于1L/min，延续灌注时间不少于90min；②灌浆全过程中，在设计压力下的灌浆时间不少于120min，方可结束。

采用自上而下分段灌浆法时，灌浆段在最大设计压力下，注入率不大于1L/min后，继续灌注60min，可结束灌浆；

采用自下而上分段灌浆法时，在该灌浆段最大设计压力下，注入率不大于1L/min后，继续灌注30min，可结束灌浆。

当采用孔口封闭灌浆法时，在该灌浆段最大设计压力下，注入率不大于1L/min，继续灌注60～90min，可结束灌浆。

我国的大多数工程采用了上述结束条件。少数工程，主要是利用外资的工程采用的灌浆结束条件不大相同，如二滩工程规定：灌浆应灌到孔中不显著吸浆为止。不显著吸浆的含义是指灌浆段长3～6m或其他规定长度的孔段，在设计最大压力下每10min吸浆不大于10L，在压力降到允许最大压力的75%时，10min内吸浆为0。小浪底工程规定：进行帷幕灌浆时，在设计压力下，灌浆段吸浆率小于 1L/min，继续灌注 30min 后可以结束；采用自下而上分段灌浆时，继续灌注的时间缩短为 15min。

8. 封孔

各灌浆孔、测试孔（检查孔）完成灌浆或测试检查任务后，均应很好地将孔回填封堵密实。以下是三种封孔方法的介绍：

（1）导管注浆法

全孔灌浆完毕后，将导管（胶管、铁管或钻杆）下入钻孔底部，用灌浆泵向导管内泵入水灰比为 0.5 的水泥浆。水泥浆自孔底逐渐上升，将孔内余浆或积水顶出孔外。在泵入浆液过程中，随着水泥浆在孔内上升，可将导管徐徐上提，但应注意务使导管底口始终保持在浆面以下。工程有专门要求时，也可注入砂浆。这种封孔方法适用于浅孔和灌浆后孔口没有涌水的钻孔。

值得注意的是切忌：不用导管，径直向孔口注入浆液。那样因为孔内的水或稀浆不能被置换出来，会在钻孔中留下通道。

（2）全孔灌浆法

全孔灌浆完毕后，先采用导管注浆法将孔内余浆置换成为水灰比 0.5 的浓浆，而后将灌浆塞塞在孔口，继续使用这种浆液进行纯压式灌浆封孔。封孔灌浆的压力可根据工程具体情况确定，采用尽可能大的压力，一般不要小于 1MPa。当采用孔口封闭法灌浆时，可使用最大灌浆压力，灌浆持续时间不应小于 1h。经验表明，当采用这种方法封孔时，孔内水泥浆液结石密度都可达到 2.0g/cm^3 以上，抗压强度 20MPa 以上，孔口无渗水。

当采用自下而上灌浆法，一孔灌浆结束后，通常全孔已经充满凝固或半凝固状态的浓稠浆体，在这种情况下可直接在孔口段进行封孔灌浆。

（3）分段灌浆封孔法

全孔灌浆完毕后，自下而上分段进行纯压式灌浆封孔，分段长度 20～30m，使用浆液水灰比 0.5，灌浆压力为相应深度的最大灌浆压力，持续时间一般为 30min，孔口段为 1h。这种方法适用于采用自上而下分段灌浆、孔深较大和封孔较为困难的情况。

（4）其他注意事项

①当进行封孔灌浆时出现较大的注入量（如大于 1L/min）时，应按正常灌浆过程进行灌浆，直至达到要求的结束条件，如封孔前孔口仍有涌水或

渗水，则应当适当延长封孔灌浆持续时间，或采取闭浆措施。

②采用上述方法封孔，待孔内水泥浆液凝固后，灌浆孔上部空余部分，大于 3m 时，应继续采用导管注浆法进行封孔；小于 3m 时，可使用干硬性水泥砂浆人工封填捣实，孔口压抹齐平。

③封孔的浆液材料通常情况下采用纯水泥浆，当灌浆后孔口仍有细微渗水时，封孔水泥浆和砂浆中宜加入膨胀剂。

（四）坝基固结灌浆

1. 坝基固结灌浆的特点

（1）固结灌浆的特点

在混凝土重力坝或拱坝的坝基、混凝土面板堆石坝趾板基岩以及土石坝防渗体坐落的基岩等通常都要进行固结灌浆。坝基固结灌浆的目的之一是用来提高基岩中软弱岩体的密实度，增加它的变形模量，从而减少大坝基础的变形和不均匀沉陷；目的之二是弥补因爆破松动和应力松弛所造成的岩体损伤。固结灌浆还可以提高岩体的抗渗能力，因此有的工程将靠近防渗帷幕的固结灌浆适当加深作为辅助帷幕。

与帷幕灌浆不同，固结灌浆有如下特点：

①固结灌浆要在整个或部分坝基面进行，常常与混凝土浇筑交叉作业，工程量大，工期紧，施工干扰大，特别需要做好多工种、多工序的统筹安排；

②固结灌浆主要用于加固大坝建基面浅表层的岩体，因而通常孔深较浅，灌浆压力较低。固结灌浆孔通常采用方格形或梅花形布置，各孔按分序加密的原则分为二序或三序施工。

（2）固结灌浆的盖重

为了增强固结灌浆的效果，通常固结灌浆应尽可能在浇筑了一定厚度的混凝土（盖重混凝土）后施工。以下部位必须在浇筑了盖重混凝土后施工：

①防渗帷幕上游区的固结灌浆以及兼作辅助帷幕的固结灌浆；

②规模较大的地质不良地段的固结灌浆；

③结构上有特殊要求部位的固结灌浆。

固结灌浆区浇筑的盖重混凝土的厚度一般不宜小于 3m，特殊情况下不应小于 1.5m。当盖重混凝土的强度达到设计强度的 50% 后，可以进行钻孔灌浆施工。

盖重混凝土也不宜太厚，否则加大了混凝土中的钻孔深度，对工程不利。

（3）无盖重灌浆

有的时候，出于某些原因难以做到在浇筑盖重混凝土以后再进行固结灌浆，这就需要在无盖重条件下灌浆。无盖重灌浆又有两种情况：浇筑找平混凝土后灌浆和在裸露基岩上灌浆。找平混凝土也可以用喷混凝土代替。我国许多工程在尽量坚持有盖重灌浆时，也把无盖重灌浆作为一个重要的补充措施。

2. 固结灌浆孔钻进

固结灌浆孔的孔径不小于 38mm 即可，几乎可以使用各种钻机钻进，包括风动或液动凿岩机、潜孔锤和回转钻机。工程上可以根据固结灌浆孔的深度、工期要求和设备供应情况选用。一般说来，孔深不大于 5m 的浅孔可采用凿岩机钻进，5m 以上的中深孔可用潜孔锤或岩芯钻机钻进。

固结灌浆钻孔的孔位偏差对于有盖重灌浆通常要求不大于 10cm 即可，无盖重灌浆常常应当根据现场条件在适当范围内选择调整。钻孔方向以垂直孔居多，无盖重灌浆时，可以适当向主裂隙面垂直方向倾斜。为施工方便钻孔斜度用钻机的钻杆方向控制，有的工程规定孔斜不大于 5°。

在盖重混凝土上进行固结灌浆时，为了避免钻孔时损坏混凝土内的结构钢筋、冷却水管、止水片、监测仪器和锚杆等，除在设计时妥善布置固结灌浆孔位外，重要部位应当采取预埋导管等措施，预埋管可用 PVC 塑料管。

3. 裂隙冲洗

一般情况下固结灌浆孔不需要采取特别的冲洗方法。但对不良地质地段灌浆时常常要求进行裂隙冲洗，有时要求强力冲洗（高压压水冲洗、脉动冲洗、风水联合冲洗或高压喷射冲洗）。

4. 灌浆方法和压力

（1）固结灌浆的方法

孔深小于 6m 的固结灌浆孔可以采用全孔一次灌浆法，有的工程规定 8m 或 10m 孔深以内可以进行全孔一次灌浆。对于较深孔，自下而上纯压式灌浆和自上而下循环式灌浆都可采用。

（2）灌浆压力

固结灌浆的压力应根据坝基岩石状况、工程要求而定。在不使水工建筑物及岩体产生有害变形的前提下尽量采用较高的压力，如上部混凝土盖重小，必须特别注意防止基岩及混凝土上抬。

固结灌浆压力，有盖重灌浆时，可采用 0.4 ～ 0.7MPa；无盖重灌浆时可采用 0.2 ～ 0.4MPa。对缓倾角结构面发育的基岩，可适当降低灌浆压力。长江三峡工程（坝基岩石花岗岩）在找平混凝土上进行固结灌浆第一段灌浆压力一般为 Ⅰ 序孔 0.3MPa，Ⅱ 序孔 0.5MPa。以下各段压力按（0.025 ～ 0.05）MPa/m 递增（破碎岩体系数取低值），盖重混凝土厚度为 3m 时，Ⅰ 序孔灌浆压力 0.3MPa，Ⅱ 序孔 0.5MPa，盖重混凝土厚度每增加 1m，压力相应增加 0.025MPa。

有些工程坝基固结灌浆采用了如下方法：在混凝土浇筑前进行 Ⅰ 序孔固结灌浆，灌浆压力稍低，当混凝土浇筑到一定高度后，再用较大的压力进行 Ⅱ 序孔的灌浆。

对于岩体抬动敏感部位，施工时应严格监测抬动变形，及时调整灌浆压力。

（3）结束条件

固结灌浆各灌浆段的结束条件为在该灌浆段最大设计压力下，当注入率不大于 1L/min 后，继续灌注 30min。

5. 深孔固结灌浆

在坝基面或较深的岩体中，常常有一些软弱岩带需要进行固结灌浆，这就是深孔固结灌浆，也称深层固结灌浆。现在深孔固结灌浆使用灌浆压力都较高，与帷幕灌浆无异。

在有些地质复杂地段，在高压水泥灌浆完成后还要进行化学灌浆。

高压固结灌浆的施工方法基本可依照帷幕灌浆的工艺进行，但二者也有区别，后者一般对裂隙冲洗要求不严或不要求，前者有的要求严格；另外，高压固结灌浆工程的质量检查，除可进行压水试验以外，宜以弹性波测试或岩体力学测试为主。

（五）岩溶地层灌浆

岩溶地层的灌浆与非岩溶地层的灌浆，除一般工艺基本相同外，还有一些重要的特点。

1. 岩溶地层灌浆的特点

与非岩溶地层的灌浆相比较，岩溶地层灌浆有如下一些特点：

①地质条件复杂，灌浆前常常不可能将施工区的地质情况勘探得十分详尽，因而在施工过程中往往会发现各种地质异常，设计和施工就要及时变更调整。

②施工技术较为复杂。施工、勘探、试验三者并行的特点更突出，要求施工人员有丰富的经验。

③灌浆工程量通常较大，水泥注入量很大，工程费用较高。这些量在施工完成以前常常不可能预计得很准，因此必须留有余地。

2. 岩溶地层灌浆的技术要点

①充分利用勘探孔、先导孔和灌浆孔资料对岩溶成因、发育规律、分布情况、岩溶类型以及大型溶洞的规模尺寸了解清楚，只有情况明，方能措施对。

②对已经揭露的溶洞，尽量清除充填物，回填混凝土，也可以回填毛石、块石或碎石，并做回填灌浆和固结灌浆。

③认真灌好Ⅰ序孔。即使在强岩溶地区，除溶蚀裂隙、洞穴发育的地段以外，大部分完整或较完整的石灰岩透水性很弱。如以双排孔帷幕计，仅占工程量1/8的先灌排Ⅰ序孔所注入的水泥量通常为注入总量的50% ~ 80%。因此在施工初期要有足够的物资和技术准备。

④恰当地使用灌浆压力。在渗透通道畅通，注入率很大的孔段应避免使用高压力，防止浆液流失过远；但当注入率降低到相当小以后，则必须尽早升高到设计最大灌浆压力。

⑤对于岩溶帷幕灌浆，一般不需要进行裂隙冲洗。实践和理论研究表明，溶洞充填物质通过高压灌浆的挤压密实，具有良好的渗透稳定性，它和周围岩体完全可以构成防渗帷幕的一部分。

3. 大渗漏通道的灌浆

岩溶地区经常有大的裂隙通道，灌浆时如不采取措施，浆液会流失很远，造成浪费。下列措施有助于限制浆液过远流失：

①增加浆液浓度直至最浓级，降低灌浆压力，限制注入率。

②当浓浆、限流尚无效果，可采取限量和间歇灌注措施。

③在水泥浆中掺入速凝剂,如水玻璃、氯化钙等。

为了节约灌浆材料,当发现裂隙通道很大时,视情况可以改灌水泥砂浆、黏土水泥浆、粉煤灰水泥浆等。

4.大型溶洞的灌浆

溶洞的充填情况不同,采取的措施也不尽相同。

(1)无充填或半充填溶洞的灌浆

对于没有充填满的溶洞,一般说来必须将它灌注充满。施工的目标是如何采用相对廉价的材料和便捷的措施。

①创造条件,例如利用已有钻孔或扩孔,或专门钻孔,向溶洞中灌筑流态混凝土,也可以先填入级配骨料,再灌入水泥砂浆或水泥浆。钻孔孔径不宜小于150mm,混凝土骨料最大粒径不得大于40mm,塌落度18～22cm。级配骨料的最大粒径也不得大于40mm。直至不能继续灌入为止。

②在上述工作的基础上,扫孔灌注水泥砂浆、粉煤灰水泥浆或水泥黏土浆等,达到设计灌浆压力而后改灌普通水泥浆液,直至达到规定结束条件。

(2)充填型溶洞的灌浆

有许多溶洞洞内充满了砾、沙、淤泥等,灌浆的任务主要是将这些松散软弱物质相对地固结起来,或在其间形成一道帷幕。在这样的溶洞中灌浆就相当于在覆盖层中灌浆一样,常会遇到钻进成孔的困难。

①采用循环钻灌法,缩短段长,泥浆固壁成孔,高压灌浆。

②穿过溶洞充填物,进行高压旋喷灌浆处理。

5.地下动水条件下的灌浆

有的岩溶通道中存在流速很大的地下水流,它使灌入的浆液稀释并随水流走,轻则浪费大量的灌浆材料,长时间达不到结束条件,严重影响灌浆效果;重则使灌浆无法进行。遇到这样的情况首先要尽可能地探明溶洞的特征、大小和地下水流速,有针对性地采取措施。

(1)各种浆液对动水流速的适应性

根据地下水流速的大小,应当选用不同的浆液,各种浆液可适应的最大流速见表3-2。

表3-2 各种浆液对动水流速的适应性

浆液种类	灌浆工艺	可灌最大流速(cm/s)
浓水泥浆	常规设备与工艺	< 0.15
水泥黏土膏状浆液	混凝土拌和机搅浆，螺杆泵灌浆，纯压式	< 12
级配料加黏土浆	水力充填级配料，而后灌注黏土浆	< 12
级配料加速凝水泥浆	水力充填级配料，而后灌注双液速凝浆	流动水下可瞬凝

（2）级配料灌浆

①首先应创造条件向溶洞或通道中填入级配料，根据地下水的流速所用级配料的粒径应当尽量大一些，使用水力冲填，干填很容易堵塞，一旦堵塞，要重新扫孔，级配料大小宜分开，先填大料，后填小料。

②填料完成以后，可进行膏状浆液或浓浆的灌浆。一般说来，级配料填妥以后，地下水已经减速，灌浆就可以进行。如仍有困难，可改灌速凝浆液，包括双液浆液。

第三节 沙砾石地层灌浆

并不是所有的软土地基都适合灌浆，沙砾石的可灌性是指沙砾石地层能否接受灌浆材料灌入的一种特性。沙砾石地基的可灌性灌浆材料的细度、灌浆的压力和灌浆工艺等因素。

沙砾石地基是比较松散的地层，其空隙率大，渗透性强、L壁易坍塌等。因而在灌浆施工中，为保证灌浆质量和施工的进行，还需要采取一些特殊的施工工艺措施。

一、可灌性

可灌性指沙砾石地基能接受灌浆材料灌入的一种特性。可灌性主要取决于地基的颗粒级配、灌浆材料的细度、浆液的稠度、灌浆压力和施工工艺等因素。沙砾石地基的可灌性一般常用以下几种指标衡量。

第一，可灌比值 M：

$$M=D/d$$

式中：D——受灌沙砾石层的颗粒级配曲线上相应于含量为15%粒径，单位 mm；

d——注材料的颗粒级配曲线上相应于含量为85%粒径，单位 mm。

M 值愈大，可灌性就愈好。一般认为，当 $M \geq 15$ 时，可灌水泥浆；$M = 10 \sim 15$ 时，可灌水泥黏土浆；$M = 5 \sim 10$ 时，宜灌含水玻璃的高细度水泥黏土浆。

第二，沙砾石层中粒径小于 0.1mm 的颗粒含量百分数愈高，则可灌性愈差。

二、灌浆材料

沙砾石地基灌浆，多用于修筑防渗帷幕，很少用于加固地基，一般多采用水泥黏土浆。有时为了改善浆液性能，可掺少量的膨润土和其他外加剂。

沙砾石地基经灌浆后，一般要求帷幕幕体内的渗透系数能够降低到 .10 ~ 10cm/s 以下；浆液结石 28d 的强度能够达到 0.4 ~ 0.5MPa。

水泥黏土浆的稳定性和可灌性指标，均优于水泥浆；其缺点是析水能力低，排水固结时间长，浆液结石强度不高，黏结力较低，抗掺和抗冲能力较差等。

要求黏土遇水以后，能迅速崩解分散，吸水膨胀，并具有一定的稳定性和黏结力。

浆液配比，视帷幕的设计要求而定，一般配比（重量比）为水泥：黏土 = 1 : 2 ~ 1 : 4，浆液的稠度为水：干料 = 6 : 1 ~ 1 : l。

有关灌浆材料的选用，浆液配比的确定以及浆液稠度的分级等问题，均需根据沙砾石层特性和灌浆要求，通过室内外的试验来确定。

沙砾石层中的灌浆孔都是铅直向的钻孔，除打管灌浆法外，其造孔方式主要有冲击钻进和回转钻进两大类；就使用的冲洗液来分，则有清水冲洗钻进和泥浆固壁钻进两种。

三、打管灌浆

灌浆管由厚壁的无缝钢管、花管和锥形体管头所组成，用吊锤夯击或振动沉管的方法，打入沙砾石受灌地层设计深度，打孔和灌浆在工序上紧密结合。每段灌浆前，用压力水通过水管进行冲洗，把土沙等杂质冲出管外或压入地层中去，使射浆孔畅通，直至回水澄清。可采用自流式或压力灌浆，自下而上，分段拔管分段灌浆，直到结束。

此法设备简单，操作方便，一般适用于深度较浅，结构松散，空隙率大，无大孤石的沙砾石层，多用于临时性工程或对防渗性能要求不高的帷幕。

四、套管灌浆

施工程序是：边钻孔边下护壁套管（或随打入护壁套管，随冲淘管内沙砾石），直到套管下到设计深度。然后将钻孔冲洗干净，下入灌浆管，再起拔套管至第一灌浆段顶部，安好阻塞器，然后注浆。如此自下而上，逐段提升灌浆管和套管，逐段灌浆，直至结束。也可自上而下，分段钻孔灌浆，缺点是施工控制较为困难。

采用这种方法灌浆，由于有套管护壁，不会产生塌孔埋钻事故；但压力灌浆时，浆液容易沿着套管外壁向上流动，甚至产生表面冒浆，还会胶结套筒造成起拔困难，甚至拔不出。

五、循环灌浆

循环灌浆，实质上是一种自上而下，钻一段、灌一段，无须待凝，钻孔与灌浆循环进行的一种施工方法。钻孔时用黏土浆或最稀一级水泥黏土浆固壁。钻灌段的长度，视孔壁稳定情况和沙砾石渗漏大小而定，一般为 1 ~ 2m，逐段下降，直到设计深度。这种方法灌浆，没有阻塞器，而是采用孔口管顶端的。

六、埋管法

①在孔位处先挖一个深 1 ~ 1.5m，半径大于 0.5m 的坑。由底用干钻向下钻进至沙砾石层 1 ~ 1.5m，把加工好的孔口管下入孔内，孔口管下端 1 ~ 1.5m 加工成花管，孔口管管径要与钻孔孔径相适应，上端应高出地面 20cm 左右。在浅坑底部设止浆环，防止灌浆时浆液沿管壁向上窜冒，浅坑用混凝土回填（或黏、壤土分层夯实），待凝固后，通过花管灌注纯水泥浆，以便固结孔口管的下部，并形成密实的防止冒浆的盖板。

②打管法钻机钻孔，孔口管插入钻孔用吊锤打至预定位置，然后再向下钻深 30 ~ 50cm，并清除孔内废渣，灌注水泥浆。

七、预埋花管灌浆

在钻孔内预先下入带有射浆孔的灌浆花管，管外与孔壁的环形空间注入填料，后在灌浆管内用双层阻塞器（阻塞器之间为灌浆管的出浆孔）进行分段灌浆。其施工程序是：

①钻孔及护壁常使用回转钻机钻孔至设计深度，接着下套管护壁或用泥浆固壁。

②清孔钻孔结束后，立即清除孔底残留的石渣，将原固壁泥浆更换为新鲜泥浆。

③下花管和下填料若套管护壁时，先下花管后下填料（若泥浆固壁时，则先下填料后下花管）。花管直径为 75 ~ 110mm，沿管长每隔 0.3 ~ 0.5cm 环向钻一排（4 个）孔径为 10mm 的射浆孔。射浆孔外面用弹性良好的橡胶圈箍紧，橡胶圈厚度为 1.5 ~ 2mm，宽度 10 ~ 15cm. 花管底部要封闭严密、牢固。安设花管要垂直对中，不能偏在套管（或孔壁）的一侧。

用泵灌注花管与套管（或孔壁）之间环形空间的填料，边下填料，边起拔套管，连续浇注，直到全孔填满将套管拔出为止。填料配比为：水泥：黏土 = 1 : 2 ~ 1 : 3；水 : 干料 = 1 : 1 ~ 3 : 1；浆体密度 1.35 ~ 1.36t/m³；黏度 25s；结石强度 R = 0.1 ~ 0.2MPa，R ≤ 0.5 ~ 0.6MPa。

八、开环

孔壁填料待凝 5 ~ 15d，达到一定强度后，可进行开环。在花管中下入双层阻塞器，灌浆管的出浆孔要对准花管上准备灌浆的射浆孔，然后用清水或稀浆逐渐升压至开环为止。压开花管上的橡皮圈，压裂填料，形成通路，称为开环，为浆液进入沙砾石层创造条件。

九、灌浆

开环以后，继续用清水或稀浆灌注 5 ~ 10min，再开始灌浆。花管的每一排射浆孔就是一个灌浆段，灌完一段，移动阻塞器使其出浆孔对准另一排射浆孔，进行另一灌浆段的开环和灌浆。

由于双层阻塞器的构造特点，可以在任一灌浆段进行开环灌浆，必要时还可重复灌浆，比较机动灵活。灌浆段长度一般为 0.3 ~ 0.5m，不易发生串浆、冒浆现象，灌浆质量比较均匀，质量较有保证。国内外比较重要的沙砾石层灌浆多采用此法，其缺点是有时有不开环的现象，且花管被填料胶结后，不能起拔回收，耗用钢材较多，工艺复杂，成本较高。

十、高压喷射注浆法

高压喷射注浆法根据喷嘴的喷射范围，高压喷射注浆分为旋喷、摆喷和定喷。

高压喷射注浆技术作为一个日趋成熟的地基基础处理方法，已被广泛地应用于沙、土质地层的河道、堤坝、工业民用建筑基础防渗和地基加固中。但在沙砾石地层的应用因其成孔困难、成墙效果不理想等原因，并未被广泛采用。由水电十一局承建的九甸峡水电站厂房工程沙砾石围堰截渗应用了高压旋喷灌浆，取得了成功。现对之进行总结，形成本施工工法。

沙砾石层主要由细沙及沙卵石等粗颗粒组成，其透水性较强，透水率较大，对于该类型地层防渗，一般采用帷幕灌浆处理，但帷幕灌浆施工速度慢，投资大，防渗效果并不十分明显。采用高压旋喷灌浆进行防渗处理可达到帷幕灌浆处理所达不到的效果。但高压喷射灌浆存在其不可回避的弊端，一是沙砾石地层成孔过程中的塌孔问题，二是地层中的孤石能否有效被水泥浆包裹问题。

为了解决高压旋喷防渗墙处理方案在沙砾石层中的可施工性，在常规施工方法的基础上采取了有效改进措施。针对沙砾石地层成孔难、易塌孔、钻进速度慢等技术难题，采取了大扭矩风动回转式液压钻机跟管钻进，PVC套管护壁成孔方法。这种钻孔方法与传统泥浆、水泥浆护壁钻孔方法相比，具有成孔快、不塌孔、工艺简单等优点。针对注浆过程中的孤石能否有效被水泥浆包裹及水泥浆与沙砾石充分搅拌问题，在注浆施工方法上选用高压水孔内切割、风动搅拌、水泥固结的三管法。在参数选择上尽量选择大水压，加大高压水对地层冲击、切割力度；在遇有孤石时，采取在孤石上、下50cm加大喷嘴旋转速度、慢速提升的办法，充分将孤石用水泥浆包住，从而使固结后的柱体达到连续完整的目的。工程所取得的成功经验值得类似工程借鉴和使用。

（一）适用范围

高压喷射注浆法防渗和加固技术主要适用于沙类土、黏性土、黄土、和淤泥等软弱土层，本工法主要介绍其在沙砾石中的应用。

（二）工艺原理

高压喷射注浆是利用钻机成孔后，由高压喷射注浆台车（简称高喷台车）把前端带有喷嘴的注浆管置入沙砾石层预定深度后，以 30～40MPa 压力把浆液或水从喷嘴中喷射出来，形成喷射流切割破坏沙砾石层，使原沙砾石层被破坏并与高压喷射进来的水泥浆按一定的比例和质量大小，有规律地重新排列组合，浆液凝固后，便在沙砾石层中形成一个柱状固结体，无数个柱状固结体的连接便形成一道屏蔽幕墙。

因从喷嘴中喷射出来的浆液或水能量很大，能够置换部分碎石土颗粒，使浆液进入碎石土中，从而起到加固地基和防渗的作用。

（三）施工工艺及特殊情况处理

1.高压旋喷施工参数确定

高压旋喷渗墙施工前期，首先进行试验孔施工，试验孔施工主要确定孔深、孔距、水气浆压力、浆液密度、注浆率、旋转及提升速度，试验孔施工结束后，进行钻孔取芯、注水试验和开挖检查。计算出透水率并通过试验得出芯体的抗压强度，从开挖检查看，旋喷墙厚度及成墙连续性。

2.高压旋喷防渗墙施工工法

高压旋喷防渗墙钻孔注浆分两序施工，先施工Ⅰ序孔，后施工Ⅱ序孔，相邻孔施工间隔时间不少于24小时。注浆采用同轴三管法高压旋喷灌浆，同轴三管法即以浆、气、水三种介质同时作用于地层，使浆液与地层颗粒成分混合、搅拌、置换、充填渗透形成固结体。

施工程序为：场地平整压实→造孔（跟管钻进）→下PVC管护壁→跟管拔出→高喷台车就位→试喷→下喷具→喷灌→封孔→高喷台车移位。

①造孔。针对沙砾石地层成孔难、易塌孔、钻进速度慢等技术难题，采取了大扭矩液压工程钻机跟管钻进。一是采用YGJ-80风动液压钻机配偏心式冲击器冲击跟管钻进；二是采用QLCN-120履带式多功能岩土钻机跟管钻进。钻孔直径均为140mm，造孔效率可达6.0m/h。钻机就位后，用水平尺校正机身，使钻杆轴线垂直对准钻孔中心位置，孔位偏差不大于5cm。钻孔达到设计深度后，将钻杆提出，在跟管内下设小于跟管口径的PVC套管取代跟管。PVC护壁套管下至孔底后，再用液压拔管器分节拔出钢质护壁跟管。PVC护壁套管滞留在孔中，待喷射灌浆时通过高压水切割破碎，通过水泥浆与沙砾石固结在一起。

②护壁。造孔结束，将钻杆提出，下设底端透水无纺布包扎120PVC护壁管，进行成孔护壁，护壁套管接头用塑料密封带连接。护壁套管下至孔底后，采用YGB液压拔管机将套管分节拔出。

③喷具组装及检查。喷具由水、气、浆三管并列组成，采用专用螺栓连接，自下而上由喷头、喷管、旋喷三叉管组成，连接处用尼龙垫密封。喷具组装后试运行水、气、浆管的畅通和承压情况，当水压达到设计压力的 1.5 倍时，管路无泄漏后再试喷 15min 后结束检查。

④试喷检查结束后，使喷嘴喷射方向与高喷轴线一致，并设置好旋喷转速下入喷具至设计孔深。为防止在下喷具过程中因意外而堵塞喷嘴，可送入低压水、气、浆并开始喷浆。在初始喷浆时只喷转不提，静喷 3 ~ 5min，待孔口返浆浓度接近 $1.3g/cm^3$ 时，按参数要求的提升速度和旋转速度自下而上喷射灌浆到设计高程，喷射浆液为灰水比 0.8 : 1 的纯水泥浆。

3. 特殊情况处理

（1）漏浆处理

在沙砾石围堰高喷灌浆防渗墙的施工中，可能有部分孔发生漏浆现象，说明围堰基础存在一定的集中渗流区，对工程施工安全十分不利。因此在发生漏浆时，视严重程度应采取停止提升或放慢提升速度的办法，尽可能使漏浆地层充分灌满水泥浆，从而达到充分固结的目的。

（2）孤石处理

针对注浆过程中的孤石能否有效被水泥浆包裹及水泥浆与沙砾石充分搅拌问题，在注浆施工方法上应选用高压水孔内切割、风动搅拌、水泥固结的三管法。在参数选择大水压，加大高压水对地层冲击、切割力度，在遇有孤石时，采取在孤石上、下 50cm 加大喷嘴旋转速度、慢速提升的办法，充分将孤石用水泥浆包住，从而使固结后的柱体达到连续完整的目的。

（3）事故停喷

在高喷过程中发生停电、停喷事故，均采取重新扫孔、复喷的办法，扫孔底至停喷段以下 1.2m，解决因停喷造成的柱体连续性问题。

（四）劳动组织

施工现场根据实际情况配备专业技术人员 2 名，专业技师 1 名、熟练工 12 名、普工 25 名。

（五）质量要求

在施工过程中，应着重对钻孔和灌浆两道工序进行控制以及对防渗墙质量进行检查，主要有以下几个方面：

1. 钻孔

要经常检查钻孔孔位有无偏差，及时予以纠正。孔斜一般要钻孔孔斜小于 0.5% ~ 1.5% 的孔深。

检测喷浆管的旋转和提升速度，以设计要求为准或通常将旋转速度控制在 5 ~ 20r/min，提升速度为 5 ~ 20cm/min。

当因拆卸钻杆或其他原因暂停喷射时，再喷射时应使新旧固结体搭接10cm 以上，防止断桩。

2. 灌浆

要检查灌浆浆液的比重和流动度指标以及灌浆压力和流量等指标，并及时进行调整，使其满足要求。利用灌浆自动记录仪记录灌浆过程，随时核算灌入浆液总量是否满足要求。要及时观察和检测冒浆，在高喷施工过程中，往往有一定数量的土粒随着一部分浆液冒出地面。通过对冒浆现象的观察，及时了解地层的变化情况、喷射灌浆效果以及各项施工参数是否合理，以便适时做出适当调整。

3. 防渗墙质量检验

对高喷防渗墙固结体的质量检验可采用开挖检查、钻取岩芯、压（注）水试验等多种方法来进行。检验主要内容为：固结体的整体性和均匀性；固结体的几何特性，包括有效直径、深度和偏斜度；固结体的水力学特性，包括渗透系数和水力坡降等。

质量检验一般在高喷工作结束后 4 周进行，根据检验结果采取适当措施以确保达到预期要求。对防渗墙应进行渗透试验，一般做法为：在高喷固结体适当部位钻孔（取芯），然后在孔内进行压水或注水试验，判断其抗渗透能力。

（六）安全措施

①施工前对风、水、浆、电及施工顺序进行详细规划，保证作业面规范整齐。

②加强施工人员安全教育，建立各种设备操作规程。

③设置醒目的安全标志，人员上下机架要系安全带。

④电动机械设备应设置安全防护设施和安全保护措施。

⑤施工前必须检查防水电缆是否完好，防止电伤人。

⑥施工时，做好废浆排放工作；工程结束时，要做到工完料净场地清。

第四节　垂直防渗施工

垂直截渗的方案主要有如下几种形式：混凝土防渗墙、水泥土搅拌桩防渗墙、高压喷射灌浆防渗墙、冲抓套井造黏土井桩防渗墙、黏土劈裂灌浆帷幕、水泥灌浆帷幕等。

一、混凝土防渗墙

混凝土防渗墙是在松散透水地基或土石坝坝体中连续造孔成槽，以泥浆固壁，在泥浆下浇筑混凝土而建成的起防渗作用的地下连续墙，是保证地基稳定和大坝安全的工程措施。就墙体材料而言，目前采用最多的是普通混凝土和塑性混凝土，其成槽的工法主要有钻劈法、钻抓法、抓取法、铣削法和射水法。

混凝土防渗墙施工一般包括施工准备、槽孔建造、泥浆护壁、清孔换浆、水下混凝土浇筑、接头处理等几个重要环节。上述各个环节中槽孔建造投入的人力、设备最多；使用的设备最关键，是成墙过程中影响因数最多、技术也最复杂的一环。就成槽的工法而言，主要有如下几种：钻劈法、钻抓法、抓取法和射水法。

（一）钻劈法

钻劈法是用冲击钻机钻凿主孔和劈打副孔形成槽孔的一种防渗墙成槽方法，其适用于槽孔深度较大范围，从几米到上百米的都适应，墙体厚度60cm以上。其优点是适应于各种复杂地层，其缺点是工效相对较低、机械装备落后、造价较高，对于复杂地层，其工效约为 10 ~ 15m²/ 台班（相对60cm 厚的墙体），其综合造价约 450 ~ 550 元 /m²。

（二）钻抓法

钻抓法是用冲击或回转钻机先钻主孔，然后用抓斗挖掘其间副孔，形成槽孔的一种防渗墙成槽施工方法。此工法与上一种工法类似，是用抓斗抓取副孔替代冲击钻劈打副孔。但两种工法施工机械组合不同。钻抓法工效高于钻劈法，工程规模较大地质不特别复杂，对于有沙卵石且要进入基岩的防渗墙成槽，一般采用此工法。对于防渗墙要穿过较大粒径的卵石、漂石进入坚硬的基岩层时，上部用冲击钻配合抓斗成槽，下部复杂地层由冲击钻成槽。此工法具有成槽墙体连续性好、质量易于控制和检查，施工速度较快等特点，成槽质量优于上一种工法。此工法的工效主要是根据地质情况选用成槽设备组合，如一般一台抓斗配 6 台冲击钻综合工效约为 30 ～ 35m²/ 台班，相对于墙厚 60cm 的防渗墙，此工法综合造价约 400 ～ 500 元 /m²。

（三）抓取法

抓取法是只用抓斗挖掘地层，形成槽孔的一种防渗墙施工方法，抓取法施工时也分主孔与副孔。对于一般松软地层采用如堤防、土坝等且墙体只进入基岩强分化地层最适合抓取法，特别是采用薄型液压抓斗更能抓取 30cm 厚度薄墙。抓取法的成墙深度一般小于 40m，深度过深其工效显著降低，用抓取法建造的防渗墙，其墙段连接方法多采用接头管法。而对于墙深度较大时，也可采用钻凿法。该工法的特点是适用于堤防、土坝等一般松软地层，墙体连续性好，质量易于控制和检查，施工速度较快等。抓斗法平均工效与地质、深度、厚度、设备状况等因素有关，一般在 60 ～ 160m²/ 台班。相对于墙厚 60cm 的防渗墙，此工法综合造价约 400 ～ 500 元 /m²，影响造价的主要因素是地质情况、深度和墙体厚度。

（四）射水法

射水法其主要原理是：利用灰渣泵及成槽器中的射水喷嘴形成高速泥浆液流来切割，破碎地层岩土结构，同时卷扬机带动成槽器以及整套钻杆系统作上、下往复冲击运动，加速破碎地层。反循环沙石泵将水混合渣土吸出槽孔，排入沉淀池。槽孔由一定浓度的泥浆固壁，成槽器上的下刃口切割修整槽孔壁，形成具有一定规格的槽孔，成槽后采用混凝土浇筑方法在槽内浇筑抗渗材料，形成槽板，用平接技术连接而成整体地下防渗墙。

射水法成墙的深度已突破 30m，但一般在 30m 以内为多。射水法成墙质量的关键是墙体的垂直度和两序槽孔接头质量，一般情况下，只要精心操作垂直度易于保证。成墙接缝多，且采用平接头方式，这是此工法有别其他工法之处。根据实践经验，只要两序槽孔长度合适，设备就位准确，保证二期槽孔施工时成槽器侧向喷嘴畅通，防渗墙接头质量是能够保证的。

射水法具有地层适应性强、工效较高、成本适中的特点，最适宜于颗粒较小的软弱地层，如在粉细沙层，淤泥质粉质黏土地层中工效可达 80m²/

台班；在沙卵石地层工效相对较低，但普遍也能达到35m²/台班。由于在各种地层中的工效不同，材料用量也不一样，因此每平方米成墙造价也不同，一般160～230元/m²。

二、深层搅拌法水泥土防渗墙

深层搅拌法水泥土防渗墙是利用钻搅设备将地基土水泥等固化剂搅拌均匀，使地基土固化剂之间产生一系列物理—化学反应，硬凝成具有整体性、水稳定性和一定强度的水泥土防渗墙，深层搅拌法包括单头搅、双头搅、多头搅。水泥土防渗墙是深层搅拌法加固地基技术作为防渗方面的应用，这几年在堤防垂直防渗中得到大量应用，特别是为了适应和推广这一技术，已研究出适应这一技术的专用设备—多头小直径深层搅拌截渗桩机。深搅法的特点是施工设备市场占有量大、施工速度快、造价低等，特别是采用多头搅形成薄型水泥土截渗墙，工效更高。此种工法成墙工效一般为45～200m²/台班，工程单价70～130元/m²，影响造价的主要因素是墙体厚度、深度和地质情况。

深搅法处理深度一般不超过20m，比较适用于粉细以下的细颗粒地层，对该技术形成的水泥土均匀性和底部的连续性在施工中应加以重视。

第四章 土石方工程施工

第一节 土石方工程的含义

一、土石方工程施工概述

在水利工程中，土石方开挖广泛应用于场地平整和削坡，水工建筑物（水闸、坝、溢洪道、水电站厂房、泵站建筑物等）地基开挖，地下洞室（水工隧洞，地下厂房，各类平洞、竖井和斜井）开挖，河道、渠道、港口开挖及疏浚，填筑材料、建筑石料及混凝土骨料开采，围堰等临时建筑物或砌石、混凝土结构物的拆除等。因而，土石方工程是水利工程建设的主要项目，存在于整个工程的大部分建设过程中。

土石方作业受作业环境、气候等影响较大，并存在施工队伍多处同时作业等问题，管理比较困难，因而在土石方施工过程中易引发安全生产事故。在土石方工程施工的过程中，容易发生的伤亡事故主要有坍塌、机械伤害、高处坠落、物体打击、触电等。要确保水利水电土石方工程的施工安全，一般应遵循以下基本规定：

①土石方工程施工应由具有相应的工程承包资质及安全生产许可证的企业承担。

②土石方工程应编制专项施工开挖支护方案，必要时应进行专家论证，并应严格按照施工组织方案实施。

③施工前应针对安全风险进行安全教育及安全技术交底。特种作业人员必须持证上岗，机械操作人员应经过专业技术培训。

④施工现场发现危及人身安全和公共安全的隐患时，必须立即停止作业，排除隐患后方可恢复施工。

⑤在土方施工过程中，当发现古墓、古物等地下文物或其他不能辨认的液体、气体及异物时，应立即停止作业，做好现场保护，并报有关部门处理后方可继续施工。

二、土石的分类

土石的种类繁多，其工程性质会直接影响土石方工程的施工方法、劳动力消耗、工程费用和保证安全的措施，应予以重视。

（一）按开挖方式分类

土石按照坚硬程度和开挖方法及使用工具分为松软土、普通土、坚土、沙砾坚土、软石、次坚石、坚石、特坚石等八类。

（二）按性状分类

土石按照性状亦可分为岩石、碎石土、沙土、粉土、黏性土和人工填土。

第二节 土石方作业

一、土石方开挖

（一）土方开挖方式

1. 人工开挖

在我国的水利工程施工中，一些土方量小及不便于机械化施工的地方，用人工挖运比较普遍。挖土用铁锹、镐等工具。

人工开挖渠道时，应自中心向外，分层下挖，先深后宽，边坡处可按边坡比挖成台阶状，待挖至设计要求时，再进行削坡。应尽可能做到挖填平衡，必须弃土时，应先规划堆土区，做到先挖后倒，后挖近倒，先平后高。一般下游应先开工，并不得阻碍上游水量的排泄，以保证水流畅通。开挖主要有两种形式：

①一次到底法。适用于土质较好，挖深 2 ~ 3 m 的渠道。开挖时应先将排水沟挖到低于渠底设计高程 0.5 m 处，然后再按阶梯状逐层向下开挖，直至渠底。

②分层下挖法。此法适用于土质不好且挖深较大的渠道。中心排水沟是将排水沟布置在渠道中部，先逐层挖排水沟，再挖渠道，直至挖到渠底为止。如渠道较宽，可采用翻滚排水沟。这种方法的优点是排水沟分层开挖，

沟的断面小，土方量少，施工较安全。

2. 机械开挖

开挖和运输是土方工程施工两项主要过程，承担这两个过程施工的机械是各类挖掘机械、铲运机械和运输机械。

（1）挖掘机械

挖掘机械的作用主要是完成挖掘工作，并将所挖土料卸在机身附近或装入运输工具。挖掘机械按工作机构可分为单斗式或多斗式两类。

①单斗式挖掘机由工作装置、行驶装置和动力装置等组成。工作装置有正向铲、反向铲、拉铲和抓铲等。工作装置可用钢索或液压操作。行驶装置一般为履带式或轮胎式。动力装置可分为内燃机拖动、电力拖动和复合式拖动等几种类型。单斗式挖掘机的分类如下：

a. 正向铲挖掘机。钢索操纵的正向铲挖掘机由支杆、斗柄、铲斗、拉杆、提升索等构件组成。该种挖掘机通过推压和提升完成挖掘，开挖断面是弧形，最适于挖停机面以上的土方，也能挖停机面以下的浅层土方。由于稳定性好，铲土能力大，可以挖各种土料及软岩、岩渣进行装车。它的特点是循环式开挖，由挖掘、回转、卸土和返回等构成一个工作循环，生产率的大小取决于铲斗大小以及循环时间长短。正铲的斗容从 5 至数十立方米，工程中常用 1 ~ 4 m^3。基坑土方开挖常采用正面开挖，土料场及渠道土方开挖常用侧面开挖，还要考虑与运输工具配合问题。

挖掘的工作面，即挖掘机挖土时的工作空间称为撑子。根据撑子的布置不同，正向铲挖掘机有三种作业方式：①正向挖土，侧向卸土；②正向挖土，后方卸土；③侧向挖土，侧向卸土。至于采用哪种作业方式，应根据施工条件确定。

b. 反向铲挖掘机。能用来开挖停机面以下的土料，挖土时由远而近，就地卸土或装车，适用于中、小型沟渠清基、清淤等工作。由于稳定性及铲土能力均比正向铲差，只用来挖Ⅰ、Ⅱ级土，硬土要先进行预松。反向铲的斗容有 0.5m^3、1.0 m^3、1.6 m^3 三种，目前大斗容已超过 3m^3。在沟槽开挖中，在沟端站立倒退开挖，当沟槽较宽时，采用沟侧站立，侧向开挖。

c. 拉铲挖掘机。拉铲挖掘机的铲斗用钢索控制，利用臂杆回转将铲斗抛至较远距离，回拉牵引索，靠铲斗自重下切铲土装满铲斗，然后回转装车或卸土。挖掘半径、卸土半径、卸土高度较大，最适用于水下土沙及含水量大的土方开挖，在大型渠道、基坑及水下沙卵石开挖中应用广泛。开挖方式有沟端开挖和沟侧开挖两种，当开挖宽度和卸土半径较小时，用沟端开挖；开挖宽度大，卸土距离远，用沟侧开挖。

d.抓铲挖掘机。抓铲挖掘机靠铲斗自由下落中斗瓣分开切入土中，抓取土料合瓣后提升，回转卸土。它适用于挖掘窄深型基坑或沉井中的水下淤泥，也可用于散粒材料装卸，在桥墩等柱坑开挖中应用较多。

②多斗式挖掘机是有多个铲土斗的挖掘机械。它能够连续地挖土，是一种连续工作的挖掘机械。按其工作方式不同，分为链斗式和斗轮式两种。

a.链斗式挖掘机最常用的型式是采沙船，它是一种构造简单，生产率高，适用于规模较大的工程，可以挖河滩及水下沙砾料的多斗式挖掘机。

b.斗轮式挖掘机的斗轮装在斗轮臂上，在斗轮上装七八个铲土斗，当斗轮转动时，下行至拐弯时挖土，上行运土至最高点时，土料靠自重和旋转惯性卸入受料皮带上，转送到运输工具或料堆上。其主要特点是斗轮转速较快，作业连续，斗臂倾角可以改变，并做360°回转，生产效率高，开挖范围大。

（2）铲运机械

铲运机械是指用一种机械能同时完成开挖、运输和卸土任务，这种具有双重功能的机械，常用的有推土机、铲运机、平土机等。

①推土机是一种在履带式拖拉机上安装推土板等工作装置而成的一种铲运机械，是水利水电建设中最常用、最基本的机械，可用来完成场地平整、基坑、渠道开挖，推平填方，堆积土料，回填沟槽，清理场地等作业，还可以牵引振动碾、松土器、拖车等机械作业。它在推运作业中，距离不能超过60～100 m，挖深不宜大于1.5～2.0 m，填高小于2～3 m。

推土机按安装方式分为固定式和万能式；按操纵方式分为钢索操纵和液压操纵；按行驶方式分为履带式和轮胎式。固定式推土机的推土板，仅能上下升降，强制切土能力差，但结构简单，应用广泛；万能式推土机不仅能升降，还可左右、上下调整角度，用途多。

②铲运机是一种能连续完成铲土、运土、卸土、铺土、平土等工序的综合性土方工程机械，能开挖黏土、沙砾石等，适用于大型基坑、渠道、路

基开挖，大型场地的平整，土料开采，填筑堤坝等。

铲运机按牵引方式分为自行式和拖式；按操纵方式分为钢索操纵和液压操纵；按卸土方式分为自由卸土、强制卸土、半强制卸土。铲运机土斗较大，但切土能力相对不足。为了提高生产效率，可采取下坡取土、硬土预松、推土机助推等方法。

③装载机是一种工作效率高、用途广泛的工程机械。它不仅可对堆积的松散物料进行装、运卸作业，还可以对岩石、硬土进行轻度的铲掘工作，并能用于清理、刮平场地及牵引作业。如更换工作装置，还可完成堆土、挖土、松土、起重以及装载棒状物料等工作，因此被广泛应用。

装载机按行走装置可分为轮胎式和履带式两种；按卸载方式可分为前卸式、后卸式和回转式三种；按铲斗的额定重量可分为小型（＜1t）、轻型（1～3t）、中型（4～8t）和重型（＞10t）四种。

（3）水力开挖机械

水力开挖机械有水枪式开挖和吸泥船开挖。

①水枪式开挖是利用水枪喷嘴射出的高速水流切割土体形成泥浆，然后输送到指定地点的开挖方法。水枪可在平面上回转360°，在立面上仰俯50°～60°，射程达20～30 m，切割分解形成泥浆后，沿输泥沟自流或由吸泥泵经管道输送至填筑地点。利用水枪开挖土料场、基坑，节约劳力和大型挖运机械，经济效益明显。水枪开挖适于沙土、亚黏土和淤泥。可用于水力冲填筑坝。对于硬土，可先进行预松，提高水枪挖土的工效。

②吸泥船开挖是利用挖泥船下的绞刀将水下土方绞成泥浆，再由泥浆泵吸起，经浮动输泥管运至岸上或运泥船。

3. 机械化施工的基本原则

①充分发挥主要机械的作业。

②挖运机械应根据工作特点配套选择。

③机械配套要有利于使用、维修和管理。

④加强维修管理工作，充分发挥机械联合作业的生产力，提高其时间利用系数。

⑤合理布置工作面，改善道路条件，减少连续的运转时间。

4.机械化施工方案选择

土石方工程量大，挖、运、填、压等多个工艺环节环环相扣，因而选择机械化施工方案通常应考虑以下原则：

①适应当地条件，保证施工质量，生产能力满足整个施工过程的要求。

②机械设备机动、灵活、高效、低耗、运行安全、耐久可靠。

③通用性强，能承担先后施工的工程项目，设备利用率高。

④机械设备要配套，各类设备均能充分发挥效率，特别应注意充分发挥主导机械的效率。

⑤应从采料工作面、回车场地、路桥等级、卸料位置、坝面条件等方面创造相适应的条件，以便充分发挥挖、运、填、压各种机械的效能。

（二）石方开挖方式

从水利工程施工的角度考虑，选择合理的开挖顺序，对加快工程进度和保障施工安全具有重要作用。

1.开挖程序

水利水电的石方开挖，一般包括岸坡和基坑的开挖。岸坡开挖一般不受季节的限制，而基坑开挖则多在围堰的防护下施工，也是主体工程控制性的第一道工序。石方开挖程序及适用条件见表4-1。

表4-1 石方开挖程序和适用条件

开挖程序	安排步骤	适用条件
自上而下开挖	先开挖岸坡，后开挖基坑；或先开挖边坡，后开挖底板	用于施工场地狭窄、开挖量大且集中的部位
自下而上开挖	先开挖下部，后开挖上部	用于施工场地较大、岸边（边坡）较低缓或岩石条件许可，并有可靠技术措施
上下结合开挖	岸坡与基坑，或边坡与底板上下结合开挖	用于有较宽阔的施工场地和可以避开施工干扰的工程部位
分期或分段开挖	按照施工工段或开挖部位、高程等进行安排	用于分期导流的基坑开挖或有临时过水要求的工程项目

2.开挖方式

（1）基本要求

在开挖程序确定之后，根据岩石的条件、开挖尺寸、工程量和施工技术的要求，拟定合理的开挖方式，基本要求是：

①保证开挖质量和施工安全。

②符合施工工期和开挖强度的要求。

③有利于维护岩体完整和边坡稳定性。

④可以充分发挥施工机械的生产能力。

⑤辅助工程量小。

（2）各种开挖方式的适用条件

按照破碎岩石的方法，主要有钻爆开挖和直接应用机械开挖两种施工方法。

①钻爆开挖。钻爆开挖是当前广泛采用的开挖施工方法。开挖方式有薄层开挖、分层开挖、全断面一次开挖和特高梯段开挖等。钻爆法开挖适用条件及其优缺点见表 4-2。

表 4-2 钻爆法开挖适用条件及其优缺点

开挖方式	特点	适用条件	优缺点
薄层开挖	爆破规模小	一般开挖深度 < 4 m	风、水、电和施工道路布置简单；钻爆灵活，不受地形条件限制；生产能力低
分层开挖	按层作业	一般层厚 > 4 m，是大方量石方开挖常用方式	几个工作面可以同时作业，生产能力高；在每一分层上都布置风、水、电和出渣道路
全断面开挖	开挖断面一次成型	用于特定条件下	单一作业，集中钻爆，施工干扰小；钻爆作业占用时间长
特高梯段开挖	梯段高 20m 以上	用于高陡岸坡开挖	一次开挖量大，生产能力高；集中出渣，辅助工程量小；需要相应的配套机械设备

②直接机械开挖：使用带有松土器的重型推土机破碎岩石，一次破碎约 0.6 ~ 1.0 m。该法适用于施工场地宽阔，大方量的软岩石方工程。优点是没有钻爆作业，不需要风、水、电辅助设施，不但简化了布置，而且施工进度快，生产能力高；缺点是不适宜破碎坚硬岩石。

（三）土石方开挖安全规定

土石方开挖作业的基本规定是：

①土石方开挖施工前，应掌握必要的工程地质、水文地质、气象条件、环境因素等勘测资料，根据现场的实际情况，制订施工方案。施工中应遵循各项安全技术规程和标准，按施工方案组织施工，在施工过程中注重加强对人、机、物、料、环等因素的安全控制，保证作业人员、设备的安全。

②开挖过程中应注意工程地质的变化，遇到不良地质构造和存在事故

隐患的部位应及时采取防范措施，并设置必要的安全围栏和警示标志。

③开挖程序应遵循自上而下的原则，并采取有效的安全措施。

④开挖过程中，应采取有效的截水、排水措施，防止地表水和地下水影响开挖作业和施工安全。

⑤应合理确定开挖边坡比，及时制订边坡支护方案。

二、土石方爆破

（一）一般规定

第一，土石方爆破工程应由具有相应爆破资质和安全生产许可证的企业承担。爆破作业人员应取得有关部门颁发的资格证书，做到持证上岗。爆破工程作业现场应由具有相应资格的技术人员负责指导施工。

第二，爆破前应对爆区周围的自然条件和环境状况进行调查，了解危及安全的不利环境因素，采取必要的安全防范措施。

第三，爆破作业环境有下列情况时，严禁进行爆破作业：

①爆破可能产生不稳定边坡、滑坡、崩塌的危险；

②爆破可能危及建（构）筑物、公共设施或人员的安全；

③恶劣天气条件下。

第四，爆破作业环境有下列情况时，不应进行爆破作业：

①药室或炮孔温度异常，而无有效针对性措施；

②作业人员和设备撤离通道不安全或堵塞。

第五，装药工作应遵守下列规定：

①装药前应对药室或炮孔进行清理和验收；

②爆破装药量应根据实际地质条件和测量资料计算确定；当炮孔装药量与爆破设计量差别较大时，应经爆破工程技术人员核算同意后方可调整；

③应使用木质或竹质炮棍装药；

④装起爆药包、起爆药柱和敏感度高的炸药时，严禁投掷或冲击；

⑤装药深度和装药长度应符合设计要求；

⑥装药现场严禁烟火和使用手机。

第六，填塞工作应遵守下列规定：

①装药后必须保证填塞质量，深孔或浅孔爆破不得采用无填塞爆破；

②不得使用石块和易燃材料填塞炮孔；

③填塞时不得破坏起爆线路；发现有填塞物卡孔应及时进行处理；

④不得用力捣固直接接触药包的填塞材料或用填塞材料冲击起爆药包；

⑤分段装药的炮孔，其间隔填塞长度应按设计要求执行。

第七，严禁硬拉或拔出起爆药包中的导爆索、导爆管或电雷管脚线。

第八，爆破警戒范围由设计确定。在危险区边界，应设有明显标志，并派出警戒人员。

第九，爆破警戒时，应确保指挥部、起爆站和各警戒点之间有良好的通信联络。

第十，爆破后应检查有无盲炮及其他险情。当有盲炮及其他险情时，应及时上报并处理，同时在现场设立危险标志。

（二）作业要求

主要介绍了浅孔爆破、深孔爆破以及光面爆破或预裂爆破三种爆破方法的作业要求。

1. 浅孔爆破

①浅孔爆破宜采用台阶法爆破。在台阶形成之前进行爆破时应加大警戒范围。

②装药前应进行验孔，对于炮孔间距和深度偏差大于设计允许范围的炮孔，应由爆破技术负责人提出处理意见。

③装填的炮孔数量，应以当天一次爆破为限。

④起爆前，现场负责人应对防护体和起爆网路进行检查，并对不合格处提出整改措施。

⑤起爆后，应至少 5 min 后方可进入爆破区检查。当发现问题时，应立即上报并提出处理措施。

2. 深孔爆破

①深孔爆破装药前必须进行验孔，同时应将炮孔周围（半径 0.5 m 范围内）的碎石、杂物清除干净；对孔口岩石不稳固者，应进行维护。

②有水炮孔应使用抗水爆破器材。

③装药前应对第一排各炮孔的最小抵抗线进行测定，当有比设计最小抵抗线差距较大的部位时，应采取调整药量或间隔填塞等相应的处理措施，使其符合设计要求。

④深孔爆破宜采用电爆网路或导爆管网路起爆，大规模深孔爆破应预先进行网路模拟试验。

⑤在现场分发雷管时，应认真检查雷管的段别编号，并应由有经验的爆破工和爆破工程技术人员连接起爆网路，并经现场爆破和设计负责人检查验收。

⑥装药和填塞过程中，应保护好起爆网路；当发生装药卡堵时，不得用钻杆捣捅药包。

⑦起爆后，应至少经过 15 min 并等待炮烟消散后方可进入爆破区检查。当发现问题时，应立即上报并提出处理措施。

3. 光面爆破或预裂爆破

①高陡岩石边坡应采用光面爆破或预裂爆破开挖。钻孔、装药等作业应在现场爆破工程技术人员指导监督下，由熟练爆破工操作。

②施工前应做好测量放线和钻孔定位工作，钻孔作业应做到"对位准、方向正、角度精"。

③光面爆破或预裂爆破宜采用不耦合装药，应按设计装药量、装药结构制作药串。药串加工完毕后应标明编号，并按药串编号送入相应炮孔内。

④填塞时应保护好爆破引线，填塞质量应符合设计要求。

⑤光面（预裂）爆破网路采用导爆索连接引爆时，应对裸露地表的导爆索进行覆盖，降低爆破冲击波和爆破噪声。

三、土石方填筑

（一）土石方填筑的一般要求

①土石方填筑应按施工组织设计进行施工，不应危及周围建筑物的结构或施工安全，不应危及相邻设备、设施的安全运行。

②填筑作业时，应注意保护相邻的平面、高程控制点，防止碰撞造成移位及下沉。

③夜间作业时，现场应有足够照明，在危险地段设置明显的警示标志和护栏。

（二）陆上填筑应遵守下列规定

①用于填筑的碾压、打夯设备，应按照厂家说明书规定操作和保养，操作者应持有效的上岗证件。进行碾压、打夯时应有专人负责指挥。

②装载机、自卸车等机械作业现场应设专人指挥，作业范围内不应有人平土。

③电动机械运行，应严格执行"三级配电两级保护"和"一机、一闸、一漏、一箱"要求。

④人力打夯时工作人员精神应集中，动作应一致。

⑤基坑（槽）土方回填时，应先检查坑、槽壁的稳定情况，用小车卸土不应撒把，坑、槽边应设横木车挡。卸土时，坑槽内不应有人。

⑥基坑（槽）的支撑，应根据已回填的高度，按施工组织设计要求依次拆除，不应提前拆除坑、槽内的支撑。

⑦基础或管沟的混凝土、砂浆应达到一定的强度，当其不致受损坏时方可进行回填作业。

⑧已完成的填土应将表面压实，且宜做成一定的坡度以利排水。

⑨雨天不应进行填土作业。如需施工，应分段尽快完成，且宜采用碎石类土和沙土、石屑等填料。

⑩基坑回填应分层对称，防止造成一侧压力，引起不平衡，破坏基础或构筑物。

⑪管沟回填，应从管道两边同时进行填筑并夯实。填料超过管顶 0.5 m 厚时，方可用动力打夯，不宜用振动碾压实。

（三）水下填筑应遵守下列规定

①所有施工船舶航行、运输、驻位、停靠等应参照水下开挖中船舶相关操作规程的内容执行。

②水下填筑应按设计要求和施工组织设计确定施工程序。

③船上作业人员应穿救生衣、戴安全帽，并经过水上作业安全技术培训。

④为了保证抛填作业安全及抛填位置的准确率，宜选择在风力小于3级、浪高小于 0.5 m 的风浪条件下进行作业。

⑤水下理坡时，船上测量人员和吊机应配合潜水员，按"由高到低"的顺序进行理坡作业。

四、土石方施工安全防护设施

（一）土石方开挖施工的安全防护设施

第一，土石方明挖施工应符合下列要求：

①作业区应有足够的设备运行场地和施工人员通道。

②悬崖、陡坡、陡坎边缘应有防护围栏或明显警告标志。

③施工机械设备颜色鲜明，灯光、制动、作业信号、警示装置齐全可靠。

④凿岩钻孔宜采用湿式作业，若采用干式作业必须有捕尘装置。

⑤供钻孔用的脚手架，必须设置牢固的栏杆，开钻部位的脚手板必须铺满绑牢，架子结构应符合有关规定。

第二，在高边坡、滑坡体、基坑、深槽及重要建筑物附近开挖，应有相应可靠防止坍塌的安全防护和监测措施。

第三，在土质疏松或较深的沟、槽、坑、穴作业时应设置可靠的挡土护栏或固壁支撑。

第四，坡高大于 5 m、小于 100 m，坡度大于 45°的低、中、高边坡和深基坑开挖作业，应符合下列规定：

①清除设计边线外 5 m 范围内的浮石、杂物。

②修筑坡顶截水天沟。

③坡顶应设置安全防护栏或防护网，防护栏高度不得低于 2 m，护栏材料宜采用硬杂圆木或竹跳板，圆木直径不得小于 10 cm。

④坡面每下降一层台阶应进行一次清坡，对不良地质构造应采取有效的防护措施。

第五，坡高大于 100 m 的超高边坡和坡高大于 300 m 的特高边坡作业，应符合下列规定：

①边坡开挖爆破时应做好人员撤离及设备防护工作。

②边坡开挖爆破完成 20 min 后，由专业爆破工进入爆破现场进行爆后检查，存在哑炮及时处理。

③在边坡开挖面上设置人行及材料运输专用通道。在每层马道或栈桥外侧设置安全栏杆，并布设防护网以及挡板。安全栏杆高度要达到 2 m 以上，采用竹夹板或木板将马道外缘或底板封闭。施工平台应专门设置防护围栏。

④在开挖边坡底部进行预裂孔施工时，应用竹夹板或木板做好上下立体防护。

⑤边坡各层施工部位移动式管、线应避免交叉布置。

⑥边坡施工排架在搭设及拆除前，应详细进行技术交底和安全交底。

⑦边坡开挖、甩渣、钻孔产生的粉尘浓度按规定进行控制。

第六，隧洞洞口施工应符合下列要求：

①有良好的排水措施。

②应及时清理洞脸，及时锁口。在洞脸边坡外侧应设置挡渣墙或积石槽，或在洞口设置网或木构架防护棚，顺洞轴方向伸出洞口外长度不得小于 5 m。

③洞口以上边坡和两侧岩壁不完整时，应采用喷锚支护或混凝土永久支护等措施。

第七，洞内施工应符合下列规定：

①在松散、软弱、破碎、多水等不良地质条件下进行施工，对洞顶、洞壁应采用锚喷、预应力锚索、钢木构架或混凝土衬砌等围岩支护措施。

②在地质构造复杂、地下水丰富的危险地段和洞室关键地段，应根据围岩监测系统设计和技术要求，设置收敛计、测缝计、轴力计等监测仪器。

③进洞深度大于洞径 5 倍时，应采取机械通风措施，送风能力必须满足施工人员正常呼吸需要［3 立方米／（人·分）］，并能满足冲淡、排除爆炸施工产生的烟尘需要。

④凿岩钻孔必须采用湿式作业。

⑤设有爆破后降尘喷雾洒水设施。

⑥洞内使用内燃机施工设备，应配有废气净化装置，不得使用汽油发动机施工设备。

⑦洞内地面保持平整、不积水、洞壁下边缘应设排水沟。

⑧应定期检测洞内粉尘、噪声、有毒气体。

⑨开挖支护距离：Ⅱ类围岩支护滞后开挖 10 ～ 15 m，Ⅲ类围岩支护滞后开挖 5 ～ 10 m，Ⅳ类、Ⅴ类围岩支护紧跟掌子面。

⑩相向开挖的两个工作面相距 30 m 爆破时，双方人员均需撤离工作面。相距 15 m 时，应停止一方工作。

⑪爆破作业后，应安排专人负责及时清理洞内掌子面、洞顶及周边的危石。遇到有害气体、地热、放射性物质时，必须采取专门措施并设置报警装置。

第八，斜、竖井开挖应符合下列要求：

①及时进行锁口。

②井口设有高度不低于 1.2 m 防护围栏。围栏底部距 0.5 m 处应全封闭。

③井壁应设置人行爬梯。爬梯应锁定牢固，踏步平齐，设有拱圈和休息平台。

④施工作业面与井口应有可靠的通信装置和信号装置。

⑤井深大于 10 m 应设置通风排烟设施。

⑥施工用风、水、电管线应沿井壁固定牢固。

（二）爆破施工安全防护设施

①工程施工爆破作业周围 300 m 区域为危险区域，危险区域内不得有非施工生产设施。对危险区域内的生产设施设备应采取有效的防护措施。

②爆破危险区域边界的所有通道应设有明显的提示标志或标牌，标明规定的爆破时间和危险区域的范围。

③区域内设有有效的音响和视觉警示装置，使危险区内人员都能清楚地听到和看到警示信号。

（三）土石方填筑施工安全防护设施

①土石方填筑机械设备的灯光、制动、信号、警告装置齐全可靠。

②截流填筑应设置水流流速监测设施。

③向水下填掷石块、石笼的起重设备，必须锁定牢固，人工抛掷应有防止人员坠落的措施和应急施救措施。

④自卸汽车向水下抛投块石、石渣时，应与临边保持足够的安全距离，应有专人指挥车辆卸料。夜间卸料时，指挥人员应穿反光衣。

⑤作业人员应穿戴救生衣等防护用品。

⑥土石方填筑坡面碾压、夯实作业时，应设置边缘警戒线，设备、设施必须锁定牢固，工作装置应有防脱、防断措施。

⑦土石方填筑坡面整坡、砌筑应设置人行通道，双层作业设置遮挡护栏。

第三节 边坡工程

边坡工程是为满足工程需要而对自然边坡和人工边坡进行改造的工程。根据边坡对工程影响的时间差别，可分为永久边坡和临时边坡两类；根据边坡与工程关系，可分为建、构筑物地基边坡、邻近边坡和影响较小延伸边坡。

一、边坡稳定因素

（一）边坡稳定因素

1. 土类别的影响

不同类别的土，其土体的内摩擦力和凝聚力不同。例如沙土的凝聚力为零，只有内摩擦力，靠内摩擦力来保持边坡的稳定平衡；而黏性土则同时存在内摩擦力和凝聚力。因此不同的土能保持其边坡稳定的最大坡度不同。

2. 土的含水率的影响

土内含水越多，土壤之间产生润滑作用越强，内摩擦力和凝聚力降低，因而土的抗剪强度降低，边坡就越容易失稳。同时，含水率增加，使土的自重增加，裂缝中产生静水压力，增加了土体的内剪应力。

3. 气候的影响

气候使土质变软或变硬，如冬季冻融又风化，可降低土体的抗剪强度。

4. 基坑边坡上附加荷载或者外力的影响

能使土体的剪应力大大增加，甚至超过土体的抗剪强度，使边坡失去稳定而塌方。

（二）土方边坡的最陡坡度

为了防止塌方，保证施工安全，当土方达到一定深度时，边坡应做成一定的深度，土石方边坡坡度的大小和土质、开挖深度、开挖方法、边坡留置时间的长短、排水情况、附近堆积荷载有关。开挖深度越深，留置时间越长，边坡应设计得平缓一些，反之则可陡一些。边坡可以做成斜坡式，亦可做成踏步式。地下水位低于基坑（槽）或管沟底面标高时，挖方深度在 5 m 内，不加支撑的边坡的最陡坡度应符合规定。

（三）挖方直壁不加支撑的允许深度

土质均匀且地下水位低于基坑（槽）或管沟的底面标高时，其边坡可做成直立壁不加支撑，挖方深度应根据土质确定，最大深度见表 4-3。

表 4-3 基坑（槽）做成直立壁不加支撑的深度规定

土的类别	挖方深度 /m
密实、中密的沙土和碎石类土（充填物为沙土）	1.00
硬塑、可塑的轻亚黏土及亚黏土	1.25
硬塑、可塑的黏土和碎石类土（充填物为黏性土）	1.50
坚硬的黏土	2.00

二、边坡支护

在基坑或者管沟开挖时，常因受场地的限制不能放坡，或者为了减少挖填的土石方量，工期以及防止地下水渗入等要求，一般采用设置支撑和护壁的方法。

（一）边坡支护的一般要求

①施工支护前，应根据地质条件、结构断面尺寸、开挖工艺、围岩暴露时间等因素进行支护设计，制订详细的施工作业指导书，并向施工作业人员进行交底。

②施工人员作业前，应认真检查施工区的围岩稳定情况，需要时应进行安全处理。

③作业人员应根据施工作业指导书的要求，及时进行支护。

④开挖期间和每茬炮后，都应对支护进行检查维护。

⑤对不良地质地段的临时支护，应结合永久支护进行，即在不拆除或部分拆除临时支护的条件下，进行永久性支护。

⑥施工人员作业时，应佩戴防尘口罩、防护眼镜、防尘帽、安全帽、雨衣、雨裤、长筒胶靴和乳胶手套等劳保用品。

（二）锚喷支护

锚喷支护应遵守下列规定：

①施工前，应通过现场试验或依工程类比法，确定合理的锚喷支护参数。

②锚喷作业的机械设备，应布置在围岩稳定或已经支护的安全地段。

③喷射机、注浆器等设备，应在使用前进行安全检查，必要时应在洞外进行密封性能和耐压试验，满足安全要求后方可使用。

④喷射作业面，应采取综合防尘措施降低粉尘浓度，采用湿喷混凝土。有条件时，可设置防尘水幕。

⑤岩石渗水较强的地段，喷射混凝土之前应设法把渗水集中排出。喷后应钻排水孔，防止喷层脱落伤人。

⑥凡锚杆孔的直径大于设计规定的数值时，不应安装锚杆。

⑦锚喷工作结束后，应指定专人检查锚喷质量，若喷层厚度有脱落、变形等情况，应及时处理。

⑧喷射机、注浆器、水箱、油泵等设备，应安装压力表和安全阀，使

用过程中如发现破损或失灵时，应立即更换。

⑨施工期间应经常检查输料管、出料弯头、注浆管以及各种管路的连接部位，如发现磨薄、击穿或连接不牢等现象，应立即处理。

⑩带式上料机及其他设备外露的转动和传动部分，应设置保护罩。

⑪施工过程中进行机械故障处理时，应停机、断电、停风；在开机送风、送电之前应预先通知有关的作业人员。

⑫作业区内严禁在喷头和注浆管前方站人；喷射作业的堵管处理，应尽量采用敲击法疏通，若采用高压风疏通时，风压不应大于 0.4 MPa（4 kg/cm²），并将输料管放直，握紧喷头，喷头不应正对有人的方向。

⑬当喷头（或注浆管）操作手与喷射机（或注浆器）操作人员不能直接联系时，应有可靠的联系手段。

⑭预应力锚索和锚杆的张拉设备应安装牢固，操作方法应符合有关规程的规定。正对锚杆或锚索孔的方向严禁站人。

⑮高度较大的作业台架安装，应牢固可靠，设置栏杆；作业人员应系安全带。

（三）构架支撑

第一，构架支撑包括木支撑、钢支撑、钢筋混凝土支撑及混合支撑，其架设应遵守下列规定：

①采用木支撑的应严格检查木材质量。

②支撑立柱应放在平整岩石面上，应挖柱窝。

③支撑和围岩之间，应用木板、楔块或小型混凝土预制块塞紧。

④危险地段，支撑应跟进开挖作业面；必要时，可采取超前固结的施工方法。

⑤预计难以拆除的支撑应采用钢支撑。

⑥支撑拆除时应有可靠的安全措施。

第二，支撑应经常检查，发现杆件破裂、倾斜、扭曲、变形及其他异常征兆时，应仔细分析原因，采取可靠措施进行处理。

第四节 坝基开挖施工技术

进行岩基开挖，通常是在充分明确坝址的工程地质资料、明确水工设计要求的基础上，结合工程的施工条件，由地质、设计、施工几方面的人员一起进行研究，确定坝基的开挖深度、范围及开挖形态。如发现重大问题，应及时协商处理，修改设计，报上级审批。

一、坝基开挖的特点

在水利水电工程中坝基开挖的工程量达数万立方米，甚至达数十万、百万立方米，需要大量的机械设备（钻孔机械、土方挖运机械等）、器材、资金和劳力，工程地质复杂多变，如节理、裂隙、断层破碎带、软弱夹层和滑坡等，还受河床岩基渗流的影响和洪水的威胁，需占用相当长的工期，从开挖程序来看属多层次的立体开挖作业。因此，经济合理的坝基开挖方案及挖运组织，对安全生产和加快工程进度具有重要的意义。

二、坝基开挖的程序

岩基开挖要保证质量，加快施工进度，做到安全施工，必须要按照合理的开挖程序进行。开挖程序因各工程的情况不同而不尽统一，但一般都要以人身安全为原则，遵守自上而下、先岸后坡基坑的程序进行，即按事先确定的开挖范围，从坝基轮廓线的岸坡部分开始，自上而下、分层开挖，直到坑基。

大、中型工程来说当采用河床内导流分期施工时，往往是先开挖围护段一侧的岸坡，或者坝头开挖与一期基坑开挖基本上同时进行，而另一岸坝头的开挖在最后一期基坑开挖前基本结束。

对中、小型工程，由于河道流量小，施工场地紧凑，常采用一次断流围堰（全段围堰）施工。一般先开挖两岸坝头，后进行河床部分基坑开挖。对于顺岩层走向的边坡、滑坡体和高陡边坡的开挖，更应按照开挖程序进行开挖。开挖前，首先要把主要地质情况弄清，对可疑部位及早开挖暴露并提出处理措施。对一些小型工程，为了赶工期也有采用岸坡、河床同时开挖的。这时由于上下分层作业，施工干扰大，应特别注意施工安全。

河槽部分采用分层开挖逐步下降的方法。为了增加开挖工作面，扩大钻孔爆破的效果，提高挖运机械的工作效率，解决开挖施工中的基坑排水问题，通常要选择合适的部位先抽槽，即开挖先锋槽。先锋槽的平面尺寸以便于人工或机械装运出渣为度，深度不大于2/3（即预留基础保护层），随后就利用此槽壁作为爆破自由面，在其两侧布设有多排炮孔进行爆破扩大，依次逐层进行。当遇有断层破碎带，应顺断层方向挖槽，以便及早查明情况，作出处理方案。抽槽的位置一般选在地形低较、排水方便及容易引入出渣运输道路的部位，也可结合水工建筑物的底部轮廓。尤其对基础防渗、抗滑稳定起控制作用的沟槽，更应慎重地确定其爆破参数，以防因爆破原因而对基岩产生破坏。

三、坝基开挖的深度

坝基开挖深度，通常是根据水工要求按照岩石的风化程度（强风化、弱风化、微风化和新鲜岩石）来确定的。坝基一般要求岩基的抗压强度约为最大主应力的20倍左右，高坝应坐落在新鲜微风化下限的完善基岩上，中坝应建在微风化的完整基岩上，两岸地形较高部位的坝体及低坝可建在弱风化下限的基岩上。

岩基开挖深度，并非一挖到新鲜岩石就可以达到设计要求，有时为了满足水工建筑物结构形式的要求，还须在新鲜岩石中继续下挖。如高程较低的大坝齿槽、水电站厂房的尾水管部位等，有时为了减少在新鲜岩石上的开挖深度，可提出改变上部结构形式，以减少开挖工程量。

总之，开挖深度并不是一个多挖几米少挖几米的问题，而是涉及大坝的基础是否坚实可靠、工程投资是否经济合理、工期和施工强度有无保证的大问题。

四、坝基开挖范围的确定

一般水工建筑物的平面轮廓就是岩基底部开挖的最小轮廓线。实际开挖时，由于施工排水、立模支撑、施工机械运行以及道路布置等问题，常需适当扩挖，扩挖的范围视实际需要而定。

实际工程中扩挖的距离，有从数米到数十米的。

坝基开挖的范围必须充分考虑运行和施工的安全。随着开挖高程的下降，对坡（壁）面应及时测量检查，防止欠挖，并避免在形成高边坡后再进行坡面处理。开挖的边坡一定要稳定，要防止滑坡和落石伤人。如果开挖的边坡太高，可在适当的高程设置平台和马道，并修建挡渣墙和拦渣栅等相应的防护措施。近年来，随着开挖爆破技术的发展，工程中普遍采用预裂爆破来解决或改善高边坡的稳定问题。在多雨地区，应十分注意开挖区的排水问题，防止由于地表水的侵蚀，引起新的边坡失稳问题。

开挖深度和开挖范围确定之后，应绘出开挖纵、横断面及地形图，作为基础开挖施工现场布置的依据。

五、开挖的形态

重力坝坝段，为了维持坝体稳定，避免应力集中，要求开挖以后基岩面比较平整，高差不宜太大，并尽可能略向上游倾斜。

岩基岩面高差过大或向下游倾斜，宜开挖成一定宽度的平台。平台面应避免向下游倾斜，平台面的宽度以及相邻平台之间的高差应与混凝土浇筑块的尺寸协调。通常在一个坝段中，平台面的宽度约为坝段宽度的1/3左右。在平台较陡的岸坡坝段，还应根据坝体侧向稳定的要求，在坝轴线方向也开挖成一定宽度的平台。

拱坝要径向开挖，因此岸坡地段的开挖面将会倾向下游。在这种情况下，沿径向也应设置开挖平台。拱座面的开挖，应与拱的推力方向垂直，以保证按设计要求使拱的推力传向两岸岩体。

支墩坝坝基同样要求开挖比较平整，并略向上游倾斜。支墩之间高差变大时，应该使各支墩能够坐落在各自的平台上，并在支墩之间用回填混凝土或支墩墙等结构措施进行加固，以维护支墩的侧向稳定。

遇有深槽或凹槽以及断层破碎带情况时，应做专门的研究，一般要求挖去表面风化破碎的岩层以后，用混凝土将深槽或凹槽以及断层破碎带填平，使回填的混凝土形成混凝土塞和周围的基岩一起作为坝体的基础。为了保证混凝土塞和周围基岩的结合，还可以辅以锚筋和接触灌浆等加固措施。

六、坝基开挖的深层布置

（一）坝基开挖深度

一般是根据工程设计提出的要求来确定的。在工程设计中，不同的坝高对基岩的风化程度的要求也不一样：高坝应坐落在新鲜微风化下限的完整基岩上；中坝应建在微风化的完整基岩上；两岸地形较高部位的坝体及低坝可建在弱风化下限的基岩上。

（二）坝基开挖范围

在坝基开挖时，因排水、立模、施工机械运行及施工道路布置等问题，开挖范围要比水工建筑物的平面轮廓尺寸略大一些，若岩基底部扩挖的范围应根据时间需要而定。实际工程中放宽的距离，一般数米到数几米不等。基础开挖的上部轮廓应根据边坡的稳定要求和开挖的高度而定。如果开挖的边坡太高，可在适当高程设置平台和马道，并修建挡渣墙等防护措施。

七、岩基开挖的施工

岩基开挖主要是用钻孔爆破，分层向下，留有一定保护层的方式进行开挖。

坝基爆破开挖的基本要求是保证质量，注意安全，方便施工。

保证质量，就是要求在爆破开挖过程中防止由于爆破震动影响而破坏基岩，防止产生爆破裂缝或使原有的构造裂隙有所发展；防止由于爆破震动影响而损害已经建成的建筑物或已经完工的灌浆地段。为此，对坝基的爆破开挖提出了一些特殊的要求和专门的措施。

为保证基岩岩体不受开挖区爆破的破坏，应按留足保护层（系指在一定的爆破方式下，建筑物基岩面上预留的相应安全厚度）的方式进行开挖。当开挖深度较大时，可采用分层开挖。分层厚度可根据爆破方式、挖掘机械的性能等因素确定。

遇有不利的地质条件时，为防止过大震裂或滑坡等，爆破孔深和最大装药量应根据具体条件由施工、地质和设计单位共同进行研究，另行确定。

开挖施工前，应根据爆破对周围岩体的破坏范围及水工建筑物对基础的要求，确定垂直向和水平向保护层的厚度。

保护层以上的开挖，一般采用延长药包梯段爆破，或先进行平地抽槽毫秒起爆，创造条件再进行梯段爆破。梯段爆破应采用毫秒分段起爆，最大一段起爆药量应不大于 500 kg。

保护层的开挖，是控制基岩质量的关键。基本要求如下：

①如留下的保护层较厚，距建基面 1.5 m 以上部分，仍可采用中（小）

孔径且相应直接的药卷进行梯段毫秒爆破。

②紧靠建基面土 1.5 m 以上的一层，采用手风钻钻孔，仍可用毫秒分段起爆，其最大一段起爆药量应不大于 300 kg。

③建基面土 1.5 m 以内的垂直向保护层，采用手风钻孔，火花起爆，其药卷直径不得大于 32 ~ 36 mm。

④最后一层炮孔，对于坚硬、完整岩基，可以钻至建基面终孔，但孔深不得超过 50 cm；对于软弱、破碎岩基，要求留 20 ~ 30 cm 的撬挖层。

在安排施工进度时，应避免在已浇的坝段和灌浆地段附近进行爆破作业，如无法避免时，则应有充分的论证和可靠的防震措施。

根据建筑物对基岩的不同要求以及混凝土不同的龄期所允许的质点振速度值（即破坏标准），规定相应的安全距离和允许装药量。

在邻近建筑物的地段（10 m 以内）进行爆破时，必须根据被保护对象的允许质点振动速度值，按该工程实例的振动衰减规律严格控制浅孔火花起爆的最小装药量。当装药量控制到最低程度仍不能满足要求时，应采取打防震孔或其他防震措施解决。

在灌浆完毕地段及其附近，如因特殊情况需要爆破时，只能进行少量的浅孔火花爆破。还应对灌浆区进行爆前和爆后的对比检查，必要时还须进行一定范围的补灌。

此外，为了控制爆破的地震效应，可采用限制炸药量或静态爆破的办法。也可采用预裂防震爆破、松动爆破、光面爆破等行之有效的减震措施。

在坝基范围进行爆破和开挖，要特别注意安全。必须遵守爆破作业的安全规程。在规定坝基爆破开挖方案时，开挖程序要以人身安全为原则，应自上而下，先岸坡后河槽的顺序进行，即要按照事先确定的开挖范围，从坝基轮廓线的岸坡部分开始，自上而下，分层开挖，直到河槽，不得采用自下而上或造成岩体倒悬的开挖方式。但经过论证，局部宽敞的地方允许采用"自下而上"的方式，拱坝坝肩也允许采用"造成岩体倒悬"的方式。如果基坑范围比较集中，常有几个工种平行作业，在这种情况下，开挖比较松散的覆盖层和滑坡体，更应自上而下进行。如稍有疏忽，就可能造成生命财产的巨大损失，这是过去一些工程得到的经验教训，应引以为戒。

河槽部分也要分层，逐步下挖。为了增加开挖工作面，扩大钻孔爆破的效果，解决开挖施工时的基坑排水问题，通常要选择合适的部位，抽槽先进。抽槽形成后，再分层向下扩挖。抽槽的位置，一般选在地形较低，排水方便，容易引入出渣运输道路的部位，常可结合水工建筑物的底部轮廓，如截水槽、齿槽等部位进行布置。但截水槽、齿槽的开挖，应做专题爆破设计。尤其对基础防渗、抗滑稳定起控制作用的沟槽，更应慎重地确定其爆破参数。

方便施工，就是要保证开挖工作的顺利进行，要及时做好排水工作。岸坡开挖时，要在开挖轮廓外围，挖好排水沟，将地表水引走。河槽开挖时，要配备移动方便的水泵，布量好排水沟和集水井，将基坑积水和渗水抽走。同时，还必须从施工进度安排、现场布置及各工种之间互相配合等方面来考虑，做到工种之间互相协调，使人工和设备充分发挥效率，施工现场井然有序以及开挖进度按时完成。为此，有必要根据设备条件将开挖地段分成几个作业区，每个作业区又划分几个工作面，按开挖工序组织平行流水作业，轮流进行钻孔爆破、出渣运输等工作。在确定钻孔爆破方法时，需考虑到炸落石块粒径的大小能够与出渣运输设备的容量相适应，尽量减少和避免二次爆破的工作量。出渣运输路线一端应直接连到各层的开挖工作面的下面，另一端应和通向上、下游堆渣场的运输干线连接起来。出渣运输道路的规划应该在施工总体布置中，尽可能结合场内交通半永久性施工道路干线的要求一并考虑，以节省临时工程的投资。

基坑开挖的废渣最好能加以利用，直接运至使用地点或暂时堆放。因此，需要合理组织弃渣的堆放，充分利用开挖的土石方。这不仅可以减少弃渣占地，而且还可以节约资金，降低工程造价。

不少工程利用基坑开挖的弃渣来修筑土石副坝和围堰，或将合格的沙石料加工成混凝土骨料，做到料尽其用。另外，在施工安排有条件时，弃渣还应结合农业上改地造田充分利用。为此，必须对整个工程的土石方进行全面规划，综合平衡，做到开挖和利用相结合。通过规划平衡，计算出开挖量中的使用量及弃渣量，均应有堆存和加工场地。弃渣的堆放场地，或利用于填筑工程的位置，应有沟通这些位置的运输道路，使其构成施工平面图的一个组成部分。

弃渣场地必须认真规划，并结合当地条件做出合理布局。弃渣不得恶化河道的水流条件，或造成下游河床淤积；不得影响围堰防渗，抬高尾水和堰前水位，阻滞水流；同时，还应注意防止影响度汛安全等情况的发生。特别需要指出的是：弃渣堆放场地还应力求不占压或少占压耕地，以免影响农业生产。临时堆渣区，应规划布置在非开挖区或不干扰后续作业的部位。

第五节　岸坡开挖施工技术

平原河流枢纽的岩坡较低较缓，其开挖施工方法与河床开挖无大的差别。高岸坡开挖方法大体上可分为分层（梯段）开挖法、深孔爆破开挖法和辐射孔开挖法三类。

一、分层开挖法

这是应用最广泛的一种方法，即从岸坡顶部起分梯段逐层下降开挖。主要优点是施工简单，用一般机械设备可以进行施工。对爆破岩块大小和岩坡的振动影响均较容易控制。

岸坡开挖时，如果山坡较陡，修建道路很不经济或根本不可能时，则可用竖井出渣或将石渣堆于岸坡脚下，即将道路通向开挖工作面是最简单的方法。

（一）道路出渣法

岸坡开挖量大时，采用此法施工，层厚度根据地质、地形和机械设备性能确定，一般不宜大于 15 m。如岸坡较陡，也可每隔 40 m 高差布置一条主干道（即工作平台）。上层爆破石渣抛弃工作平台或由推土机推至工作平台，进行二次转运。如岸坡陡峭，道路开挖工程量大，也要由施工隧洞通至各工作面。采用预裂爆破或光面爆破形成岸坡壁面。

（二）竖井出渣法

当岸坡陡峭无法修建道路，而航运、过木或其他问题在截流前不允许将岩渣推入河床内时，可采用竖井出渣法。

（三）抛入河床法

这是一种由上而下的分层开挖法，无道路通至开挖面，而是用推土机或其他机械将爆破石渣推入河床内，再由挖掘机装汽车运走。这种方法应用较多，但需在河床允许截流前抛填块石的情况下才能运用。这种方法的主要问题是爆破前后机械设备均需撤出或进入开挖面，很多工程都是将浇筑混凝土的缆式起重机先装好，钻机和推土机均由缆机吊运。

一些坝因河谷较窄或岸坡较陡，石渣推入河床后，不能利用沿岸的道路出渣，只好开挖隧洞至堆渣处，进行出渣。

（四）由下而上分层开挖

当岩石构造裂隙发育或地质条件等因素导致边坡难以稳定，不便采用由上而下的开挖法时，可考虑由下而上分层开挖。这种方法的优点主要是安全。混凝土浇筑时，应在上面留一定的空间，以便上层爆破时供石渣堆积。

二、深孔爆破开挖法

高岸坡用几十米的深孔一次或二三次爆破开挖，其优点是减少爆破出渣交替所耗时间，提高挖掘机械的时间利用率。钻孔可在前期进行，对加快工程建设有利，但深孔爆破技术复杂，难保证钻孔的精确度，装药、爆破都需要较好的设备和措施。

三、辐射孔爆破开挖法

辐射孔爆破开挖法也是加快施工进度的一种施工方法，在矿山开采时使用较多。为了争取工期，加快坝基开挖进度，一般采用辐射孔爆破开挖法。

高岸坡开挖时，为保证下部河床工作人员与机械安全，必须对岸坡采取防护措施。一般采用喷混凝土、锚杆和防护网等措施。喷混凝土是常用方法，不但可以防止块石掉落，对软弱易风化岩石还可起到防止风化和雨水湿化剥落的作用。锚杆用于岩石破碎或有构造裂隙可能引起大块岩体滑落的情况，以保证安全。防护网也是常用的防护措施。防护网可贴岸坡安设，也可与岸坡垂直安设。

第五章 施工导流

第一节 施工导流

一、施工导流概述

（一）施工导流概念

水工建筑物一般都在河床上施工，为避免河水对施工的不利影响，创造干地的施工条件，需要修建围堰围护基坑，并将原河道中各个时期的水流按预定方式加以控制，并将部分或者全部水流导向下游。这种工作就叫施工导流。

（二）施工导流的意义

施工导流是水利工程建设中必须妥善解决的重要问题。主要表现是：

①直接关系到工程的施工进度和完成期限；

②直接影响工程施工方法的选择；

③直接影响施工场地的布置；

④直接影响到工程的造价；

⑤与水工建筑物的形式和布置密切相关。

因此，合理的导流方式，可以加快施工进度，缩短工期，降低造价。考虑不周，不仅达不到目的，有可能造成很大危害，例如：选择导流流量过小，汛期可能导致围堰失事，轻则使建筑物、基坑、施工场地受淹，影响施工正常进行，重则主体建筑物可能遭到破坏，威胁下游居民生命和财产安全；选择流量过大，必然增加导流建筑物的费用，提高工程造价，造成浪费。

（三）影响施工导流的因素

影响因素比较多，如，水文、地质、地形特点；所在河流施工期间的灌溉、贡税、通航、过木等要求；水工建筑物的组成和布置；施工方法与施工布置；当地材料供应条件等。

（四）施工导流的设计任务

综合分析研究上述因素，在保证满足施工要求和用水要求的前提下，正确选择导流标准，合理确定导流方案，进行临时结构物设计，正确进行建筑物的基坑排水。

（五）施工导流的基本方法

1. 基本方法有两种

（1）全段围堰导流法

即用围堰拦断河床，全部水流通过事先修好的导流泄水建筑物流走。

（2）分段围堰导流法

即水流通过河床外的束窄河床下泄，后期通过坝体预留缺口、底孔或其他泄水建筑物下泄。

2. 施工导流的全段围堰法

（1）基本概念

首先利用围堰拦断河床，将河水逼向在河床以外临时修建的泄水建筑物，并流往下游。因此，该法也叫河床外导流法。

（2）基本做法

全段围堰法是在河床主体工程的上、下游一定距离的地方分别各建一道拦河围堰，使河水经河床以外的临时或者永久性泄水道下泄，主体工程就可以在排干的基坑中施工，待主体工程建成或者接近建成时，再将临时泄水道封堵。该法一般应用在河床狭窄、流量较小中小河道上。在大流量的河道上，只有地形、地质条件受限，明显采用分段围堰法不利时才采用此法导流。

（3）主要优点

施工现场的工作面比较大，主体工程在一次性围堰的围护下就可以建成。如果在枢纽工程中，能够利用永久泄水建筑物结合施工导流时，采用此法往往比较经济。

（4）导流方法

导流方法一般根据导流泄水建筑物的类型区分：如明渠导流，隧洞导流，涵管导流，还有的用渡槽导流等。

3. 施工导流的分段围堰法

（1）基本概念

分段围堰法施工导流，就是利用围堰将河床分期分段围护起来，让河水从缩窄后的河床中下泄的导流方法。分期，就是从时间上将导流划分成若干个时间段，分段，就是用围堰将河床围成若干个地段。一般分为两期两段。

（2）适宜条件

一般适用于河道比较宽阔，流量比较大，工程施工时间比较长的工程，在通航的河道上，往往不允许出现河道断流，这时，分段围堰法就是唯一的施工导流方法。

（3）围堰修筑顺序

一般情况下，总是先在第一期围堰的保护下修建泄水建筑物，或者建造期限比较长的复杂建筑物，例如水电站厂房等，并预留低孔、缺口，以备宣泄第二期的导流流量。第一期围堰一般先选在河床浅滩一岸进行施工，此时，对原河床主流部分的泄流影响不大，第一期的工程量也小。第二期的部分纵向围堰可以在第一期围堰的保护下修建。拆除第一期围堰后，修建第二期围堰进行截流，再进行第二期工程施工，河水从第一期安排好地方下泄。

二、围堰工程

（一）围堰概述

1. 主要作用

它是临时挡水建筑物，用来围护主体建筑物的基坑，保证在干地上顺利施工。

2. 基本要求

它完成导流任务后，若对永久性建筑物的运行有妨碍，还需要拆除。因此围堰除满足水工建筑物稳定、不透水、抗冲刷的要求外，还需要工程量要小，结构简单，施工方便，有利于拆除等。如果能将围堰作为永久性建筑物的一部分，对节约材料，降低造价，缩短工期无疑更为有利。

（二）基本类型及构造

按相对位置不同，分纵向围堰和横向围堰；按构造材料分为土围堰、土石围堰、草土围堰、混凝土围堰、板桩围堰等多种形式。下面介绍几种常用类型。

1. 土围堰

土围堰与土坝布置内容、设计方法、基本要求、优缺点大体相同，但因其临时性，故在满足导流要求的情况下，力求简单，施工方便。

2. 土石围堰

这是一种石料作支撑体，黏土作防渗体，中间设反滤层的土石混合结构。抗冲能力比土围堰大，但是拆除比土围堰困难。

3. 草土围堰

这是一种草土混合结构。该法是将麦秸、稻草、芦苇、柳枝等柴草绑成捆，修围堰时，铺一层草捆，铺一层土料，如此筑起围堰。该法就地取材，施工简单，速度快，造价低，拆除方便，具有一定的抗渗、抗冲能力，容重小，特别适宜软土地基。但是不宜用于拦挡高水头，一般限于水深不超过 6m，流速不超过 3 ~ 4m/s，使用期不超过 2 年的情况。该法过去在灌溉工程中常用，现在在防汛工程中比较常用。

4. 混凝土围堰

混凝土围堰常用于在岩基土修建的水利枢纽工程，这种围堰的特点是挡水水头高，底宽小抗冲能力大，堰顶可溢流，尤其是在分段围堰法导流施工中，用混凝土浇筑的纵向围堰可以两面挡水，而且可与永久建筑物相结合作为坝体或闸室体的一部分。混凝土纵向或横向围堰多为重力式，为减小工程量，狭窄河床的上游围堰也常采用拱形结构。混凝土围堰抗冲防渗性能好，占地范围小，既适用于挡水围堰，更适用于过水围堰，因此，虽造价较土石围堰相对较高，仍为众多工程所采用。混凝土围堰一般需在低水土石围堰保护下干地施工，但也可创造条件在水下浇筑混凝土或预填骨料灌浆，中型工程常采用浆砌块石围堰。混凝土围堰按其结构型式有重力式、空腹式、支墩式、拱式、圆筒式等。按其施工方法有干地浇筑、水下浇筑、预填骨料灌浆、碾压式混凝土及装配式等。常用的型式是干地浇筑的重力式及拱形围堰。此外还有浆砌石围堰，一般采用重力式居多。混凝土围堰具有抗冲、防渗性能好、底宽小、易于与永久建筑物结合，必要时还允许堰顶过水，安全可靠等优点，因此，虽造价较高，但在国内外仍得到较广泛的应用。例如三峡、丹江口、三门峡、潘家口、石泉等工程的纵向围堰都采用了混凝土重力式围堰，其下游段与永久导墙相结合，刘家峡、乌江渡、紧水滩、安康等工程也均采用了拱形混凝土围堰。

混凝土围堰一般需在低水土石围堰围护下施工，也有采用水下浇筑方式的。前者质量容易保证。

5. 钢板桩围堰

钢板桩围堰是最常用的一种板桩围堰。钢板桩是带有锁口的一种型钢，其截面有直板形、槽形及"Z"形等，有各种大小尺寸及联锁形式。

其优点为：强度高，容易打入坚硬土层；可在深水中施工，必要时加斜支撑成为一个围笼。防水性能好，能按需要组成各种外形的围堰，并可多次重复使用。因此，它的用途广泛。

在桥梁施工中常用于沉井顶的围堰，它的用途广泛。管柱基础、桩基础及明挖基础的围堰等。这些围堰多采用单壁封闭式，围堰内有纵横向支撑，必要时加斜支撑成为一个围笼。

在水工建筑中，一般施工面积很大，则常用以做成构体围堰。它系由许多互相连接的单体所构成，每个单体又由许多钢板桩组成，单体中间用土填实。围堰所围护的范围很大，不能用支撑支持堰壁，因此每个单体都能独自抵抗倾覆、滑动和防止联锁处的拉裂。常用的有圆形及隔壁形等形式。

①围堰高度应高出施工期间可能出现的最高水位（包括浪高）0.5～0.7m。

②围堰外形一般有圆形、圆端形、矩形、带三角的矩形等。围堰外形还应考虑水域的水深，以及流速增大引起水流对围堰、河床的集中冲刷，对航道、导流的影响。

③堰内平面尺寸应满足基础施工的需要。

④围堰要求防水严密，减少渗漏。

⑤堰体外坡面有受冲刷危险时，应在外坡面设置防冲刷设施。

⑥有大漂石及坚硬岩石的河床不宜使用钢板桩围堰。

⑦钢板桩的机械性能和尺寸应符合规定要求。

⑧施打钢板桩前，应在围堰上下游及两岸设测量观测点，控制围堰长、短边方向的施打定位。施打时，必须备有导向设备，以保证钢板桩正确位置。

⑨施打前，应对钢板桩锁口用防水材料捻缝，以防漏水。

⑩施打顺序从上游向下游合龙。

⑪钢板桩可用捶击、振动、射水等方法下沉，但黏土中不宜使用射水下沉办法。

⑫经过整修或焊接后钢板桩应用同类型的钢板桩进行锁口试验、检查。接长的钢板桩，其相邻两钢板桩的接头位置应上下错开。

⑬施打过程中，应随时检查桩的位置是否正确、桩身是否垂直，否则应立即纠正或拔出重打。

6. 过水围堰

过水围堰是指在一定条件下允许堰顶过水的围堰。过水围堰既担负挡水任务，又能在汛期泄洪，适用于洪枯流量比值大，水位变幅显著的河流。其优点是减小施工导流泄水建筑物规模，但过流时基坑内不能施工。

根据水文特性及工程重要性，提出枯水期5%～10%频率的几个流量值，通过分析论证，力争在枯水年能全年施工。中国新安江水电站施工期，选用枯水期5%频率的挡水设计流量4650m³/s，实现了全年施工。在可能出现枯水期有洪水而汛期又有枯水的河流上施工时，可通过施工强度和导流总费用（包括导流建筑物和淹没基坑的费用总和）的技术经济比较，选用合理的挡水设计流量。为了保证堰体在过水条件下的稳定性，还需要通过计算或试验确定过水条件下的最不利流量，作为过水设计流量。

水围堰类型通常有土石过水围堰、混凝土过水围堰、木笼过水围堰3种。后者由于使用木材多，施工、拆除都较复杂，现已少用。

（1）土石过水围堰

第一，型式。

土石过水围堰堰体是散粒体，围堰过水时，水流对堰体的破坏作用有两种：一是过堰水流沿围堰下游坡面宣泄的动能不断增大，冲刷堰体溢流表面；二是过堰水流渗入堰体所产生的渗透压力，引起围堰下游坡连同堰体一起滑动而导致溃堰。因此，对土石过水围堰溢流面及下游坡脚基础进行可靠的防冲保护，是确保围堰安全运行的必要条件。土石过水围堰型式按堰体溢流面防冲保护使用的材料，可分为混凝土面板溢流堰、混凝土楔形体护面板溢流堰、块石笼护面溢流堰、块石加钢筋网护面溢流堰及沥青混凝土面板溢流堰等。按过流消能防冲方式，可为镇墩挑流式溢流堰及顺坡护底式溢流堰。通常，可按有无镇墩区分土石过水围堰型式。

①设镇墩的土石过水围堰。在过水围堰下游坡脚处设混凝土镇墩，其镇墩建基在岩基上，堰体溢流面可视过流单宽流量及溢流面流速的大小，采用混凝土板护面或其他防冲材料护面。若溢流护面采用混凝土板，围堰溢流防冲结构可靠，整体性好，抗冲性能强，可宣泄较大的单宽流量。但镇墩混凝土施工需在基坑积水抽干，覆盖层开挖至基岩后进行，混凝土达到一定强度后才允许回填堰体块石料，对围堰施工干扰大，不仅延误围堰施工工期，还存在一定的风险性。

②无镇墩的土石过水围堰。围堰下游坡脚处无镇墩堰体溢流面可采用混凝土板护面或其他防冲材料护面，过流护面向下游延伸至坡脚处，围堰坡脚覆盖层用混凝土块、钢筋石笼或其他防冲材料保护，其顺流向保护长度可视覆盖层厚度及冲刷深度而定，防冲结构应适应坍塌变形，以保护围堰坡脚处覆盖层不被淘刷。这种型式的过水围堰防冲结构较简单，避免了镇墩施工的干扰，有利于加快过水围堰施工，争取工期。

第二，型式选择。

①设镇墩的土石过水围堰适用于围堰下游坡脚处覆盖层较浅且过水围堰高度较高的上游过水围堰。若围堰过水单宽流量及溢流面流速较大，堰体溢流面宜采用混凝土板护面。反之，可采用钢筋网块石护面。

单宽流量及溢流面流速较大，堰体溢流面采用混凝土板护面，围堰坡脚覆盖层宜采用混凝土块柔性排或钢丝石笼、

②无镇墩的土石过水围堰适用于围堰下游坡脚处覆盖层较厚、且过水围堰高度较低的下游过水围堰。若围堰过水单宽流量及溢流面流速过大可采用大块石体等适应坍塌变形的防冲结构。若围堰过水单宽流量及溢流面流速较小，堰体溢流面可采用钢筋网块石保护，堰脚覆盖层采用抛块石保护。

（2）混凝土版

第一，型式。

常用的为混凝土重力式过水围堰和混凝土拱形过水围堰。

第二，型式选择。

①混凝土重力式过水围堰。混凝土重力式过水围堰通常要求建基在岩基上，对两岸堰基地质条件要求较拱形围堰低。但堰体混凝土量较拱形围堰多。因此，混凝土重力式过水围堰适应于坝址河床较宽、堰基岩体较差工程。

②混凝土拱形过水围堰。混凝土拱形过水围堰较混凝土重力式过水围堰混凝土量减少，但对两岸拱座基础的地质条件要求较高，若拱座基础岩体变形，对拱圈应力影响较大。因此，混凝土拱形过水围堰适用于两岸陡峻的峡谷河床，且两岸基础岩体稳定，岩石完整坚硬的工程。通常以 L/H 代表地形特征（L 为围堰顶的河谷宽度，H 为围堰最大高度），判别采用何种拱形较为经济。一般 $L/H \leq 1.5 \sim 2.0$ 时，适用于拱形；$L/H \leq 3.0 \sim 3.5$ 时，适用于重力拱形；$L/H > 3.5$ 时，不宜采用拱形围堰。拱形围堰也有修建混凝土重力墩作为拱座；也有一端支承于岸坡，另一端支承于坝体或其他建筑物上。因此，拱形过水围堰不仅用于一次断流围堰，也有用于分期围堰，如安康水电站二期上游过水围堰，采用混凝土拱形过水围堰。

（3）结构设计

①混凝土过水围堰过流消能。混凝土过水围堰过流消能型式为挑流、面流、底流消能，常用的为挑流消能和面流消能型式。对大型水利工程混凝土过水围堰的消能型式，尚需经水工模型试验研究比较后确定。

②混凝土过水围堰结构断面设计。混凝土重力式过水围堰结构断面设计计算，可参照混凝土重力式围堰设计；混凝土拱形过水围堰结构断面设计，可参照混凝土拱形围堰设计。在围堰稳定和堰体应力分析时﹒应计算围堰过流工况。围堰堰顶形状应考虑过流及消能要求。

三、导流标准选择

（一）导流标准的作用

导流标准是选定的导流设计流量，导流设计流量是确定导流方案和对导流建筑物进行设计的依据。标准太高，导流建筑物规模大，投资大，标准太低，可能危及建筑物安全。因此，导流标准的确定必须根据实际情况进行。

（二）导流标准确定方法

一般用频率法，也就是，根据工程的等级，确定导流建筑物的级别，根据导流建筑物的级别，确定相应的洪水重现期，作为计算导流设计流量的标准。

（三）标准使用注意问题

确定导流设计标准，不能没有标准而凭主观臆断；但是，由于影响导流设计的因素十分复杂，也不能将规定看成固定的、一成不变的而套用到整个施工过程中去。因此，在导流设计中，既要依据数据，更重要的是，要具体分析工程所在河流的水文特性，工程的特点，导流建筑物的特点等，经过不同方案的比较论证，才能确定出比较合理的导流标准。

四、导流时段的选择

（一）导流时段的概念

它是按照施工导流的各个阶段划分的时段。

（二）时段划分的类型

一般根据河流的水文特性划分为枯水期、中水期、洪水期。

（三）时段划分的目的

因为导流是为主体工程安全、方便、快速施工服务的，它服务的时间越短，标准可以定得越低，工程建设越经济。若尽可能地安排导流建筑物只在枯水期工作，围堰可以避免拦挡汛期洪水，就可以做得比较矮，投资就少；但是，片面追求导流建筑物的经济性，可能影响主体工程施工，因此，要对导流时段进行合理划分。

（四）时段划分的意义

导流时段划分，实质上就是解决主体工程在全部建成的整个施工过程中，枯水期、中水期、洪水期的水流控制问题。也就是确定工程施工顺序、施工期间不同时段宣泄不同导流流量的方式，以及与之相适应的导流建筑物的高程和尺寸。因此，导流时段的确定，与主体建筑物的型式、导流的方式、施工的进度有关。

（五）土石坝的导流时段

土石坝施工过程不允许过水，若不能在一个枯水期建成拦洪，导流时段就要以全年为标准，导流设计流量就应以全年最大洪水的一定频率进行设计。若能让土石坝在汛期到来之前填筑到临时拦洪高程，就可以缩短围堰使用期限，在降低围堰的高度，减少围堰工程量的同时，又可以达到安全度汛，经济合理、快速施工的目的。这种情况下，导流时段的标准可以不包括汛期的施工时段，那么，导流的设计流量即为该时段按某导流标准的设计频率计算的最大流量。

（六）混凝土和浆砌石坝的导流时段

这类坝体允许过水，因此，在洪峰到来时，让未建成的主体工程过水，部分或者全部停止施工，待洪水过后再继续施工。这样，虽然增加一年中的施工时间，但是，由于可以采用较小的导流设计流量，因而节约了导流费用，减少了导流建筑物的工期，可能还是经济的。

（七）导流时段确定注意问题

允许基坑淹没时，导流设计流量确定是一个必须认真对待的问题。因为，不同的导流设计流量，就有不同的年淹没次数，就有不同的年有效施工时间。每淹没一次，就要做一次围堰检修、基坑排水处理、机械设备撤退和复工返回等工作。这些都要花费一定的时间和费用。当选择的标准比较高时，围堰做得高，工程量大，但是，淹没次数少，年有效施工时间长，淹没损失费用少；反之，当选择的标准比较低时，围堰可以做得低，工程量小，但是，淹没的次数多，年有效施工时间短，淹没损失费用多。由此可见，正确选择围堰的设计施工流量，有一个技术经济比较问题，还有一个国家规定的完建期限，是一个必须考虑的重要因素。

第二节 施工截流

一、截流概述

（一）截流

截流工程是指在泄水建筑物接近完工时，即以进占方式自两岸或一岸建筑戗堤（作为围堰的一部分）形成龙口，并将龙口防护起来，待电水建筑物完工以后，在有利时机，全力以最短时间将龙口堵住，截断河流。接着在围堰迎水面投抛防渗材料闭气，水即全部经泄水道下泄。与闭气同时，为使围堰能挡住当时可能出现的洪水，必须立即加高培厚围堰，使之迅速达到相应设计水位的高程以上。

截流工程是整个水利枢纽施工的关键，它的成败直接影响工程进度。如果失败，就可能使进度推迟一年。截流工程的难易程度取决于河道流量、泄水条件，龙口的落差、流速、地形地质条件，材料供应情况及施工方法、施工设备等因素。因此，事先必须经过充分的分析研究，采取适当措施，才能保证截流施工中争取主动，顺利完成截流任务。

（二）截流的重要性

截流若不能按时完成，整个围堰内的主体工程都不能按时开工。若一旦截流失败，造成的影响更大。所以，截流在施工导流中占有十分重要的地位。施工中，一般把截流作为施工过程的关键问题和施工进度中的控制项目。

（三）截流的基本要求

第一，河道截流是大中型水利工程施工中的一个重要环节。截流的成败直接关系到工程的进度和造价，设计方案必须稳妥可靠，保证截流成功。

第二，选择截流方式应充分分析水利学参数、施工条件和难度、抛投物数量和性质，并进行技术经济比较。

①单戗立堵截流简单易行，辅助设备少，较经济，使用于截流落差不超过3.5m。但龙口水流能量相对较大，流速较快，需制备重大抛投物料相对较多。

②双戗和双戗立堵截流，可分担总落差，改善截流难度，使用于落差大于3.5m的河流。

③建造浮桥或栈桥平堵截流，水力学条件相对较好，但造价高，技术复杂，一般不常选用。

④定向爆破、建闸等方式只有在条件特殊、充分论证后方宜选用。

第三，河道截流前，泄水道内围堰或其他障碍物应予清除；因水下部分障碍物不易清除干净，会影响泄流能力增大截流难度，设计中宜留有余地。

第四，戗堤轴线应根据河床和两岸地形、地质、交通条件、主流流向、通航、过木要求等因素综合分析选定，戗堤宜为围堰堰体组成部分。

第五，确定龙口宽度及位置应考虑：

①龙口工程量小，应保证预进占段裹头不招致冲刷破坏。

②河床水深较浅、覆盖层较薄或基岩部位，有利于截流工程施工。

第六，若龙口段河床覆盖层抗冲能力低，可预先在龙口抛石或抛铅丝笼护底，增大糙率为抗冲能力，减少合龙工作量，降低截流难度。护底范围通过水工模型试验或参照类似工程经验拟定。一般立堵截流的护底长度与龙口水跃特性有关，轴线下游护底长度可按水深的 3 ~ 4 倍取值，轴线以上可按最大水深的两倍取值。护底顶面高程在分析水力学条件、流速、能量等参数，和护底材料后确定，护底宽度根据最大可能冲刷宽度加一定富裕值确定。

第七，截流抛投材料选择原则：

①预进占段填料尽可能利用开挖渣料和当地天然料。

②龙口段抛投的大块石、石串或混凝土四面体等人工制备材料数量应慎重研究确定。

③截流备料总量应根据截流料物堆存、运输条件、可能流失量及戗堤沉陷等因素综合分析，并留适当备用量。

④戗堤抛投物应具有较强的透水能力，且易于起吊运输。

第八，重要截流工程的截流设计应通过水工模型试验验证并提出截流期间相应的观测设施。

（四）截流的相关概念和过程

①进占：截流一般是先从河床的一侧或者两侧向河中填筑截流戗堤，这种向水中筑堤的工作叫进占；

②龙口：戗堤填筑到一定程度，河床渐渐被缩窄，接近最后时，便形成一个流速较大的临时的过水缺口，这个缺口叫作龙口；

③合龙（截流）：封堵龙口的工作叫作合龙，也称截流；

④裹头：在合龙开始之前，为了防止龙口处的河床或者戗堤两端被高速水流冲毁，要在龙口处和戗堤端头增设防冲设施予以加固，这项工作称为裹头；

⑤闭气：合龙以后，戗堤本身是漏水的，因此，要在迎水面设置防渗设施，在戗堤全线设置防渗设施的工作就叫闭气；

⑥截流过程：从上述相关概念可以看出；整个截流过程就是抢筑戗堤，先后过程包括戗堤的进占、裹头、合龙、闭气四个步骤。

二、截流材料

截流时用什么样的材料，取决于截流时可能发生的流速大小，工地上起重和运输能力的大小。过去，在施工截流中，在堤坝溃决抢堵时，常用梢料、麻袋、草包、抛石、石笼、竹笼等。近年来，国内外在大江大河的截流中，抛石是基本的材料。此外，当截流水力条件比较差时，可采用混凝土预制的六面体、四面体、四脚体，预制钢筋混凝土构架等。在截流中，合理选择截流材料的尺寸、重量，对于截流的成败和截流费用的大小，都将产生很大的影响。材料的尺寸和重量主要取决于截流合龙时的流速。

三、截流方法

（一）投抛块料截流施工方法

投抛块料截流是目前国内外最常用的截流方法，适用于各种情况，特别适用于大流量、大落差的河道上的截流。该法是在龙口投抛石块或人工块体（混凝土方块、混凝土四面体、铅丝笼、竹笼、柳石枕、串石等）堵截水流，迫使河水经导流建筑物下泄。采用投抛块料截流，按不同的投抛合龙方法，截流可分为平堵、立堵、混合堵三种方法。

1. 平堵

先在龙口建造浮桥或栈桥，由自卸汽车或其他运输工具运来块料，沿龙口前沿投抛，先下小料，随着流速增加，逐渐投抛大块料，使堆筑戗堤均匀地在水下上升，直至高出水面。一般来说，平堵比立堵法的单宽流量小，最大流速也小，水流条件较好，可以减小对龙口基床的冲刷。所以特别适用于易冲刷的地基上截流。由于平堵架设浮桥及栈桥，对机械化施工有利，因而投抛强度大，容易截流施工；但在深水高速的情况下架设浮桥、建造栈桥是比较困难的，因此限制了它的采用。

2. 立堵

用自卸汽车或其他运输工具运来块料，以端进法投抛（从龙口两端或一端下料）进占戗堤，直至截断河床。一般说，立堵在截流过程中所发生的最大流速，单宽流量都较大，加以所生成的楔形水流和下游形成的立轴旋涡，对龙口及龙口下游河床将产生严重冲刷，因此不适用于地质不好的河道上截流，否则需要对河床作妥善防护。由于端进法施工的工作前线短，限制了投抛强度。有时为了施工交通要求特意加大戗堤顶宽，这又大大增加了投抛材料的消耗。但是立堵法截流，无须架设浮桥或栈桥，简化了截流准备工作，因而赢得了时间，节约了资金。所以，我国黄河上许多水利工程（岩质河床）都采用了这种截流方法。

3. 混合堵

这是采用立堵结合平堵的方法。有先平堵后立堵和先立堵后平堵两种。用得比较多的是首先从龙口两端下料保护戗堤头部，同时进行护底工程并抬高龙口底槛高程到一定高度，最后用立堵截断河流。平抛可以采用船抛，然后用汽车立堵截流。新洋港（土质河床）就是采用这种方法截流的。

（二）爆破截流施工方法

1.定向爆破截流

如果坝址处于峡谷地区，而且岩石坚硬，交通不便，岸坡陡峻，缺乏运输设备，可利用定向爆破截流。我国碧口水电站的截流就利用左岸陡峻岸坡设计设置了三个药包，一次定向爆破成功，堆筑方量 6800m³，堆积高度平均 10m，封堵了预留的 20m 宽龙口，有效抛掷率为 68%。

2.预制混凝土爆破体截流

为了在合龙关键时刻，瞬间抛入龙口大量材料封闭龙口，除用定向爆破岩石外，还可在河床上预先浇筑巨大的混凝土块体，合龙时将其支撑体用爆破法炸断，使块体落入水中，将龙口封闭。

应当指出，采用爆破截流，虽然可以利用瞬时的巨大抛投强度截断水流，但因瞬间抛投强度很大，材料入水时会产生很大的挤压波，巨大的波浪可能使已修好的戗堤遭到破坏，并会造成下游河道瞬时断流。除此之外，定向爆破岩石时，还需校核个别飞石距离、空气冲击波和地震的安全影响距离。

（三）下闸截流施工方法

人工泄水道的截流，常在泄水道中预先修建闸墩，最后采用下闸截流。

除以上方法外，还有一些特殊的截流合龙方法，如木笼、钢板桩、草土、杩搓堰截流、埽工截流、水力冲填法截流等。

综上所述，截流方式虽多，但通常多采用立堵、平堵或综合截流方式。截流设计中，应充分考虑影响截流方式选择的条件，拟定几种可行的截流方式，通过对水文气象条件、地形地质条件、综合利用条件、设备供应条件、经济指标等进行全面分析，进行技术比较，从中选定最优方案。

四、截流工程施工设计

（一）截流时间和设计流量的确定

1.截流时间的选择

截流时间应根据枢纽工程施工控制性进度计划或总进度计划决定，至于时段选择，一般应考虑以下原则，经过全面分析比较而定。

①尽可能在较小流量时截流，但必须全面考虑河道水文特性和截流应完成的各项控制工程量，合理使用枯水期。

②对于具有通航、灌溉、供水、过木等特殊要求的河道，应全面兼顾

这些要求，尽量使截流对河道的综合利用的影响最小。

③有冰冻河流，一般不在流冰期截流，避免截流和闭气工作复杂化，如特殊情况必须在流冰期截流时应有充分论证，并有周密的安全措施。

2.截流设计流量的确定

一般设计流量按频率法确定，根据已选定截流时段，采用该时段内一定频率的流量作为设计流量。

除频率法以外，也有不少工程采用实测资料分析法，当水文资料系列较长，河道水文特性稳定时，这种方法可加以应用。至于预报法，因当前的可靠预报期较短，一般不能在初设中应用，但在截流前夕有可能根据预报流量适当加以修改设计。

在大型工程截流设计中，通常多以选取一个流量为主，再考虑较大、较小流量出现的可能性，用几个流量进行截流计算和模型试验研究。对于有深槽和浅滩的河道，如分流建筑物布置在浅滩上，对截流的不利条件，要特别进行研究。

（二）截流戗堤轴线和龙口位置的选择方法

1.戗堤轴线位置选择

通常截流戗堤是土石横向围堰的一部分，应结合围堰结构和围堰布置统一进行考虑。单戗截流的戗堤可布置在上游围堰或下游围堰中非防渗体的位置。如果戗堤靠近防渗体，在二者之间应留足闭气料或过渡带的厚度，同时应防止合龙时的流失料进入防渗体部位，以免在防渗体底部形成集中漏水通道。为了在合龙后能迅速闭气并进行基坑抽水，一般情况下将单戗堤布置在上游围堰内。

当采用双戗多戗截流时，戗堤间距满足一定要求，才能发挥每条戗堤分担落差的作用。如果围堰底宽不太大，上、下游围堰间距也不太大，可将两条戗堤分别布置在上、下游围堰内，大多数双戗截流工程都是这样做的。如果围堰底宽很大，上、下游间距也很大，可考虑将双戗布置在一个围堰内。当采用多戗时，一个围堰内通常也需布置两条戗堤，此时，两戗堤间均应有适当间距。

在采用土石围堰的一般情况下，均将截戗堤布置在围堰范围内。但是也有戗堤不与围堰相结合的，戗堤轴线位置选择应与龙口位置相一致。如果围堰所在处的地质、地形条件不利于布置戗堤和龙口，而戗堤工程量又很小，则可能将截流戗堤布置在围堰以外。龚嘴工程的截流戗就布置在上、下游围堰之间，而不与围堰相结合。由于这种戗堤多数均需拆除，因此，采用这种布置时应有专门论证。平堵截流戗堤轴线的位置，应考虑便于抛石桥的架设。

2. 龙口位置选择

选择龙口位置时，应着重考虑地质、地形条件及水力条件。从地质条件来看，龙口应尽量选在河床抗冲刷能力强的地方，如岩基裸露或覆盖层较薄处，这样可避免合龙过程中的过大冲刷，防止戗堤突然塌方失事。从地形条件来看，龙口河底不宜有顺流流向陡坡和深坑。如果龙口能选在底部基岩面粗糙、参差不齐的地方，则有利于抛投料的稳定。另外，龙口周围应有比较宽阔的场地，离料场和特殊截流材料堆场的距离近，便于布置交通道路和组织高强度施工，这一点也是十分重要的。从水力条件来看，对于有通航要求的河流，预留龙口一般均布置在深槽主航道处，有利于合龙前的通航，至于对龙口的上下游水流条件的要求，以往的工程设计中有两种不同的见解：一种是认为龙口应布置在浅滩，并尽量造成水流进出龙口折冲和碰撞，以增大附加壅水作用；另一种见解是认为进出龙口的水流应平直顺畅，因此可将龙口设在深槽中。实际上，这两种布置各有利弊，前者进口处的强烈侧向水流对戗堤端部抛投料的稳定不利，由龙口下泄的折冲水流易对下游河床和河岸造成冲刷。后者的主要问题是合龙段戗堤高度大，进占速度慢，而且深槽中水流集中，不易创造较好的分流条件。

3. 龙口宽度

龙口宽度主要根据水力计算而定，对于通航河流，决定龙口宽度时应着重考虑通航要求，对于无通航要求的河流，主要考虑戗堤预进占所使用的材料及合龙工程量。形成预留龙口前，通常均使用一般石渣进占，根据其抗冲流速可计算出相应的龙口宽度。另外，合龙是高强度施工，一般合龙时间不宜过长，工程量不宜过大。当此要求与预进占材料允许的束窄度有矛盾时，也可考虑提前使用部分大石块，或者尽量提前分流。

4. 龙口护底

对于非岩基河床，当覆盖层较深，抗冲能力小，截流过程中为防止覆盖层被冲刷，一般在整个龙口部位或困难区段进行平抛护底，防止截流料物流失量过大。对于岩基河床，有时为了减轻截流难度，增大河床糙率，也抛投一些料物护底并形成拦石坎。计算最大块体时应按护底条件选择稳定系数K。通过护底还可以增加戗堤端部下游坡脚的稳定，防止塌坡等事故的发生。对护底的结构型式，曾比较了块石护底，块石与混凝土块组合护底及混凝土块拦石坎护底三个方案。块石护底主要用粒径 0.4 ～ 1.0m 的块石，模型试验表明，此方案护底下面的覆盖层有淘刷，护底结构本身也不稳定；组合护底是由 0.4 ～ 0.7m 的块石和 15t 混凝土四面体组成，这种组合结构是稳定的，但水下抛投工程量大。拦石坎护底是在龙口困难区段一定范围内预抛大型块体形成潜坝，从而起到拦阻截流抛投料物流失的作用。拦石坎护底，工程量较小而效果显著，影响航运较小，且施工简单，经比较选用钢架石笼与混凝土预制块的拦石坎护底。在龙口 120m 困难段范围内，以 17t 混凝土五面体在龙口上侧形成拦石坎，然后用石笼抛投下游侧形成压脚坎，用以保护拦石坎。龙口护底长度视截流方式而定对平堵截流，一般经验认为紊流段均需防护，护底长度可取相应于最大流速时最大水深的 3 倍。

龙口护底是一种保护覆盖层免受冲刷，降低截流难度，提高抛投料稳定性及防止戗堤头部坍塌的有效的措施。

（三）截流泄水道的设计

截流泄水道是指在戗堤合龙时水流通过的地方，例如束窄河槽、明渠、涵洞、隧洞、底孔和堰顶缺口等均为泄水道。截流泄水道的过水条件与截流难度关系很大，应该尽量创造良好的泄水条件，减少截流难度，平面布置应平顺，控制断面尽量避免过大的侧收缩、回流。弯道半径亦需适当，以减少不必要的损失。泄水道的泄水能力、尺寸、高度应与截流难度进行综合比较选定。在截流有充分把握的条件下尽量减少泄水道工程量，降低造价。在截流条件不利、难度大的情况下，可加大泄水道尺寸或降低高程，以减少截流难度。泄水道计算中应考虑沿程损失、弯道损失、局部损失。弯道损失可单独计算，亦可纳入综合糙率内。如泄水道为隧洞，截流时其流态以明渠为宜，应避免出现半压力流态。在截流难度大或条件较复杂的泄水道，则应通过模型试验核定截流水头。

泄水道内围堰应拆除干净，少留阻水埂子。如估计来不及或无法拆除干净时，应考虑其对截流水头的影响。如截流过程中，由于冲刷因素有可能使下游水位降低，增加截流水头时，则在计算和试验时应予考虑。

五、截流工程施工作业

（一）截流材料和备料量

截流材料的选择，主要取决于截流时可能的流速及工地开挖、起重、运输设备的能力，一般应尽可能就地取材。当截流水力条件差时还须使用人工块体，如混凝土六面体、四面体四脚体及钢筋混凝土构架等。

为确保截流既安全顺利，又经济合理，正确计算截流材料的备料量是十分必要的。备料量通常按设计的戗堤体积再增加一定裕度，主要是考虑到堆存、运输中的损失，水流冲失，戗堤沉陷以及可能发生比设计更坏的水力条件而预留的备用量等。但是据不完全统计，国内外许多工程的截流材料备料量均超过实用量，少者多余50%，多则达400%，尤其是人工块体大量多余。

造成截流材料备料量过大的原因，主要是：①截流模型试验的推荐值本身就包含了一定安全裕度，截流设计提出的备料量又增加了一定富裕，而施工单位在备料时往往在此基础上又留有余地；②水下地形不太准确，在计算戗堤体积时，从安全角度考虑取偏大值；③设计截流流量通常大于实际出现的流量等。如此层层加码，处处考虑安全富裕，所以即使像青铜峡工程的截流流量，实际需求大于设计，仍然出现备料量比实际用量多78.6%的情况。因此，如何正确估计截流材料的备用量，是一个很重要的课题。当然，备料恰如其分，一般不大可能。需留有余地。但对剩余材料，应预作筹划，安排好用途，特别像四面体等人工材料，如果大量弃置，既浪费，又影响环境，可考虑用于护岸或其他河道整治工程。

（二）截流日期与设计流量的选定

截流日期的选择，不仅影响到截流本身能否顺利进行，而且直接影响到工程施工布局。

截流应选在枯水期进行，因为此时流量小，不仅断流容易，耗材少而且有利于围堰的加高培厚。至于截流选在枯水期的什么时段，首先要保证截流以后全年挡水围堰能在汛前修建到拦洪水位以上，若是作用一个枯水期的围堰，应保证基坑内的主体工程在汛期到来以前，修建到拦洪水位以上（土坝）或常水位以上（混凝土坝等可以过水的建筑物）。因此，应尽量安排在枯水期的前期，使截流以后有足够时间来完成基坑内的工作。对于北方河道，截流还应避开冰凌时期，因冰凌会阻塞龙口，影响截流进行，而且截流后，上游大量冰块堆积也将严重影响闭气工作。一般来说南方河流最好不迟于12月底，北方河流最好不迟于1月底。截流前必须充分及时地做好准备工作。如泄水建筑物建成可以过水，准备好了截流材料，设备及其他截流设施等。不能贸然从事，以免使截流工作陷于被动。

截流流量是截流设计的依据，选择不当，或使截流规模（龙口尺寸、投抛料尺寸或数量等等）过大造成浪费；或规模过小，造成被动，甚至功亏一篑，最后拖延工期，影响整个施工布局。所以在选择截流流量时，应该慎重。

截流设计流量的选择应根据截流计算任务而定。对于确定龙口尺寸，及截流闭气后围堰应该立即修建到挡水高程，一般采用该月5%频率最大瞬时流量为设计流量。对于决定截流材料尺寸、确定截流各项水力参数的设计流量，由于合龙的时间较短，截流时间又可在规定的时限内，根据流量变化情况进行适当调整，所以不必采用过高的标准，一般采用5%～10%频率的月或旬平均流量。这种方法对于大江河（如长江、黄河）是正确的，因为这些河道流域面积大，因降雨引起的流量变化不大。而中小河道，枯水期的降雨有时也会引起涨水，流量加大，但洪峰历时短，最好避开这个时段。因此，采用月或旬平均流量（包含了涨水的情况）作为设计流量就偏大了。在此情况下可以采用下述方法确定设计流量。先选定几个流量值，然后在历年实测水文资料中（10～20年），统计出在截流期中小于此流量的持续天数等于或大于截流工期的出现次数。如果选用大流量，统计出的出现次数就多，截流可靠性大；反之，出现次数少，截流可靠性差。所以可以根据资料的可靠程度、截流的安全要求及经济上的合理，从中选出一个流量作为截流设计流量。

第三节　基坑排水

一、基坑排水概述

（一）排水目的

在围堰合龙闭气以后，排除基坑内的存水和不断流入基坑的各种渗水，以便使基坑保持干燥状态，为基坑开挖、地基处理、主体工程正常施工创造有利条件。

（二）排水分类及水的来源

按排水的时间和性质不同，一般分两种排水：

1. 初期排水

初期排水是围堰合龙闭气后接着进行的排水。水的来源是修建围堰时基坑内的积水、渗水、雨天的降水。

2. 经常排水

经常排水是在基坑开挖和主体工程施工过程中经常进行的排水工作。水的来源是基坑内的渗水、雨天的降水，主体工程施工的废水等。

3. 排水的基本方法

基坑排水的方法有两种：明式排水法（明沟排水法）、暗式排水法（人工降低地下水位法）。

二、初期排水

（一）排水能力估算

选择排水设备，主要根据需要排水的能力，而排水能力的大小又要考虑排水时间安排的长短和施工条件等因素。

（二）排水时间选择

排水时间的选择受水面下降速度的限制，而水面下降速度要考虑围堰的型式、基坑土壤的特性，基坑内的水深等情况，水面下降慢，影响基坑开挖的开工时间；水面下降快，围堰或者基坑的边坡中的水压力变化大，容易引起塌坡。因此，水面下降速度一般限制在每昼夜 0.5 ~ 1.0m 的范围内。当基坑内的水深已知，水面下降速度基本确立的情况下，初期排水所需要的时间也就确定了。

（三）排水设备和排水方式

根据初期排水要求的能力，可以确定所需要的排水设备的容量。排水设备一般用普通的离心水泵或者潜水泵。为了便于组合，方便运转，一般选择容量不同的水泵。排水泵站一般分固定式和浮动式两种，浮动式泵站可以随着水位的变化而改变高程，比较灵活，若采用固定式，当基坑内的水深比较大的时候，可以采取，将水泵逐级下放到基坑内，在不同高程的各个平台上，进行抽水。

三、经常性排水

主体工程在围堰内正常施工的情况下，围堰内外水位差很大，外面的水会向基坑内渗透，雨天的雨水，施工用的废水，都需要及时排除，否则会影响主体工程的正常施工。因此经常性排水是不可缺少的工作内容。经常性排水一般采取明式排水法或者暗式排水法（人工降低地下水位的方法）。

（一）明式排水法

1.明式排水的概念

指在基坑开挖和建筑物施工过程中，在基坑内布设排水明沟、设置集水井，抽水泵站，而形成的一套排水系统。

2.排水系统的布置

（1）基坑开挖排水系统

该系统的布置原则是：不能妨碍开挖和运输，一般布置方法是：为了两侧出土方便，在基坑的中线部位布置排水干沟，而且要随着基坑开挖进度，逐渐加深排水沟，干沟深度一般保持 1～1.5m，支沟 0.3～0.5 米，集水井的底部要低于干沟的沟底。

（2）建筑物施工排水系统

排水系统一般布置在基坑的四周，排水沟布置在建筑物轮廓线的外侧，为了不影响基坑边坡稳定，排水沟距离基坑边坡坡脚 0.3～0.5m。

（3）排水沟布置

内容包括断面尺寸的大小，水沟边坡的陡缓、水沟底坡的大小等，主要根据排水量的大小来决定。

（4）集水井布置

一般布置在建筑物轮廓线以外比较低的地方，集水井、干沟与建筑物之间也应保持适当距离，原则上不能影响建筑物施工和施工过程中材料的堆放、运输等。

（二）暗式排水法（人工降低地下水位法）

1.基本概念

在基坑开挖之前，在基坑周围钻设滤水管或滤水井，在基坑开挖和建筑物施工过程中，从井管中不断抽水，以使基坑内的土壤始终保持干燥状态的做法叫暗式排水法。

2.暗式排水的意义

在细沙、粉沙、亚沙土地基上开挖基坑，若地下水位比较高时，随着基坑底面的下降，渗透水位差会越来越大，渗透压力也必然越来越大，因此容易产生冒出流沙现象，一边开挖基坑，一边冒出流沙，开挖非常困难，严重时，会出现滑坡，甚至危及临近结构物的安全和施工的安全。因此，人工降低地下水位是必要的。常用的暗式排水法有管井法和井点法两种。

3.管井排水法

（1）基本原理

在基坑的周围钻造一些管井，管井的内径一般 20 ～ 40cm，地下水在重力作用下，流入井中，然后，用水泵进行抽排。抽水泵有普通离心泵、潜水泵、深井泵等，可根据水泵的不同性能和井管的具体情况选择。

（2）管井布置

管井一般布置在基坑的外围或者基坑边坡的中部，管井的间距应视土层渗透系数的大小。而正渗透系数小的，间距小一些，渗透系数大的，间距大一些，一般为 15 ～ 25m。

（3）管井组成

管井施工方法就是农村打机井的方法。管井包括井管、外围滤料、封底填料三部分。井管无疑是最重要的组成部分，它对井的出水量和可靠性影响很大，要求它过水能力大，进入泥沙少，有足够的强度和耐久性。因此，一般用无沙混凝土预制管，也有的用钢制管。

（4）管井施工

管井施工多用钻井法和射水法。钻井法先下套管，再下井管，然后一边填滤料，一边拔出套管。射水法是用专门的水枪冲孔，井管随着冲孔下沉。这种方法主要是根据不同的土壤性质选择不同的射水压力。

（5）井点排水法

井点排水法分为轻型井点、喷射井点、电渗井点三种类型，它们都适用雨渗透系数比较小的土层排水，其渗透系数都在 0.1 ～ 50m/d。但是它们的组成比较复杂，如轻型井点就有井点管、集水总管、普通离心式水泵、真空泵、集水箱等设备组成。当基坑比较深，地下水位比较高时，还要采用多级井点，因此需要设备多，工期长，基坑开挖量大，一般不经济。

第五节 围堰拆除

围堰是临时建筑物,导流任务完成后,应按设计要求拆除,以免影响永久建筑物的施工及运转。如在采用分段围堰法导流时,第一期横向围堰的拆除,如果不合要求,势必会增加上、下游水位差,从而增加截流工作的难度,增大截流料物的质量及数量。

土石围堰相对来说断面较大,拆除工作一般是在运行期限的最后一个汛期过后,随上游水位的下降,逐层拆除围堰的背水坡和水上部分。但必须保证依次拆除后所残留的断面能继续挡水和维持稳定,以免发生安全事故,使基坑过早淹没,影响施工。土石围堰的拆除一般可用挖土机或爆破开挖等方法。

钢板桩格型围堰的拆除,首先要用抓斗或吸石器将填料清除,然后用拔桩机起拔钢板桩。混凝土围堰的拆除,一般只能用爆破法炸除,但应注意,必须使主体建筑物或其他设施不受爆破危害。

一、控制爆破

控制爆破是为达到一定预期目的的爆破。如定向爆破、预裂爆破、光面爆破、岩塞爆破、微差控制爆破、拆除爆破、静态爆破、燃烧剂爆破等。

(一)定向爆破

定向爆破是一种加强抛掷爆破技术,它利用炸药爆炸能量的作用,在一定的条件下,可将一定数量的土岩经破碎后按预定的方向抛掷到预定地点,形成具有一定质量和形状的建筑物或开挖成一定断面的渠道。

在水利水电工程建设中,可以用定向爆破技术修筑土石坝、围堰、截流戗堤以及开挖渠道、溢洪道等。在一定条件下,采用定向爆破方法修建上述建筑物,较之用常规方法可缩短施工工期、节约劳力和资金。

定向爆破主要是使抛掷爆破最小抵抗线方向符合预定的抛掷方向,并且在最小抵抗线方向事先造成定向坑,利用空穴聚能效应集中抛掷,这是保证定向的主要手段。造成定向坑的方法,在大多数情况下,都是利用辅助药包,让它在主药包起爆前先爆,形成一个起走向坑作用的爆破漏斗。如果地形有天然的凹面可以利用，也可不用辅助药包。

（二）预列爆破

进行石方开挖时，在主爆区爆破之前沿设计轮廓线先爆出一条具有一定宽度的贯穿裂缝，以缓冲、反射开挖爆破的振动波，控制其对保留岩体的破坏影响，使之获得较平整的开挖轮廓，此种爆破技术为预裂爆破。

在水利水电工程施工中，预裂爆破不仅在垂直、倾斜开挖壁面上得到广泛应用；在规则的曲面、扭曲面以及水平建基面等也得到应用。

1. 预裂爆破要求

①预裂缝要贯通且在地表有一定开裂宽度。对于中等坚硬岩石，缝宽不宜小于 1.0cm；坚硬岩石缝宽应达到 0.5cm 左右；但在松软岩石上缝宽达到 1.0cm 以上时，减振作用并未显著提高，应多做些现场试验，以利总结经验。

②预裂面开挖后的不平整度不宜大于 15cm。预裂面不平整度通常是指预裂孔所形成之预裂面的凹凸程度，它是衡量钻孔和爆破参数合理性的重要指标，可依此验证、调整设计数据。

③预裂面上的炮孔痕迹保留率应不低于 80%，且炮孔附近岩石不出现严重的爆破裂隙。

2. 预裂爆破主要技术措施

①炮孔直径一般为 50 ~ 200mm，对深孔宜采用较大的孔径。

②炮孔间距宜为孔径的 8 ~ 12 倍，坚硬岩石取小值。

③不耦合系数（炮孔直径与药卷直径的比值）建议取 2 ~ 4，坚硬岩石取小值。

④线装药密度一般取 250 ~ 400g/m。

⑤药包结构形式，目前较多的是将药卷分散绑扎在传爆线上。分散药卷的相邻间距不宜大于 50cm，且不大于药卷的殉爆距离。考虑到孔底的夹制作用较大，底部药包应加强，约为线装药密度的 2 ~ 5 倍。

⑥装药时距孔口 1m 左右的深度内不要装药，可用粗沙填塞，不必捣实。填塞段过短，容易形成漏斗，过长则不能出现裂缝。

（三）光面爆破

光面爆破也是控制开挖轮廓的爆破方法之一。它与预裂爆破的不同之处在于光面爆孔的爆破是在开挖主爆孔的药包爆破之后进行。它可以使爆裂面光滑平顺，超欠挖均很少，能近似形成设计轮廓要求的爆破。光面爆破一般多用于地下工程的开挖，露天开挖工程中用得比较少，只是在一些有特殊要求或者条件有利的地方使用。

光面爆破的要领是孔径小、孔距密、装药少、同时爆。

（四）岩塞爆破

岩塞爆破系一种水下控制爆破。当在已成水库或天然湖泊内取水发电、灌溉、供水或泄洪时，为修建隧洞的取水工程，避免在深水中建造围堰，采用岩塞爆破是一种经济而有效的方法。它的施工特点是先从引水隧洞出口开挖，直到掌子面到达库底或湖底邻近，然后预留一定厚度的岩塞，待隧洞和进口控制闸门井全部建完后，一次将岩塞炸除，使隧洞和水库连通。

岩塞的布置应根据隧洞的使用要求、地形、地质因素来确定。岩塞宜选择在覆盖层薄、岩石坚硬完整，且层面与进口中线交角大的部位，特别应避开节理、裂隙、构造发育的部位。岩塞的开口尺寸应满足进水流量的要求。岩塞厚度应为开口直径的 1 ~ 1.5 倍。太厚难以一次爆通，太薄则不安全。

水下岩塞爆破装药量计算，应考虑岩塞上静水压力的阻抗，用药量应比常规抛掷爆破药量增大 20% ~ 30%。为了控制进口形状，岩塞周边采用预裂爆破以减震防裂。

（五）微差控制爆破

微差控制爆破是一种应用特制的毫秒延期雷管，以毫秒级时差顺序起爆各个（组）药包的爆破技术。其原理是把普通齐发爆破的总炸药能量分割为多数较小的能量，采取合理的装药结构，最佳的微差间隔时间和起爆顺序，为每个药包创造多面临空条件，将齐发大最药包产生的地震波变成一长串小幅值的地震波，同时各药包产生的地震波相互干涉，从而降低地震效应，把爆破震动控制在给定水平之下。爆破布孔和起爆顺序有成排顺序式、排内间隔式（又称"V"形式）、对角式、波浪式、径向式等，或由它组合变换成的其他形式，其中以对角式效果最好，成排顺序式最差。采用对角式时，应使实际孔距与抵抗线比大于2.5以上，对软石可为 6 ~ 8；相同段爆破孔数根据现场情况和一次起爆的允许炸药量而确定装药结构，一般采用空气间隔装药或孔底留空气柱的方式，所留空气间隔的长度通常为药柱长度的20% ~ 35%。间隔装药可用导爆索或电雷管齐发或孔内微差引爆，后者能更有效降震，爆破采用毫秒延迟雷管。最佳微差间隔时间一般取（3 ~ 6）W，刚性大的岩石取下限。

一般相邻两炮孔爆破时间间隔宜控制在 20 ~ 30ms，不宜过大或过小；爆破网路宜采取可靠的导爆索与继爆管相结合的爆破网路，每孔至少一根导爆索，确保安全起爆；非电爆管网路要设复线，孔内线脚要设有保护措施，避免装填时把线脚拉断；导爆索网路联结要注意搭接长度、拐弯角度、接头方向，并捆扎牢固，不得松动。

微差控制爆破能有效地控制爆破冲击波、震动、噪声和飞石；操作简单、安全、迅速；可近火爆破而不造成伤害；破碎程度好，可提高爆破效率和技术经济效益。但该网路设计较为复杂，需使用特殊的毫秒延期雷管及导爆材料。微差控制爆破适用于开挖岩石地基、挖掘沟渠、拆除建筑物和基础，以及用于工程量与爆破面积较大，对截面形状、规格、减震、飞石、边坡后面有严格要求的控制爆破工程。

第六章 混凝土坝工程施工

第一节 施工组织计划

混凝土坝按结构特点可分为重力坝、大头坝和拱坝；按施工特点可分为常态混凝土坝、碾压混凝土坝和装配式混凝土坝；按是否通过坝顶溢流可分为非溢流混凝土坝和溢流混凝土坝。混凝土坝泄水方式除坝顶溢流外，还可在坝身中部设泄水孔（中孔）以便洪水来临前快速预泄，或在坝身底部设泄水孔（底孔）用以降低库水位或进行冲沙。

混凝土坝的主要优点是：①可以通过坝身泄水或取水，省去专设的泄水和取水建筑物；②施工导流和施工度汛比较容易；③枢纽布置较土石坝紧凑，便于运用和管理；④当遇偶然事故时，即使非溢流坝顶漫流，也不一定失事，安全性较好。

其主要缺点是：①对地基要求比土石坝高，混凝土坝通常建在地质条件较好的岩基上，其中混凝土拱坝对坝基和两岸岸坡岩体强度、刚度、整体性的要求更高，同时要求河谷狭窄对称，以充分发挥拱的作用（当坝高较低时，通过采取必要的结构和工程措施，也可在土基上修建混凝土坝，但技术比较复杂）；②混凝土坝施工中需要温控设施，甚至在炎热气候情况下不能浇筑混凝土；③利用当地材料较土石坝少。

拱坝要求地基岩石坚固完整、质地均匀，有足够的强度、不透水性和耐久性，没有不利的断裂构造和软弱夹层，特别是坝肩岩体，在拱端力系和绕坝渗流等作用下要能保持稳定，不产生过大的变形。拱坝地基一般需做工程处理，通常对坝基和坝肩做帷幕灌浆、固结灌浆，设置排水孔幕，如有断层破碎带或软弱夹层等地质构造，需做加固处理。

混凝土坝的安全可靠性计算主要体现在两个方面：①坝体沿坝基面、两岸岸坡坝座或沿岩体中软弱构造面的滑动稳定有足够的可靠度；②坝体各部分的强度有足够的保证。

现代混凝土坝的主要标志是：①建立了较实用的坝体应力分析方法；②采用较合理的坝体构造；③提出了较完整的施工方法和采用了相应的施工设备；④制定了较完善的控制混凝土开裂措施；⑤用安全系数来协调安全与经济的关系等。全世界已建的坝高在百米以上的大坝中，大部分是混凝土坝。现在由于施工技术和机械化有所提高，土石坝的建设技术得到了发展，混凝土坝的比重有所下降，但随着混凝土坝设计理念的不断创新，特别是碾压混凝土筑坝技术的发展，混凝土坝建设将开创更广阔的前景。

一、施工道路布置

混凝土水平运输采用自卸汽车运输，结合工程地形及各部位混凝土施工的具体情况，混凝土水平运输路线主要有以下两种：

第一种：右岸下游混凝土拌和系统—下游道路—基坑，运距600m，该道路自基坑混凝土填筑施工时开始填筑，填筑至高程1285m，完成高程1285m以下混凝土浇筑后，清除该道路后进行护坦、护坡及消力池施工。

第二种：右岸下游混凝土拌和系统—右上坝公路，运距600～1000m，顺延高程逐渐增大方向边填筑边修路，完成1285～1319.20m高程填筑任务，本道路为本主体工程混凝土施工主干道。

二、负压溜槽布置

结合工程地形情况，大坝混凝土垂直入仓方式采用负压溜槽。考虑到混凝土拌和系统布置在左岸，故将负压溜槽布置在左坝肩1319.20m拱端上游侧。混凝土运输距离近，且不受汛期下游河道涨水道路中断影响。负压溜槽主要担负1311～1319.20m高程碾压混凝土施工。

三、施工用水

大坝混凝土施工用水：根据现场条件，在右岸布置1座200m³水池，水池为钢筋混凝土结构，布设φ100mm钢管作为保证大坝混凝土浇筑、灌浆、通水冷却施工等用水。水源主要以上游围堰通过机械抽水引至右岸200m³高位水池为主，右岸上下游冲沟以2根φ40mm管将山泉自流水引至高位水池为辅。

沙石生产系统和混凝土拌和系统用水：从右岸 200m³ 高位水池通过 φ80mm 管引至拌和站、φ40 管引至沙石系统等。

生活区用水：在大坝右岸坝肩平台上方，建造一个容量为 45m³ 的钢筋混凝土水池作为生活用水池，同时也作为大坝施工用水备用水池。

四、施工用电

由业主提供的生活营地下右侧山包 1312m 高程平台低压配电柜下口接线端，搭接电缆至大坝施工部位、拌和系统部位，以保证大坝混凝土浇筑等施工用电需求。

沙石生产系统用电：采用沙石生产系统山体侧取 380V 电源（专用 1 台 630kVA 变压器），供沙石生产系统半成品和成品加工用电、生活用水等。

生活区用电：采用大坝右岸生活营地上方山包 1312m 高程平台配电所所取 380V 电源（专用 1 台 430kVA 变压器），供生活用电。

五、施工程序

混凝土总体施工程序如下：

施工准备→坝基垫层混凝土浇筑→大坝坝体混凝土浇筑→溢流坝段闸墩及溢流面混凝土浇筑→消力池混凝土浇筑→门槽埋件及二期混凝土浇筑→坝顶混凝土浇筑→尾工清理→竣工验收。

六、主要施工工艺流程

主要施工工艺流程如下：

施工准备→混凝土配制→混凝土运输→混凝土卸料→摊平→浇捣及碾压→切缝→养护进入下一个循环。

七、施工准备

（一）混凝土原材料和配合比

对原材料质量进行检测，如下：

1. 水泥

按各建筑物部位施工图纸的要求，配置混凝土所需的水泥品种，各种水泥均应符合本技术条款指定的国家和行业的现行标准以及本工程的特殊要求。在每批水泥出厂前，实验室均应对制造厂水泥的品质进行检查复验，每批水泥发货时均应附有出厂合格证和复检资料。每60t取一组试样，不足60t时每批取一组试样按规定进行密度、烧失量、细度、比表面积、标准稠度、凝结时间、安定性、三氧化硫含量、碱含量、强度等性能试验。

2. 混合材

碾压混凝土采用应优先采用 I 级粉煤灰，经监理人指示在某些部位的混凝土中可掺适量准 I 级粉煤灰（指烧失量、细度和三氧化硫含量均达到 I 级粉煤灰标准，需水量比不大于 105% 的粉煤灰）。混凝土浇筑前 28d 提出拟采用的粉煤灰的物理化学特性等各项试验资料，粉煤灰的运输和储存，应严禁与水泥等其他粉状材料混装，避免交叉污染，还应防止粉煤灰受潮。

3. 外加剂

碾压混凝土中一般掺入高效减水剂（夏季施工掺高效减水缓凝剂）和引气剂，其掺量按室内试验成果确定。依据规定对各品种高效减水（缓凝）剂、引气剂、早强剂进行检测择优，检测项目有减水率、泌水率比、含气量、凝结时间差、最优掺量和抗压强度比，选出 1 ~ 2 个品种进行混凝土试验。依据规定对不同速凝剂掺量检测其净浆凝结时间、1d 抗压强度、28d 抗压强度比、细度、含水率等。依据规定对不同膨胀剂检测其细度、凝结时间、限制膨胀率、抗压抗折强度等，选出 1 ~ 2 个品种进行净浆试验。

4. 水

一般采用饮用水，如有必要依据规定进行包括 pH 酸碱度（不大于 4）、不溶物、可溶物、氯化物、硫化物等在内的水质分析。

5. 超力丝聚丙烯纤维

按施工图纸所示的部位和监理人指示掺加超力丝聚丙烯纤维，其掺量应通过试验确定，并经监理人批准。采购的超力丝聚丙烯纤维应符合下列技术要求：密度为 900 ~ 950kg/m³；熔点 155 ~ 165℃；燃点 ≥ 550℃；导热系数 ≤ 0.5W/k·m；抗酸碱性 = 320Mpa；抗拉强度 Mpa ≥ 340；断裂伸长率 10 ~ 20%；杨氏弹性模量（MPa）＞ 3500；断裂伸长率为 10 ~ 35%；分散性应保证在水中能均匀分散；直径 15 ~ 20mm；外观呈束状单丝，有光泽，白色无杂质、斑点。

6. 沙石料

为沙石系统生产的人工沙石料，依据规定检测骨料的物理性能：比重、吸水率、超逊径、针片状、云母、压碎指标、各粒径的累计质量分数、沙细度模数、石粉含量等。

7. 氧化镁

现场掺用的氧化镁材料品质必须符合规定的控制指标，出厂前氧化镁活性指标检测必须满足均匀性要求。氧化镁原材料到达工地必须按照规定进行分批复检，合格方能验收。当膨胀率的氧化镁总含量超过 5%，尚需依据引用标准对水泥与外掺氧化镁的混合物作安定性试验。

检验合格的原材料入库后要做好防潮等工作，保证其不变质。

（二）碾压混凝土配合比设计

配合比参数试验：

①根据施工图纸及施工工艺确定各部位混凝土最大骨料粒径，以此测试粗骨料不同组合比例的容重、空隙率，选定最佳组合级配。

②外加剂与粉煤灰掺量选择试验：对于碾压混凝土为了增强可碾性，需掺一定量的粉煤灰，并联掺高效减水剂、引气剂，开展碾压各外掺物不能组合比例的混凝土试验，测试减水率、VC 值、含气量、容重、泌水率、凝结时间，评定混凝土外观及和易性，成型抗压、劈拉试件。

③各级配最佳沙率、用水量关系试验：以二级配、0.50 水灰比、用高效减水剂、引气剂与粉煤灰联掺，取至少 3 个沙率进行混凝土试验，评定工作性，测试 Vc 值、含气量、泌水率，成型抗压试件。

④水灰比与强度试验：分别以二、三级配，在 0.45 ~ 0.65 之间取四个水灰比，用高效减水剂、引气剂与粉煤灰联掺进行水灰比与强度曲线试验，成型抗压、劈拉试件。三级配混凝土还成型边长 30cm 试件的抗压强度，得出两组曲线之间的关系。

⑤待强度值出来后，分析参数试验成果，得出各参数条件下混凝土抗压强度与灰水比的回归关系，然后依据设计和规范技术要求选定各强度等级混凝土的配制强度，并求出各等级混凝土所对应的外掺物组合及水灰比。

⑥调整用水量与沙率，选定各部位混凝土施工配合比进行混凝土性能试验，进行抗压、劈拉、抗拉、抗渗、弹模、泊松比、徐变、干缩、线胀系数和热学性能等试验（徐变等部分性能试验送检测中心完成）。

⑦变态混凝土配合比设计，通过试验确定在加入不同水灰比的胶凝材

料净浆时，浆液加入量和凝结时间、抗压强度关系。

根据试验得出的试验配合比结论，应在规定的时间内及时上报监理人，由业主单位审核，经批准后方可使用。

（三）提交的试验资料

在混凝土浇筑过程中，承包人应按规定和监理人的指示，在出机口和浇筑现场进行混凝土取样试验，并向监理人提交以下资料：

①选用材料及其产品质量证明书；

②试件的配料；

③试件的制作和养护说明；

④试验成果及其说明；

⑤不同水胶比与不同龄期（7d、14d、28d 和 90d）的混凝土强度曲线及数据；

⑥不同粉煤灰及其他掺合料掺量与强度关系曲线及数据；

⑦各龄期（7d、14d、28d 和 90d）混凝土的容重、抗压强度、抗拉强度、极限拉伸值、弹性模量、抗渗强度等级（龄期 28d 和 90d）、抗冻强度等级（龄期 28d 和 90d）、泊松比（龄期 28d 和 90d）；

⑧各强度等级混凝土坍落度和初凝、终凝时间等试验资料；

⑨对基础混凝土或监理人指示的部位的混凝土，提出不同龄期（7d、14d、28d 和 90d、180d、360d）的自生体积变形、徐变和干缩变形（干缩变形试验龄期直到 180d），并提出混凝土热学性能指标（包括绝热温升等）。

（四）砂浆、净浆配合比设计

碾压混凝土接缝砂浆、净浆（变态混凝土用），按以下原则设计配合比：

1. 接缝砂浆

接缝砂浆用的原材料与混凝土相同，控制流动度 20 ~ 22cm，以此标准进行水灰比与强度、水灰比与沙灰比、不同粉煤灰掺量与抗压强度试验，测试砂浆凝结时间、含气量、泌水率、流动度，成型 7d、28d、90d 抗压试件。

2. 变态混凝土用净浆

选择 3 个水灰比测试不同煤灰掺量时净浆的黏度、容重、凝结时间，7d、28d、90d 抗压试件。

根据试验成果，微调配合比并复核，综合分析后将推荐施工配合比上报监理工程师审批。

八、主要施工措施

（一）混凝土分层、分块

混凝土分块按设计施工蓝图划分的坝块确定。

混凝土分层则根据大坝结构和坝体内建筑物的特点、混凝土浇筑时段的温控要求与工期节点要求确定。碾压混凝土分层受温控条件，底部基础约束区浇筑块厚度控制 3.0m 范围以内，脱离基础约束区后浇筑层厚度控制在 3.0m 以内。局部位置根据建筑结构及现场实际情况进行适当调整，大坝碾压混凝土分块主要根据大坝结构、混凝土生产系统拌和强度、混凝土运输入仓强度及方式、坝体度汛要求等来进行划分。具体如下：

①根据混凝土拌和系统生产能力和混凝土入仓强度分析，在如下条件下需进行分块：混凝土仓面面积小于 $4000m^2$ 采用通仓浇筑，否则进行分块浇筑。

②根据度汛要求，汛期前大坝碾压混凝土上升至 1316.00m 高程，溢流坝段与非溢流坝段左岸侧 5# 缝——坝 0+142.35m 采用满管溜管施工，做单块施工等。

（二）模板工程

1. 模板选型与加工

根据大坝的结构特点，本标段大坝工程模板主要采用组合平面钢模板、木模板、多卡悬臂翻转模板、加工成型木制模板、散装钢模板等。基础部位以上的坝体上下游面主要采用定型组合多卡悬臂翻转模板，基础部位采用散装组合钢模板施工。坝体横缝面的模板采用预制混凝土模板。水平段基础灌浆、交通、排水廊道侧墙采用组装钢模板，相交节点部分采用木制模板。廊道顶拱采用木制模板、散装钢模板组合等。

①大坝混凝土模板选用目前先进的多卡悬臂翻转模板，可根据需要与木模板任意组合，在各种方位快速调节。即使是对于特殊的施工部位，这些标准模板也能经济地组合，其技术优越性在于能显著加快施工进度，提高模板施工技术水平，降低成本，且能保证施工人员安全，获得更加完美的混凝土浇筑质量。

②闸墩墩头、墩尾等部位，采用定型组合钢模板或木模板，加快施工

速度及获得平整光滑的混凝土表面。

③表孔溢流堰面及光滑连接段，按设计曲线加工成有轨拉模。

④坝体廊道侧墙模板，以组合钢模板为主，廊道顶拱采用混凝土预制模板进行施工。

2.模板施工

①模板支立前，必须按照结构物施工详图尺寸测量放样，并在已清理好的基岩上或已浇筑的混凝土面上设置控制点，严格按照结构物的尺寸进行模板支立。

②为了加快施工进度，采用吊车进行仓面模板支立。

③采用散装钢模板或异型模板立模时，要注意模板的支撑与固定，预先在基岩或仓面上设置锚环，拉条要平直且有足够强度，保证在浇筑过程中不走样变形。安装的模板与已浇筑的下层混凝土有足够的搭接长度并连接紧密以免混凝土浇筑出现漏浆或错台。

④模板表面涂刷脱模剂，安装完毕后要检查模板之间有无缝隙，进行堵漏，保证混凝土浇筑时不漏浆，拆模后表面光滑平整。

⑤混凝土浇筑完后，及时清理附着在模板上的混凝土和砂浆，根据不同的部位，确定模板的拆除时间，拆除下来的模板及时清除表面残留砂浆，修补整形以备下次使用。

⑥模板质量检查控制主要为模板的结构尺寸、模板的制作和安装误差、模板的支撑固定设施、模板的平整度和光洁度、模板缝的大小等是否符合规范及设计要求，通过以上控制程序保证模板的施工符合要求。

（三）钢筋工程

1.钢筋的采购与保管

依据施工用材计划编制原材料采购计划，报项目经理审批通过后实施采购。原材料按不同等级、牌号、规格及生产厂家分批验收，分类堆放、做好标识、妥善保管。

2.材质的检验

①每批各种规格的钢筋应有产品质量证明书及出厂检验单。使用前，依据规定，以同一炉（批）号、同一截面尺寸的钢筋为一批，重量不大于60t，抽取试件作力学性能试验，并分批进行钢筋机械性能试验。

②根据厂家提供的钢筋质量证明书，检查每批钢筋的外观质量，并测量本批钢筋的代表直径。

③在每批钢筋中，选取经表面检查和尺寸测量合格的两根钢筋，各取一个做拉力试件和一个冷弯试验（含屈服点、抗拉强度和延伸率试验）。如一组试验项目的一个试件不符合规定的数值时，则另取两倍数量的试件，对不合格的项目作第二次试验，如有一个试件不合格，则该批钢筋为不合格产品。需焊接的钢筋尚应做焊接工艺试验。

④钢筋混凝土结构用的钢筋应符合热轧钢筋主要性能的要求，水工结构非预应力混凝土中，不得使用冷拉钢筋。

⑤以另一种钢号（或直径）代替设计文件规定的钢筋时，须报监理工程师批准后使用。

3. 钢筋的制作

钢筋的加工制作应在加工厂内完成。加工前，技术员认真阅读设计文件和施工详图，以每仓位为单元，编制钢筋放样加工单，经复核后转入制作工序，以放样单的规格、型号选取原材料。依据有关规范的规定进行加工制作，成品、半成品经质检员及时检查验收，合格品转入成品区，分类堆放、标识。

4. 钢筋的安装

钢筋出厂前，依据放样单逐项清点，确认无误后，以施工仓位安排分批提取，用5～8t或10t半挂车运抵现场，由具备相应技能的操作人员现场安扎。

钢筋焊接和绑扎符合规定，以及施工图纸要求执行。绑扎时根据设计图纸，测放出中线、高程等控制点，根据控制点，对照设计图纸，利用预埋锚筋，布设好钢筋网骨架。钢筋网骨架设置核对无误后，铺设分布钢筋。钢筋采用人工绑扎，绑扎时使用扎丝梅花形间隔扎结，钢筋结构和保护层调整好后垫设预制混凝土块，并用电焊加固骨架确保牢固。

钢筋接头连接采用手工电弧焊或直螺纹、冷挤压等机械连接方式。焊工必须持证上岗，并严格按操作规程运作。

对于结构复杂的部位，技术人员应事先编制详细的施工流程图，并亲临现场交底、指导安装。

5. 钢筋工程的验收

钢筋的验收实行"三检制"，检查后随仓位验收一道报监理工程师终验签证。当墙体较薄，梁、柱结构较小，应请监理先确认钢筋的施工质量合格后，方可转入模板工序。

钢筋接头的连接质量的检验，由监理工程师现场随机抽取试件，三个同规格的试件为一组，进行强度试验，如有一个试件达不到要求，则双倍数量抽取试件，进行复验。若仍有一个试件不能达到要求，则该批制品即为不合格品，不合格品，采取加固处理后，提交二次验收。

钢筋的绑扎应有足够的稳定性。在浇筑过程中，安排值班人员盯仓检查，发现问题及时处理。

工程钢筋制作主要技术要点如下：

①大坝钢筋制安总量，钢筋的加工制作均由钢筋加工厂加工制作完成。20m 平板车经右岸公路运至取料平台，由简易提升机吊、25T 汽车吊吊至各施工部位安装。

②钢筋加工厂内钢筋的加工制作以机械加工为主，人工制作加工为辅。

③钢筋接头以闪光对接焊为主，现场大直径直立接头尽量使用电渣压力对接焊或者机械连接，水平接头及小直径直立接头可采用搭接焊等方式进行施工。

④钢筋的现场安装绑扎工作以人工操作为主，安装绑扎的技术质量标准必须符合设计要求和行业规范的规定，还必须有足够的刚度和稳定性。钢筋架立加固材料的使用必须保证混凝土浇筑过程中的稳定性，钢筋加工、运输、安装过程中避免污染。

（四）止水埋设

1. 止水设置

工程大坝共布置 6 条横缝，根据设计图纸，止水片在金属加工厂压制成型，现场进行安装焊接，安装前将止水片表面的油污、油漆、锈污及污皮等污物清除干净后，并将沙眼、钉孔补好、焊好，搭接时采用双面焊，不能例接或穿孔或仅搭接而不焊等，焊接质量要符合规范要求。

根据图纸设计要求埋设塑料止水带（止水片），安装时固定在现浇筑块的模板上。

止水铜片的衔接按设计要求采取折迭咬接或搭接，搭接长度不小于20mm，采取双面焊，塑料止水带的搭接长度不小于10cm，铜片与塑料止水带接头采用铆接，其搭接长度不小于10cm。

所有止水安装完成后，经监理工程师验收合格后，方可进行下一道工序施工。

2. 止水基座混凝土浇筑

止水基座成型后，采用压力水冲洗干净，然后浇筑基座混凝土。浇筑混凝土前，采用钢管、角钢或固定模板将止水埋件固定在设计位置上，不得变形移位或损坏，每次埋设的止水均高于浇筑仓面20cm以上。混凝土浇筑时，止水片两侧回填细骨料混凝土，配专人进行人工振捣密实，以防止大粒径骨料堆积在止水片附近造成架空，基座混凝土采用小型振捣器振捣密实。

3. 冷却水管埋设

为削减大坝初期水化热温升及中后期坝体通水冷却到灌浆温度，坝体埋设外径中32mm、内径中28mm的高强度聚乙烯管作冷却水管，固定水管用的"U"形钢筋为直径12mm，二级钢筋、锚入混凝土深度不低于30cm。冷却水管水平中心间距1.5m，局部可以放宽至2.0m，垂直向层距为1.5m。埋设时要求水管距大坝上下游表面距离不少于70cm，距廊道内壁应不低于100cm，与密集钢筋网（如廊道钢筋网）距离应不低于90cm，距横缝（诱导缝）不少于75cm，通水单根水管长度不宜大于250m。坝内蛇形水管按接缝灌浆分区范围结合坝体通水计划就近引入下游坝面预留槽内。引入槽内的水管应排列有序，做好标记记录。注意引入槽内的立管布置不得过于集中，以免混凝土局部超冷。引入槽内的水管间距一般不大于1m，管口应朝下弯，管口长度不小于15cm，并对管口妥善保护，防止堵塞。所有立管均应引至下游坝面临时施工栈桥附近，但不宜过于集中，立管管间间距不小于1.0m。

4. 接缝灌浆管埋设

接缝灌浆系统埋件包括止浆片、排气槽、排气管、进（回）浆管、进浆支管和出浆盒，灌浆管路敷设采用埋管法施工，按施工详图进行。为防止排气槽与排气管接头堵塞，排气管安装在加大的接头木块上；为防止进（回）浆管管路堵塞，除管口每次接高通水后加盖外，在进（回）浆管底部50～80cm以上设一水平连通支管。进（回）浆管管口位置布置在灌浆廊道内，标示后做好记录，并进行管口保护，以防堵塞。

5. 坝基固结灌浆管埋设

固结灌浆管埋设材料宜采用 φ32 橡胶管，也可采用能够承受 1.5 倍的最大灌浆压力的 φ32 钢丝编织胶管。埋入孔内的进浆管和回浆管分别采用三通接头与主进浆管和主回浆管连接引至坝后灌浆平台，固结灌浆孔口利用水泥砂浆敷设密实，防止坝体混凝土进入将孔内堵塞。

（五）大坝主体混凝土

1. 大坝主体碾压混凝土

（1）施工程序

根据大坝碾压混凝土的施工特点，碾压混凝土施工从下到上均采用 0.3m 厚通仓薄层连续浇筑或间歇平层法、斜层平推法的施工方式进行施工。

（2）模板设计

①连续翻转模板。上游坝面及横缝面模板的单块太高会不利于碾压混凝土机械的行走、碾压，故采用混凝土面板尺寸为 3×3m（宽 × 高）的连续翻转模板。其结构主要包括面板系统、支撑系统、锚固系统及工作平台等，支撑系统为桁架式背架，支架上设吊耳，每一套模板使用 3 根（1 排）φ20 锚筋固定。

②碾压混凝土台阶模板。碾压混凝土台阶模板采用组合式定型钢模板，其模板结构严格按照设计图纸进行设计、制作、加工，模板内定位锥配锚筋锚固，支撑系统为桁架式背架。

③仓内横缝止水模板。采用 1.0cm 厚、无孔洞、棱边整齐的杉板按设计的结构尺寸加工而成，高 1.5m 或 3.0m，宽度与分缝结构相适应。加工成型后，将其完全浸入加热沥青锅内不少于 10 分钟，取出后晾干。

④各门槽、孔洞、边角补缺、埋件施工部位等一些不宜采用定型或连续翻升模板施工的部位采用少量散装钢模板或木模板施工，施工前均需设计配板图，示出模板的布置和内外围令及拉条的位置，确保混凝土的成型尺寸。

（3）主要模板安装方法

①连续翻转模板。仓面 8t 或 16t 汽车吊配合人工安装模板，在进行某一浇筑块的模板安装时，先利用已浇的混凝土顶部未拆除的模板进行固定，安装第一套模板，两套模板之间用连接螺栓连接。当第一套模板安装调整完

毕且经检查验收合格后即进行混凝土浇筑，在混凝土浇筑过程中穿插第二套模板安装。当下个仓面混凝土浇筑时再安装第三套模板，三套模板翻转，可浇筑 1.5m 升层和 3.0m 升层混凝土。

在起始仓进行模板安装时，应采用钢筋柱作内撑进行稳固，并用拉杆来承受混凝土侧压力。

②大坝碾压混凝土台阶模板。异型钢模由专业厂家定型制作，汽车将模板运输至揽机的受料平台，由揽机吊运入仓，仓内人工拼装成整体，并按测量放线位置安装模板。溢流面模板高度 120cm、非溢流面模板高度 300cm，可满足两层碾压混凝土碾压浇筑，当第一层碾压混凝土碾压完毕，随即由人工及时向模板预留孔内按设计图纸要求安装插筋，并予以固定。

③仓内横缝止水模板。仓内横缝止水模板运至作业面后，采用人工直接安装。提前在已浇筑的混凝土面沿止水带模板方向预埋插筋，安装止水模板时，采用电焊焊接支撑钢筋的方法固定止水模板。

（4）斜层平推铺筑法

斜层平推铺筑法具有在不提高浇筑强度的条件下，可大幅度降低层间间隔时间，减小覆盖面积；在高温环境条件下，层间暴露时间短，预冷混凝土的冷量损失小；施工过程中遇到降雨时，临时保护的层面面积小，有利于斜层表面排水及改善混凝土之间层面结合质量等优点。

采用斜层平推铺筑法浇筑碾压混凝土时，"平推"方向根据仓位的长宽比确定为两种：一种方向垂直于坝轴线，即碾压层面倾向上游，混凝土从下游向上游推进，另一种是平行于坝轴线，即碾压层面从一岸倾向另一岸。碾压混凝土铺筑层以固定方向逐条带铺筑，坝体迎水面 8 ~ 15m 范围内，平仓、碾压方向与坝轴线方向平行。

（5）碾压混凝土斜层平推铺筑法施工

①砂浆铺设。开仓前，首先在基础面均匀摊铺 2 ~ 3cm 厚、流动度 18 ~ 22cm 的水泥砂浆，随铺随卸料，以利层面结合，摊铺面积以 30min 能够覆盖为准。

②开仓段碾压混凝土施工。碾压混凝土拌和后运输到仓面，按规定的尺寸和规定的顺序进行开仓段施工，刚开始的铺筑的斜面不需一次形成，通过铺筑几层混凝土逐步形成斜层面，即减少每个铺筑层在斜层前进方向上的

厚度，并要求使上一层全部包容下一层，逐渐形成倾斜面沿斜层前进方向每增加一个升程，都要对老混凝土面铺砂浆，碾压时控制振动碾不能到老混凝土面上，避免压碎坡角处的骨料而影响该处碾压校的施工质量。

③碾压混凝土的斜层铺筑。斜层铺筑是碾压混凝土的核心部分，该部分工程量最大，其基本方法与平层铺筑法相同。为防止坡角处的碾压混凝土骨料被压碎而形成质量缺陷，施工中应采取预铺水平垫层的方法，并控制振动碾不得行驶到老混凝土面上去（开仓段斜层层面形成及斜面铺筑顺序示意图，施工中按图中的序号施工）。首先清扫、清洗老混凝土面（水平施工缝面），摊铺砂浆，然后沿碾压混凝土宽度方向摊铺混凝土拌和物形成水平垫层。水平垫层超出坡脚前缘 30 ~ 50cm，超出的部分第一次不予碾压而与下一层的碾压混凝土一起碾压，避免坡脚处骨料压碎，接下来进行下一个斜层铺筑碾压，如此反复至收仓段施工。

④收仓段碾压混凝土施工。收仓段碾压混凝土相对于开仓段较简单，首先进行老混凝土面摊铺砂浆，然后采用斜层碾压收仓口铺筑方法示意图所示的折线形状施工，其中折线的水平段长为 8 ~ 10m。当浇筑的面积越来越小时，水平层和折线层交替铺筑，可满足层间间歇的时间要求。

（6）碾压混凝土的卸料和碾压要求

汽车卸料时严格控制靠近模板条带的作业，料堆边缘与模板的距离不小于 2.0m，与模板接触部位辅以人工铺料。为尽可能降低骨料分离对碾压混凝土层间结合性能的影响，汽车卸料后，料堆周边集中的大骨料及时用平仓铲并辅以人工进行清理和散开，不允许继续在未处理的料堆附近卸料。为减少骨料分离，前一车卸料完毕后先进行摊平，后一车卸在前一车料上。碾压混凝土松铺厚度 35cm，压实厚度 30cm，开仓前在模板上画出 5cm 宽的分层平仓控制线，并注意控制线的高程保持一致。

碾压方向与摊铺方向一致，振动碾碾压行走速度 1.1 ~ 1.3km/h，根据不同层次分别采用无振 2 遍 + 有振 6 ~ 8 遍 + 无振 2 遍碾压。碾压作业采用条带搭接法，碾压条带间的搭接宽度为 20cm，端头部位的搭接宽度不小于 100cm。

（7）碾压混凝土入仓

大坝主体碾压混凝土入仓方式，1282.0m 高程以下大坝碾压混凝土入仓采取自卸汽车直接入仓的方式。入仓口设置在右岸进坝公路与右岸基坑填筑道路连接，入仓口处 20m 长度的道路路面采用碎石路面，碎石路面厚度 30cm，472.0m ~ 416.0m 高程碾压混凝土入仓采用自卸汽车运输，负压溜槽入仓的方式，负压溜槽设置在右岸坝肩。

（8）碾压混凝土卸料与摊铺

碾压混凝土施工按条带法铺料，条带方向平行坝轴线，条带宽度根据施工仓面的具体宽度按正比调整。主要施工技术要点为：

①为了利于仓面的排水和改善坝体受力条件，层面宜向上游倾斜，倾斜坡比按 1/505/100 控制。

采用斜层平推法铺筑时，由下游向上游铺筑，使层面倾向上游，坡度不陡于 1：10，坡脚部位尽量避免形成薄层尖角，施工缝面在铺砂浆前严格清除二次污染物，铺浆后立即覆盖混凝土。

碾压混凝土摊铺按先铺下游侧条带，再向上游依次铺开（如汽车入仓路口在下游一侧，先从上游一侧开始摊铺）的基本摊铺线路进行。

②汽车卸料时严格控制靠近模板条带的作业，料堆边缘与模板的距离不小于 2.0m，与模板接触部位辅以人工铺料。

③当汽车直接入仓或汽车在仓内转运时，每一条带起始卸料采用梅花形布料作业方法，料堆中心间距 7m，排距 4m，卸料三排形成 13 ~ 15m 宽条带，铺料条带长度达到 12m 左右后进行平仓，平仓方向与坝轴线平行。条带形成后，汽车卸料卸在未碾压的混凝土坡面上，汽车卸料后平仓机随即开始按平仓厚度平仓，使铺料条带向前延伸推进。

④为尽可能降低骨料分离对碾压混凝土层间结合性能的影响，卸料平仓时做到：汽车卸料后，料堆周边集中的大骨料按人工或装载机等分散至料堆上，不允许继续在未处理的料堆附近卸料。

⑤平仓厚度由碾压层厚确定，本工程碾压层厚度按 30cm，其平仓厚度控制在 35cm 左右，每一上升层次的碾压厚度按技术部门根据监理工程师的要求和混凝土的生产能力确定，在上、下游模板上每隔 10m 画出分层平仓高度线。

大面积的平仓作业以具有操作灵活、接地比压小（行走时对层面的破坏小）等特点的 SD16 湿地推土机（以下简称平仓机）为主完成，平仓设备的数量按一台振动碾配一台平仓机配置。

⑥平仓机平仓作业后，辅以人工摊铺（如模板及细部结构较集中的边角部位），使仓面平顺，没有明显的起伏。

⑦汽车在碾压混凝土仓面行驶时，应尽量避免急刹车、急转弯等有损碾压混凝土质量的操作。

⑧在汽车直接布料控制范围以外的盲区，用平仓机或装载机将混凝土推运至盲区的方法施工。

（9）碾压混凝土碾压

为确保碾压混凝土的压实效果和生产效率，主要碾压设备应选用自重10吨以上级别的双钢轮振动碾。碾压作业采用条带搭接法，碾压方向垂直于水流方向，碾压条带间的搭接宽度为 15 ~ 20cm。碾压机具碾压不到的死角，以及有预埋件的部位，铺筑变态混凝土，用插入式振捣器人工振捣密实。

按振动碾碾压行走速 1.5km/h、碾压搭接宽度 15cm、平均有振、无振共碾压 10 遍，每天铺筑 3 层，日有效工作时间 20h 计算。

第一，碾压施工技术要点：

①碾压速度：一般控制在 1 ~ 1.5km/h 范围内。

②碾压遍数：为防止振动碾在碾压时陷入混凝土内，对刚铺平的碾压混凝土先无振碾压 2 遍后使其初步平整，再继续有振碾压，直至碾压混凝土表面泛浆时再酌情增加 1 ~ 2 遍，一般为 8 ~ 10 遍。具体碾压遍数由大规模施工前的现场碾压试验确定。

③碾压达到规定的碾压遍数后，及时用率定过的表面型核子水分密度仪对压实后的混凝土进行容重测定，如果达不到规定的容重指标，需补振碾压，确保容重指标或压实度达到设计要求。在压实过程中，若混凝土表面出现裂纹，则在有振碾压后增加 2 遍无振碾压，当混凝土过早出现不规则、不均匀回弹现象时，检查混凝土拌和物的分离情况，及时采取措施予以调整。

④碾压作业条带清楚，走向偏差控制在 20cm 范围内，条带间重迭15 ~ 20cm。碾压方向与摊铺方向一致，但在边角和结构变化部位根据不同情况变更碾压方向，同一碾压层两条碾压带之间因碾压作业形成的凸出带，采用无振慢速碾压 1 ~ 2 遍收平。收仓面的两条碾压带之间的凸出带，也采用无振慢速碾压收平。

⑤廊道上游 4m 宽范围碾压混凝土施工时，振动碾通过简易移动钢桥跨过横缝及诱导缝的细部结构物（止水片等）。

⑥碾压混凝土从出拌和楼至碾压完毕，控制在 2 小时内完成，碾压混凝土的层间允许间歇时间，控制在碾压混凝土初凝时间内，气温较高季节不超过 6 小时，即控制在招标文件和设计要求允许范围内。

第二，层面及缝面处理。

工程碾压混凝土采取通仓、薄层连续上升的铺筑方式施工，层间间隔时间控制在混凝土初凝时间以内，且碾压混凝土从加水拌和到碾压完毕宜在 1 小时左右，不超过 2 小时。

当施工受气候等原因的影响，实际层间间隔时间超过了层间允许间隔时间（混凝土初凝后），就必须对层面进行处理。层面处理方式根据混凝土实际层间间歇时间和凝结性状确定，具体如下表现：

①当实际层间间歇时间在混凝土初凝时间与终凝时间之间时，需将层面的积水和松散物清理干净，在层面上铺一层 2～2.5cm 厚、标号比混凝土高一级的大流动度（8～12cm）砂浆，然后再进行下一层碾压混凝土摊铺和碾压作业。在汽车转运入仓的低部位，砂浆由 6m³ 混凝土搅拌运输车运入仓内，按 4m 的中心间距以梅花点方式卸料，用平仓机以倒行的方式刮铺均匀。汽车不能直接入仓的高部位，砂浆经溜筒入仓，仓内用自卸汽车倒运至卸料部位。

②当遇实际层间间隔时间大于混凝土终凝时间时，对层面进行冲毛铺砂浆处理。冲毛时间根据季节、混凝土强度与设备性能等因素，经现场试验确定。施工时先对层面进行冲毛处理（冲毛的水压根据混凝土的实际强度调整，以能冲除混凝土表面浮浆、松动物料、露出小石和粗沙为准），然后铺一层 2～2.5cm 厚、标号比混凝土高一级的大流动度（8～12cm）砂浆，再进行下一层碾压混凝土摊铺和碾压作业。

③砂浆铺设与碾压混凝土摊铺同步连续进行，防止砂浆的黏结性能受水分过量蒸发和仓内施工机械活动污染的影响，严禁铺设砂浆后长时间不能铺筑碾压混凝土的现象发生。

第三，入仓口处理、入仓车辆冲洗及封仓处理。

入仓口处理：入仓口与基坑道路连接部位 30m 长度的道路路面采用

30cm 厚碎石路面。

入仓车辆冲洗：采用高压水枪将入仓车辆冲洗干净，冲洗后的车辆须在冲洗部位停留 1 ~ 5 分钟方可进入仓内，防止车辆将仓外的污物、泥土和污水等带入仓内。入仓车辆冲洗部位位于在入仓口处 30m 长度碎石路面上。

封仓处理：入仓口部位模板采用散装钢模板作为封仓模板，且两端铺设钢板，便于入仓车辆进入仓内。

（六）变态混凝土施工

变态混凝土是碾压混凝土铺筑施工中，在靠近模板、分缝细部结构、岸坡位置等 50cm 宽范围内铺洒水泥粉煤灰灰浆而形成的富浆碾压混凝土，采用常态混凝土的振捣方法捣固密实，其与碾压混凝土结合部位，增用振动碾压实其浇筑随碾压混凝土施工逐层进行。主要施工技术要点为：

①掺入变态混凝土中的水泥粉煤灰灰浆，由布置在左岸上游拌和系统内的集中式制浆站拌制，通过专用管道输送至仓面。为防止灰浆的沉淀，在供浆过程中要保持搅拌设备的连续运转。输送浆液的管道在进入仓面以前的适当位置设置放空阀门，以便排空管道内沉淀的浆液和清洗管道的废水。灰浆中水泥与粉煤灰的比例同碾压混凝土一致，外加剂的掺量减半，其水胶比与碾压混凝土相同或减小 0.02。

②在将靠近模板、分缝细部结构或岸坡部位的碾压混凝土条带摊铺和平仓到一定的范围后，即可以开始进行变态混凝土的施工作业。

模板等边角部位变态混凝土的施工采用人工加浆振捣形式。

先由人工在距模板边约 25cm 的位置开出深 15cm、宽 15 ~ 20cm 沟槽或采用直径为 12cm 的简易人工造孔装置按孔距 30cm、孔深 20cm 梅花形布置插孔，再以定量的方式把灰浆均匀洒到沟槽或插孔内，掺浆 15 分钟后振捣。变态混凝土中灰浆的加入量通常为该部分碾压混凝土体积的 4% 左右（施工时通过试验确定），以普通插入式振捣器易于捣固密实为准。

③振捣作业在水泥粉煤灰灰浆开始加水搅拌后的一小时内完成，并做到细致认真，使混凝土外光内实，严防漏、欠振现象发生。

④变态混凝土与碾压混凝土结合部位，严格按照规范要求进行专门的碾压，相邻区域混凝土碾压时与变态混凝土区域的搭接宽度大于 20cm。

⑤止水埋设处的变态混凝土施工过程中，对该部位混凝土中的大骨料

人工剔除，并谨慎振捣，避免产生渗流通道，同时注意保护止水材料。

（七）溢流坝段闸墩、导墙、溢流面混凝土施工

1. 施工布置

溢流坝段闸墩、导墙和溢流面常态混凝土利用泵送结合汽车吊浇筑。

2. 施工程序

①闸墩、牛腿、导墙施工程序为：缝面处理→模板施工→止水和预埋件安装→钢筋安装→混凝土浇筑→养护。

②溢流面施工程序为：缝面处理→拉模轨道安装→分缝板及止水安装→钢筋安装→拉模设备及面板安装→混凝土浇筑→养护。

3. 混凝土运输、入仓

拌和系统→汽车运输至泵机→施工仓面。

4. 混凝土浇筑

（1）浇筑方法及要求

①闸墩、导墙和牛腿混凝土在仓面较大时采用台阶法施工，一般仓面采用平层通仓法施工，每层的厚度均为50cm。

②溢流面的浇筑直线段采用拉模施工，曲线段采用样架控制施工。

③拉模范围内表孔混凝土采用泵送入仓。拉模宽12m，表孔整孔一次滑升，横缝填缝材料在浇筑前安装加固，拉模每次滑升0.4m。拉模浇筑混凝土过程中，及时把黏在模板、支承杆上的砂浆等清理干净，脱模后的溢流面混凝土表面及时抹面。

④仓内有两种以上标号的混凝土时，一般采用先中间后两边的下料次序，如导墙，先浇筑中间非抗冲耐磨混凝土，下料时局部非抗冲耐磨混凝土下至抗冲耐磨混凝土部位，人工将其挖出，然后浇筑抗冲耐磨混凝土。

⑤各种埋件按设计图纸和规范要求安装，确保安装精度，并予加固。混凝土浇筑过程中，做好保护工作。

（2）仓面准备

①闸墩、导墙、牛腿的仓面准备工作同基础垫层混凝土。

②溢流堰面常态混凝土浇筑前，将碾压混凝土预留台阶上的杂物清理干净，混凝土面人工凿毛、冲洗干净并保持湿润，预留台阶上的预埋插筋需除锈、校直。按设计图纸施工测量放样后，标出表孔底板的设计轴线、边线、

底板外轮廓线。样架施工段，标出样架安装位置，进行样架安装。拉模施工段，标出拉模装置主要构件的位置，然后在拉模施工段内整段进行拉模滑轨安装、横缝止水及模板安装、底板结构钢筋安装、拉模牵引设备、拉模模体及人工抹面平台的安装。安装完成的样架或拉模，经测量校核、总体检查验收合格后，方可进行堰面混凝土的浇筑。

③经缝面处理并验收满足混凝土浇筑条件的仓面，在浇筑上一仓混凝土前，铺设一层厚 2～3cm 的砂浆，砂浆的标号比同部位的混凝土高一级，每次铺设的砂浆面积与浇筑强度相适应，以铺设后 30 分钟内被覆盖为限。

（3）平仓振捣

①闸墩、导墙、牛腿混凝土的平仓、振捣方法与基础垫层常态混凝土的小仓面相同。

②表孔常态混凝土平仓方式：将振捣棒插入料堆顶部，缓慢推或拉动振捣棒，逐渐借助振动作用铺平混凝土。平仓不能代替振捣，防止骨料分离。

③由于溢流面钢筋密集，采用软管振捣器振捣时，要加强振捣，既要防止漏振及还要防止过振，以免产生内部架空及离析。振捣器在仓面按一定的顺序和间距逐点振捣，间距为振捣作用半径的一倍半，并插入下层混凝土面 5cm，每点振捣时间控制在 15～25s，以混凝土表面停止明显下沉、周围无气泡冒出、混凝土面出现一层薄而均匀的水泥浆为准。振捣器距模板的垂直距离不小于振捣有效半径 1/2，不得触动钢筋及预埋件。浇筑的第一坯混凝土以及在两罐混凝土卸料后的接触处加强振捣。

④拉模滑动时严禁振捣混凝土。

（4）抹面收仓

①溢流堰面样架施工段采用人工在样架间搭设的施工平台上，根据样架曲线进行抹面收仓。

②溢流堰面拉模施工段采用人工在抹面平台上进行抹面收仓。

（八）横缝及结合层面施工

本标段碾压混凝土横缝采用切缝机切割或设置隔板等方法形成，缝面位置及缝内填充材料应满足施工图纸和监理人指示的要求。

并仓施工的横缝采取"先振后切"的方式进行，采用振动切缝机连续切缝，振动切缝机由电动振动夯极机加装刀片改制而成，切缝刀片长45cm，切缝深度 25cm，其重量约 70kg，切缝速度约为 22m/h。以振动的方法用刀板沿横向切缝，缝宽 10～12mm，成缝后将分缝材料（塑料彩条布）压入横缝内。

成缝面积每层应不少于设计缝面的 60%，按施工图纸所示的材料填缝。

对于采用立模浇筑成型的横缝，通过刮铲、修整等方法将其表面的混凝土或其他杂质清除。层面结合施工具体如下：

第一，大坝碾压混凝土采取斜层平推法的铺筑方式施工，各层面间应保持清洁、湿润，不得有油类、泥土等有害物质，层间间隔时间控制在混凝土初凝时间以内。

第二，第一层 RCC 摊铺前，均匀铺 1.5～2cm 厚标号比混凝土高一级的大流动度（8～12cm）垫层拌和物，然后再进行下一层碾压混凝土摊铺和碾压作业，其上部碾压混凝土须在砂浆初凝前碾压完毕，垫层拌和物由轮式砂浆摊铺机运入仓内摊铺均匀。

第三，上游防渗区内（二级配范围内），每个碾压层面铺水泥净浆或水泥掺合料浆。水泥净浆、水泥掺合料浆的配合比及其覆盖时间应通过试验确定，并经监理人批准。

第四，碾压混凝土铺筑层面在收仓时要基本上达到同一高程或预定的层面形状，因降雨或其他原因造成施工中断时，应及时对已摊铺的碾压混凝土进行碾压，停止铺筑处的混凝土面宜碾压成不陡于 1：4 的斜坡面，并将坡角处厚度小于 15cm 的部分切除。当重新具备施工条件时，根据中断时间长短采取相应的层缝面处理措施后继续施工。

第五，正常施工缝在混凝土收仓后 10h 左右用压力水冲毛，清除混凝土表面的浮浆，以露出粗沙粒和小石为准，具体高压水冲毛时间及压力通过试验确定。下仓混凝土摊铺前，须先铺一层 1.5～2cm 厚的砂浆。

第六，工作缝的处理：当实际层间间歇时间在混凝土初凝时间与终凝时间之间时，需将层面的积水和松散物清理干净，在层面上铺一层厚 3mm 的水泥粉煤灰灰浆，然后进行下一层碾压混凝土的摊铺和碾压作业；当实际层间间隔时间大于混凝土终凝时间时，施工前先对层面进行冲毛处理，然后铺一层 1.52cm 厚、标号比混凝土高一级的大流动度（812cm）砂浆，再进行下一层碾压混凝土的摊铺和碾压作业。

第七，为提高层间结合强度，应采取以下措施：

①采用高效缓凝减水剂，并根据气温条件的不同适当调整配合比，使RCC 初凝时间满足连续浇筑层间允许间歇时间要求。

②尽量缩短 RCC 上下层面覆盖的间隔时间，确保 RCC 上下层覆盖时间比 RCC 的初凝时间缩短 1～2h。

③高温多风天气，运输混凝土过程中应加以铺盖，避免阳光直射，混凝土仓面宜采取喷雾加湿措施，降低环境温度，防止混凝土表面失水，影响层面结合。

④施工中保持层面的清洁。在采取汽车直接入仓时，对汽车轮胎进行冲洗及冲洗后的脱水。仓面各种机械严格防止漏油，若发现油污及时清除。控制避免仓面各种机械的原地转动，减少对层面的扰动破坏。

（九）异种混凝土的施工

大坝河床部位基础面先浇筑常态混凝土垫层，间歇 7～10 天再浇筑上层碾压混凝土。同一仓内的常态混凝土与碾压混凝土必须连续施工，相接部位的振捣密实或压实，必须在初凝前完成。异种混凝土相接部位浇筑顺序应优先考虑先常态后碾压，也可采取先碾压后常态，但在结合部位均应采用振动碾碾压 3～5 遍。

如果采取先碾压混凝土后常态混凝土，则在碾压完成后，铺筑略低于碾压混凝土面的常态混凝土，用高频插入式振捣器从模板边依次向相接部方向振捣，并插入下层混凝土 3～5cm，在两种混凝土结合处必须认真振捣，确保两种混凝土融混密实。

如果采取先常态混凝土后碾压混凝土，则在常态混凝土浇筑完成后迅速铺筑略高于常态混凝土面的碾压混凝土 10cm 左右的细料。在碾压混凝土料铺好后随即碾压，碾压搭接长度以 30～35cm 为宜。

（十）碾压混凝土止水、排水系统施工

大坝横缝的止、排水系统采用止水片和排水管的形式，上游止水系统布置 2 道止水铜片和 1 道橡胶止水片，第一、二道止水铜片距上游坝面分别为 100cm、175cm，第三道橡胶止水片距上游坝面分别为 250cm。下游止水系统在 585.0m 高程以下布置 1 道止水铜片，止水铜片距下游坝面 20cm。坝体横缝排水系统按设计要求进行埋设施工，施工过程中注意管道的保护，防止堵管（孔）。

混凝土浇筑前，在加工厂按设计要求尺寸将止水铜片加工成型，止水铜片及橡胶止水片由人工在现场按设计和规范要求用钢筋支撑或小型钢固定，铜片止水连接由人工用气焊现场焊接，橡胶止水采用硫化焊接，按设计位置将止水片接长固定后，分层安装沥青杉板，边上升边安装。碾压混凝土卸料时，采用 D31Q-20 平仓铲，在止水片附近保持一定距离卸料，用小型平仓机辅以人工将混凝土料在埋件附近摊平，并振捣密实。

坝体排水孔分为 4 种型式：钻孔成孔、拔管成孔、埋无沙管、埋 MHY-200K 塑料盲沟管（外包土工织物）。对于预埋排水孔，采用人工在现场按设计和规范要求用钢筋支撑或小型钢固定，边上升边安装。碾压混凝土卸料时，在止水片附近保持一定距离卸料，用小型平仓机辅以人工将混凝土料在埋件附近摊平，并振捣密实。施工中对无沙管及塑料盲沟管接头部分进行保护，防止混凝土进入造成堵塞。

（十一）细部结构施工

工程碾压混凝土的细部结构施工，主要指永久横缝止水片、坝体排水管等施工。

永久横缝止水片施工时控制自卸汽车在该部位附近的装载量及采用分次卸料法卸料，用平仓机慢速将混凝土料推至该部位，按变态混凝土的施工方法进行混凝土浇筑。

（十二）主要技术控制要点

第一，混凝土设计主要技术指标

①大坝碾压混凝土主要为二级配和三级配碾压混凝土，混凝土设计龄期 180 天，与基岩相接部位为基础混凝土。

②各部位混凝土按设计要求进行标号分区。

③混凝土由水泥（或掺粉煤灰）、水、粗细骨料以及外加剂组成。

④为减少施工过程中骨料分离、提高层面抗渗性能，碾压混凝土配合比设计时适当减少大石含量。

第二，碾压混凝土的温度控制见表 6-1。

表 6-1 大坝设计允许最高温度控制标准表

部位	12～2月	3月，11月	4月，11月	5月，9月
基础强约束区	24	27	29	29
基础弱约束区	24	27	30	30
脱离基础弱约束区	24	27	31	34

第三，冷缝视间歇时间的长短分成Ⅰ型和Ⅱ型冷缝，对Ⅰ型冷缝面，将层面松散物和积水清除干净，铺一层 2～3cm 厚的砂浆后，即可进行下一层 RCC 摊铺、碾压作业；Ⅱ型冷缝按施工缝处理。连续浇筑允许层间间歇时间及Ⅰ型、Ⅱ型冷缝之间歇时间具体的层间间隔时间应通过混凝土现场试验确定。

第四，浇筑升层层厚与层间间歇期：本工程碾压混凝土根据拌和楼生产能力、校允许层间间隔时间和本公司拟配备的模板情况，按 1.5m 升层和 3.0m 升层全坝面采用斜层平推法或采用大仓面薄层连续铺筑或间歇铺筑，碾压混凝土压实层厚约 30cm，采用连续上升的浇筑方式，正常工作缝和因故停歇的施工缝形成后，一般停歇 3～5d。

第五，连续浇筑允许层间间歇时间。

根据招标文件技术要求，碾压混凝土安排在低温季节（10～5月）浇筑，采用薄层连续铺筑，每一升程之间间歇期不少于 4d。

第六，碾压混凝土拌和料从出机口到平仓、碾压完毕控制在 2h 以内。

第七，仓面 VC 值控制在 3～5s 范围内，以不陷振动碾为原则。

（十三）施工流程控制要点

1. 施工流程要点

①混凝土拌和：混凝土采用坝址右岸下游拌和系统拌和，水泥灰浆采用自设在右岸坝肩平台的制浆站拌制。

②混凝土运输入仓：416.0m 高程以下碾压混凝土采用自卸汽车直接入仓的方式，入仓口设置在右岸，416.0m 高程以上碾压混凝土采用自卸汽车运输，负压溜槽入仓。溢流坝段闸墩、导墙、溢流面以及门槽二期等常态混凝土采用混凝土搅拌车运输，泵送入仓的方式。

③碾压混凝土层厚及升层：采用通仓薄层连续或间歇上升、平层法和斜层平推法施工，升层 1.5m 和 3.0m 碾压层厚为 30cm。

④铺料与平仓：碾压混凝土在仓内卸料从一端向另一端进行，边卸料边平仓。平仓采用平仓机，局部骨料集中时采用人工予以散开。

⑤碾压：采用 LG513DD 振动碾碾压，碾压参数按生产性试验成果，报监理工程师审批后实施。

⑥层面及缝面处理：必须间歇的层面，按要求采用高压水冲毛，浇筑混凝土前铺砂浆，止水片下游的横缝及诱导缝采用埋设预制混凝土模板的方式形成，上游止水带分缝采用白铁皮夹 PVC 板隔缝。

⑦模板提升：坝体上下游采用多卡翻转钢模板，利用吊车提升安装，随坝体上升而升高。

第二节 碾压混凝土施工

一、原材料控制与管理

①碾压混凝土所使用原材料的品质必须符合国家标准和设计文件及本工法所规定的技术要求。

②水泥品质除符合现行国家标准 GB175—1999 普通硅酸盐水泥要求外，且必须具有低热、低脆性、无收缩的性能，其矿物成分控制在 $C4AF \geq 15\%$，$C2S \geq 25$，$C3S \leq 50\%$，$C3A < 6\%$。

③粉煤灰质量按 II 级灰或准 II 级灰要求进行控制。高温条件下施工时，为降低水化热及延长混凝土的初凝时间，粉煤灰掺量可适量增加，但总量应控制在 65% 以内。

④沙石骨料绝大部分采用红河天然沙石骨料。开采沙、石的质量需满足规范要求，粗骨料逊径不大于 5%，超径 10%，RCC 用沙细度模数必须控制在 2.3 ± 0.2，且细粉料要达到 18%。不许有泥团混在骨料中。试验室负责对生产的骨料按规定的项目和频数进行检测。

⑤外加剂质量按规范执行。为满足碾压混凝土层间结合时间的要求，必须根据温度变化的情况对混凝土外加剂品种及掺量进行适当调整，平均温度 $\leq 20℃$ 时，采用普通型缓凝高效减水剂掺量，按基本掺量执行；温度高于 30℃ 时，采用高温型缓凝高效减水剂掺量，掺量调整为 0.7 ~ 0.8%。在施工大仓面时，若间隔时不能保证在校初凝时间之内覆盖第二层时，宜采用

在 Rcc 表喷含有 1% 的缓凝剂水溶液，并在喷后立即覆上彩条布，以防混凝土被晒干，保证上下层的结合。外加剂配置必须按试验室签发的配料单配制外加剂溶液，要求计量准确、搅拌均匀，试验室负责检查和测试。

⑥水：混凝土拌和、养护用水必须洁净、无污染。

⑦凡用于主体工程的水泥、粉煤灰、外加剂、钢材均须按照合同及规范有关规定，作抽样复检，抽样项目及频数按抽样规定表执行。

⑧混凝土公司应根据月施工计划（必要时根据周计划）制定水泥、粉煤灰、外加剂、氧化镁、钢材等材料物资计划，物资部门保障供应。

⑨每一批水泥、粉煤灰、外加剂及钢筋进场时，物资部必须向生产厂家索取材料质保（检验）单，并交试验室，由物资部通知试验室及时取样检验。检验项目：水泥细度、安定性、标准稠度、抗压、抗折强度、粉煤灰（细度、需水量比、烧失量、三氧化硫）。严禁不符合规范要求的材料入库。

⑩仓库要加强对进场水泥、粉煤灰、外加剂等材料的保管工作，严禁回潮结块。袋装水泥贮藏期超过 3 个月、散装水泥超过 6 个月时，使用前进行试验，并根据试验结果来确定是否可以使用。

⑪混凝土开盘前须检测沙、石料含水率、沙细度模数及含泥量，并对配合比做相应调整，即细度 ±0.2，沙率 ±1%。对原材料技术指标超过要求时，应及时通知有关部门立即纠正。

⑫拌和车间对外加剂的配置和使用负责，严格按照试验室要求配置外加剂，使用时搅拌均匀，并定期校验计量器具，保证计量准确，混凝土外加剂浓度每天抽检一次。

⑬试验室负责对各种原材料的性能和技术指标进行检验，并将各项检测结果汇入月报表中报送监理部门。所有减水剂、引气剂、膨胀剂等外加剂需在保质期内使用，进场后按相应材料保质保存措施进行，严禁使用过期失效外加剂。

二、配合比的选定

①碾压混凝土、垫层混凝土、水泥砂浆、水泥浆的配合比和参数选择按审批后的配合比执行。

②碾压混凝土配合比通过一个月施工统计分析后，如有需要，由工程处试验室提出配合比优化设计报告，报相关方审核批准后使用。

三、施工配料单的填写

①每仓混凝土浇筑前由工程部填写开仓证，注明浇筑日期、浇筑部位、混凝土强度等级、级配、方量等，交与现场试验室值班人员，由试验员签发混凝土配料单。

②施工配料单由试验室根据混凝土开仓证和经审批的施工配合比制定、填写。

③试验室对所签发的施工配料单负责，施工配料单必须经校核无误后使用，除试验室根据原材料变化按规范规定调整外，任何人无权擅自更改。

④试验室在签发施工配料单之前，必须对所使用的原材料进行检查及抽样检验，掌握各种原材料质量情况。

⑤试验室在配料单校核无误后，立即送交拌和楼，拌和楼应严格按施工配料单进行拌制混凝土，严禁无施工配料单情况下拌制混凝土。

四、碾压混凝土施工前检查与验收

（一）准备工作检查

①由前方工段（或者值班调度）负责检查RCC开仓前的各项准备工作，如机械设备、人员配置、原材料、拌和系统、入仓道路（冲洗台）、仓内照明及供排水情况检查、水平和垂直运输手段等。

②自卸汽车直接运输混凝土入仓时，冲洗汽车轮胎处的设施符合技术要求，距大坝入仓口应有足够的脱水距离，进仓道路必须铺石料路面并冲洗干净、无污染。指挥长负责检查，终检员把它列入签发开仓证的一项内容进行检查。

③若采用溜管入仓时，检查受料斗弧门运转是否正常、受料斗及溜管内的残渣是否清理干净、结构是否可靠、能否满足碾压混凝土连续上升的施工要求。

④施工设备的检查工作应由设备使用单位负责（如运输车间）。

（二）仓面检查验收工作

1. 工程施工质量管理

实行三检制：班组自检，作业队复检，质检部终检。

2. 基础或混凝土施工缝处理的检查项目

建基面、地表水和地下水、岩石清洗、施工缝面毛面处理、仓面清洗、仓面积水。

3. 模板的检查项目

①是否按整体规划进行分层、分块和使用规定尺寸的模板。

②模板及支架的材料质量。

③模板及支架结构的稳定性、刚度。

④模板表面相邻两面板高差。

⑤局部不平。

⑥表面水泥砂浆黏结。

⑦表面涂刷脱模剂。

⑧接缝缝隙。

⑨立模线与设计轮廓线偏差预。

⑩留孔、洞尺寸及位置偏差。

⑪测量检查、复核资料。

4. 钢筋的检查项目

①审批号、钢号、规格。

②钢筋表面处理。

③保护层厚度局部偏差。

④主筋间距局部偏差。

⑤箍筋间距局部偏差。

⑥分布筋间距局部偏差。

⑦安装后的刚度及稳定性。

⑧焊缝表面。

⑨焊缝长度。

⑩焊缝高度。

⑪焊接试验效果。

⑫钢筋直螺纹连接的接头检查。

5. 止水、伸缩缝的检查项目

①是否按规定的技术方案安装止水结构（如加固措施、混凝土浇筑等）。

②金属止水片和橡胶止水带的几何尺寸。

③金属止水片和橡胶止水带的搭结长度。

④安装偏差。

⑤插入基础部分。

⑥敷沥青麻丝料。

⑦焊接、搭结质量。

⑧橡胶止水带塑化质量。

6.预埋件的检查项目

①预埋件的规格。

②预埋件的表面。

③预埋件的位置偏差。

④预埋件的安装牢固性。

⑤预埋管子的连接。

7.混凝土预制件的安装

①混凝土预制件外形尺寸和强度应符合设计要求。

②混凝土预制件型号、安装位置应符合设计要求。

③混凝土预制件安装时其底部及构件间接触部位连接应符合设计要求。

④主体工程混凝土预制构件制作必须按试验室签发的配合比施工，并由试验室检查，出厂前应进行验收，合格后方能出厂使用。

8.灌浆系统的检查项目

①灌浆系统埋件（如管路、止浆体）的材料、规格、尺寸应符合设计要求。

②埋件位置要准确、固定，并连接牢固。

③埋件的管路必须畅通。

9.入仓口

汽车直接入仓的入仓口道路的回填及预浇常态混凝土道路的强度（横缝处），必须在开仓前准备就绪。

10.仓内施工设备

包括振动碾、平仓机、振捣器和检测设备，必须在开仓前按施工要求的台数就位，并保持良好的机况，无漏油现象发生。

11.冷却水管

采用导热系数 $\lambda \geqslant 1.0 KJ/m \cdot h \cdot ℃$，内径28mm，壁厚2mm的高密度聚乙烯塑料管，按设计图蛇行布置。单根循环水管的长度不大于250m，冷却水管接头必须密封，开仓之前水管不得堵塞或漏水，否则进行更换。

（三）验收合格证签发和施工中的检查

①施工单位内部"三检"制对各条款全部检查合格后，由质检员申请监理工程师验收，经验收合格后，由监理工程师签发开仓证。

②未签发开仓合格证，严禁开仓浇筑混凝土，否则作严重违章处理。

③在碾压混凝土施工过程中，应派人值班并认真保护，发现异常情况及时认真检查处理，如损坏严重应立即报告质检人员，通知相关作业队迅速采取措施纠正，并需重新进行验仓。

④在碾压混凝土施工中，仓面每班专职质检人员包括质检员 1 人，试验室检测员 2 人。质检人员应相互配合，对施工中出现的问题，需尽快反映给指挥长，指挥长负责协调处理。仓面值班监理工程师或质检员发现质量问题时，指挥长必须无条件按监理工程师或质检员的意见执行，如有不同意见可在执行后向上级领导反映。

五、混凝土拌和与管理

（一）拌和管理

①混凝土拌和车间应对碾压混凝土拌和生产与拌和质量全面负责。值班试验工负责对混凝土拌和质量全面监控，动态调整混凝土配合比，并按规定进行抽样检验和成型试件。

②为保证碾压混凝土连续生产，拌和楼和试验室值班人员必须坚守岗位，认真负责和填写好质量控制原始记录，严格坚持现场交接班制度。

③拌和楼和试验室应紧密配合，共同把好质量关，对混凝土拌和生产中出现的质量问题应及时协商处理。当意见不一致时，以试验室的处理意见为准。

④拌和车间对拌和系统必须定期检查、维修保养，保证拌和系统正常运转和文明施工。

⑤工程处试验室负责原材料、配料、拌和物质量的检查检验工作，负责配合比的调整优化工作。

（二）混凝土拌和

①混凝土拌和楼计量必须经过计量监督站检验合格才能使用。拌和楼称量设备精度检验由混凝土拌和车间负责实施。

②每班开机前（包括更换配料单），应按试验室签发的配料单定称，经试验室值班人员校核无误后方可开机拌和。用水量调整权属试验室值班人员，未经当班试验员同意，任何人不得擅自改变用水量。

③碾压混凝土料应充分搅拌均匀，满足施工的工作度要求，其投料顺序按沙＋小石＋中石＋大石→水泥＋粉煤灰→水＋外加剂，投料完后，强制式拌和楼拌和时间为75s（外掺氧化镁加60s），自落式拌和楼拌和时间为150s（外掺氧化镁加60s）。

④混凝土拌和过程中，试验室值班人员对出机口混凝土质量情况加强巡视、检查，发现异常情况应查找原因并及时处理，严禁不合格的混凝土入仓。构成下列情况之一者作为碾压混凝土废料，经处理合格后方使用：拌和不充分的生料；VC值大于30s或小于1s；混凝土拌和物均匀性差，达不到密度要求；当发现混凝土拌和楼配料超重、欠称的混凝土。

⑤拌和过程中，拌和楼值班人员应经常观察灰浆在拌和机叶片上的黏结情况，若黏结严重应及时清理。交接班之前，必须将拌和机内黏结物清除。

⑥配料、拌和过程中出现漏水、漏液、漏灰和电子秤频繁跳动现象后，应及时检修，严重影响混凝土质量时应临时停机处理。

⑦混凝土施工人员均必须在现场岗位交接班，不得因交接班中断生产。

⑧拌和楼机口混凝土VC值控制，应在配合比设计范围内，根据气候和途中损失值情况由指挥长通知值班试验员进行动态控制，如若超出配合比设计调整值范围，值班试验员需报告工程处试验室，由工程处试验室对VC值进行合理的变更，变更时应保持W/C+F不变。

六、混凝土运输

（一）自卸汽车运输

①由驾驶员负责自卸汽车运输过程中的相关工作，每一仓块混凝土浇筑前后应冲洗汽车车厢使之保持干净，自卸汽车运输RCC应按要求加盖遮阳棚，减少RCC温度回升，仓面混凝土带班负责检查执行情况。

②采用自卸汽车运输混凝土时，车辆行走的道路必须平整，自卸汽车入仓道路采用道路面层用小碎渣填平，防止坑洼及路基不稳，道路面层铺设洁净卵（碎）石。

③混凝土浇筑块开仓前，由前方工段负责进仓道路的修筑及其路况的

检查，发现问题及时安排整改。冲洗人员负责自卸汽车入仓前用洗车台或人工用高压水将轮胎冲洗干净，并行经脱水路面以防将水带入仓面，轮胎冲洗情况由值班人员负责检查。

④汽车装运混凝土时，司机应服从放料人员指挥。由集料斗向汽车放料时，自卸汽车驾驶员必须坚持分两次受料，防止高堆骨料分离。装满料后驾驶室应挂标识牌，标明所装混凝土的种类后才可驶离拌和楼，未悬挂标识牌的汽车不得驶离拌和楼进入浇筑仓内。装好的料必须及时运送到仓面，倒料时必须按要求带条依次倒料。混凝土进仓采用进占式，倒料叠压在已平仓的混凝土面上，倒完料后车必须立即开出仓外。

⑤驾驶员负责在仓面运输混凝土的汽车应保持整洁，加强保养、维修，保持车况良好，无漏油、漏水现象。

⑥自卸汽车进仓后，司机应听从仓面指挥长的指挥，不得擅自乱倒。自卸汽车在仓面上应行驶平稳、严格控制速度，无论是空车还是载重，其行驶速度必须控制在5km/h之内，行车路线尽量避开已铺砂浆或水泥浆的部位，避免急刹车、急转弯等有损RCC质量的操作。

（二）溜管运行管理

①溜管安装应符合设计要求。溜管由受料斗、溜管、缓解降器、阀门、集料斗（或转向溜槽或运输汽车）等几部分组成。

阀门开关应灵活，可调节速度，保证徐料均匀流动；受、集料斗按16m³设计，放料时必须有存底料；缓解降器左右旋成对安装，安装间距为9～15m，但最下部的缓解降器距集料斗（或转向溜槽）不超过6m，出料口距自卸车车厢内混凝土面的高度小于2m。

②溜管在安装后必须经过测试、验收合格，方可投入生产。

③仓面收仓后、RCC终凝前，如需对溜槽冲洗保养，其出口段设置水箱接水，防止冲洗水洒落仓内。

七、仓内施工管理

（一）仓面管理

①碾压混凝土仓面施工由前方工段负责，全面安排、组织、指挥、协调碾压混凝土施工，对进度、质量、安全负责。前方工段应接受技术组的技术指导，遇到处理不了的技术问题时，应及时向工程部反映，以便尽快解决。

②实验室现场检测员对施工质量进行检查和抽样检验，按规定填写记录。发现问题应及时报告指挥长和仓面质检员，并配合查找原因且做详细记录，如发现问题不报告则视为失职。

③所有参加碾压混凝土施工的人员，必须遵守现场交接班制度，坚守工作岗位，按规定做好施工记录。

④为保持仓面干净，禁止一切人员向仓面抛掷任何杂物（如烟头、矿泉水瓶等）。

（二）仓面设备管理

1. 设备进仓

①仓面施工设备应按仓面设计要求配置齐全。

②设备进仓前应进行全面检查和保养，使设备处于良好运行状态方可进入仓面，设备检查由操作手负责，要求作详细记录并接受机电物资部检查。

③设备在进仓前应进行全面清洗，汽车进仓前应把车厢内外、轮胎、底部、叶子板及车架的污泥冲洗干净，冲洗后还必须脱水干净方可入仓，设备清洗状况由前方工段不定期检查。

2. 设备运行

①设备的运行应按操作规程进行，设备专人使用，持证上岗，操作手应爱护设备，不得随意让别人使用。

②驾驶员驾驶汽车在碾压混凝土仓面行驶时，应避免紧急刹车、急转弯等有损混凝土质量的操作。汽车卸料应听从仓面指挥，指挥必须采用持旗和口哨方式。

③施工设备应尽可能利用RCC进仓道路在仓外加油，若在仓面加油必须采取铺垫地毡等措施，以保护仓面不受污染，质检人员负责监督检查。

3. 设备停放

①仓面设备的停放由调度安排，做到设备停放文明整齐，操作手必须无条件服从指挥，不使用的设备应撤出仓面。

②施工仓面上的所有设备、检测仪器工具，暂不工作时，均应停放在指定的位置上或不影响施工的位置。

4. 设备维修

①设备由操作手定期维修保养，维修保养要求作详细记录，出现设备

故障情况应及时报告仓面指挥长和机电物资部。

②维修设备应尽可能利用碾压混凝土入仓道路开出仓面，或吊出仓面，如必须在仓面维修时，仓面须铺垫地毡，保护仓面不受污染。

（三）仓面施工人员管理

1. 允许进入仓面人员的规定

①凡进入碾压混凝土仓面的人员必须将鞋子上黏着的污泥洗净，禁止向仓面抛掷任何杂物。

②进入仓面的其他人员行走路线或停留位置不得影响正常施工。

2. 施工人员的培训与教育

①施工人员必须经过培训并经考核合格、具备施工能力方可参加 RCC 施工。

②施工技术人员要定期进行培训，加强继续教育，不断提高素质和技术水平。

③培训工作由混凝土公司负责，工程部协助，各种培训工种按一体化要求进行计划、等级和考核。

（四）卸料

1. 铺筑

180m 高程以下碾压混凝土采用汽车直接进仓，大仓面薄层连续铺筑，每层间隔层为 3m。为了缩短覆盖时间，采用条带平推法，铺料厚度为 35cm，每层压实厚度为 30m。高温季节或雨季应考虑斜层铺筑法。

2. 卸料

①在施工缝面铺第一碾压层卸料前，应先均匀摊铺 1 ~ 1.5cm 厚水泥砂浆，随铺随卸料，以利层面结合。

②采用自卸汽车直接进仓卸料时，为了减少骨料分离，卸料宜采用双点叠压式卸料。卸料尽可能均匀，料堆旁出现的少量骨料分离，应由人工或其他机械将其均匀地摊铺到未碾压的混凝土面上

③仓内铺设冷却水管时，冷却水管铺设在第一个碾压混凝土坯层"热升层"30cm 或 1.5m 坯层上，避免自卸汽车直接碾压 HDPE 冷却水管而造成水管破裂渗漏。

④采用吊罐入仓时，由吊罐指挥人员负责指挥，卸料自由高度不宜大

于 1.5m。

⑤卸料堆边缘与模板距离不应小于 1.2m。

⑥卸料平仓时应严格控制三级配和二级配混凝土分界线，分界线每 20m 设一红旗进行标识，混凝土摊铺后的误差对于二级配不允许有负值，也不得大于 50cm，并由专职质检员负责检查。

（五）平仓

①测量人员负责在周边模板上每隔 20m 画线放样，标示桩号、高程，每隔 10m 绘制平仓厚度 35cm 控制线，用于控制摊铺层厚等；对二级配区和三级配区等不同混凝土之间的混凝土分界线每 20m 进行放样一个点，放样点用红旗标示。

②采用平仓机平仓，运行时履带不得破坏已碾好的混凝土，人工辅助边缘部位及其他部位的堆卸与平仓作业。平仓机采用 TBS80 或 D50，平仓时应严格控制二级配及三级配混凝土的分界线，二级配平仓宽度小于 2.0m 时，卸料平仓必须从上游往下游推进，保证防渗层的厚度。

③平仓开始时采用串联式摊铺法及深插中间料分散于两边粗料中，来回三次均匀分布粗骨料后，才可平整仓面，部分粗骨料集中应用人工分散于细料中。

④平仓后仓面应平顺没有显著凹凸起伏，不允许仓面向下游倾斜。

⑤平仓作业采取"少刮、浅推、快提、快下"操作要领平仓，RCC 平仓方向应按浇筑仓面设计的要求，摊铺要均匀，每碾压层平仓一次，质检员根据周边所画出的平仓线进行拉线检查，每层平仓厚度为 35cm。检查结果超出规定值的部分必须重新平仓，局部不平部位用人工辅助推平。

⑥混凝土卸料应及时平仓，以满足由拌和物投料起至拌和物在仓面上于 1.5h 内碾压完毕的要求。

⑦平仓过程出现在两侧和坡脚集中的骨料由人工均匀分散于条带上，在两侧集中的大骨料未做人工分散时，不得卸压新料。

⑧平仓后层面上若发现层面有局部骨料集中，可用人工铺撒细骨料予以分散均匀处理。

（六）碾压

①对计划采用的各类碾压设备，应在正式浇筑 RCC 前，通过碾压试验

来确定满足混凝土设计要求的各项碾压参数，并经监理工程师批准。

②由碾压机手负责碾压作业，每个条带铺筑层摊平后，按要求的振动碾压遍数进行碾压，采用 BM202AD、BM203AD 振动碾。VC 值在 46s 时，一般采用无振 2 遍 + 有振 6 遍 + 静碾 2 遍；VC 值大于 15s 时，采用无振 2 遍 + 有振 8 遍 + 静碾 2 遍；当 VC 值超过 20s 或平仓后 RCC 发白时，先采用人工造雾使混凝土表面湿润，在无振碾时振动碾自喷水，振动后使混凝土表面泛浆。碾压遍数是控制祉质量的重要环节，一般采用翻牌法记录遍数，以防漏压。碾压机手在每一条带碾压过程中，必须记点碾压遍数，不得随意更改。混凝土值班人员和专职质检员可以根据表面泛浆情况和核子密度仪检测结果决定是否增加碾压遍数。专职质检员负责碾压作业的随机检查，碾压方向应按仓面设计的要求，碾压方向应为顺坝轴线方向，碾压条带间的搭结宽度为 20cm，端头部位搭结宽度不少于 100cm。

③由试验室人员负责碾压结果检测，每层碾压作业结束后，应及时按网格布点检测混凝土压实容重，核子密度计按 100 ~ 200m² 的网格布点且每一碾压层面不少于 3 个点。相对压实度的控制标准为：三级配混凝土应 ≥ 97%、二级配应 ≥ 98%，若未达到，应重新碾压达到要求。

④碾压机手负责控制振动碾行走速度在 1.0 ~ 1.5km/h 范围内。

⑤碾压混凝土的层间间隔时间应控制在混凝土的初凝时间之内。若在初凝与终凝之间，可在表层铺砂浆或喷浆后，继续碾压；达到终凝时间，必须当冷缝处理。

⑥由于高气温、强烈日晒等因素的影响，已摊铺但尚未碾压的混凝土容易出现表面水分损失，碾压混凝土如平仓后 30min 内尚未碾压，宜在有振碾的第一遍和第二遍开启振动碾自带的水箱进行洒水补偿，水分补偿的程度以碾压后层面湿润和碾压后充分泛浆为准，不允许过多洒水而影响混凝土结合面的质量。

⑦当密实度低于设计要求时，应及时通知碾压机手，按指示补碾，补碾后仍达不到要求，应挖除处理。碾压过程中仓面质检员应做好施工情况记录，质检人员做好质检记录。

⑧模板、基岩周边采用 BM202AD 振动碾直接靠近碾压，无法碾压到的 50 ~ 100cm 或复杂结构物周边，可直接浇筑富浆混凝土。

⑨碾压混凝土出现有弹簧土时，检测的相对密实度达到要求，可不处理；若未达到要求，应挖开排气并重新压实达到要求。混凝土表层产生裂纹、表面骨料集中部位碾压不密实时，质检人员应要求混凝土值班人员进行人工挖除，重新铺料碾压达到设计要求。

⑩仓面的 VC 值根据现场碾压试验，VC 值以 3 ~ 5s 为宜，阳光暴晒且气温高于 25℃时取 3s，出现 3mm/h 以内的降雨时，VC 值为 6 ~ 10s，现场试验室应根据现场气温、昼夜、阴晴、湿度等气候条件适当动态调整出机口 VC 值。碾压混凝土以碾压完毕的混凝土层面达到全面泛浆、人在层面上行走微有弹性、层面无骨料集中为标准。

（七）缝面处理

1. 施工缝处理

①整个 RCC 坝块浇筑必须充分连续一致，使之凝结成一个整体，不得有层间薄弱面和渗水通道。

②冷缝及施工缝必须进行缝面处理，处理合格后方能继续施工。

③缝面处理应采用高压水冲毛等方法，清除混凝土表面的浮浆及松动骨料（以露出沙粒、小石为准）。处理合格后，先均匀刮铺一层 1 ~ 1.5cm 厚的砂浆（砂浆强度等级与 RCC 高一级），然后才能摊铺碾压混凝土。

④冲毛时间根据施工时段的气温条件、混凝土强度和设备性能等因素，经现场试验确定，混凝土缝面的最佳冲毛时间为碾压混凝土终凝后 2 ~ 4h，不得提前进行。

⑤RCC 铺筑层面收仓时，基本上达到同一高程，或者下游侧略高、上游侧略低（i = 1%）的斜面。因施工计划变更、降雨或其他原因造成施工中断时，应及时对已摊铺的混凝土进行碾压，停止铺筑处的混凝土面宜碾压成不大于 1：4 的斜面。

⑥由仓面混凝土带班人负责在浇筑过程中保持缝面洁净和湿润，不得有污染、干燥区和积水区。为减少仓面二次污染，砂浆宜逐条带分段依次铺浆。已受污染的缝面待铺砂浆之前应清扫干净。

2. 造缝

由仓面指挥长负责安排切缝时间，在混凝土初凝前完成。切缝采用 NPFQ-1 小型振动式切缝机，宜采用"先碾后切"的方法，切缝深度不小于

25cm，成缝面积每层应不小于设计面积的 60%，填缝材料用彩条布，随刀片压入。

3. 层面处理

①由仓面指挥长负责层面处理工作，不超过初凝时间的层面不做处理，超过初凝时间的层面按表 6-2 要求处理。

表 6-2 碾压混凝土层面凝结状态及其处理工艺

凝结状态	时限（h）	处理工艺
热缝	≤ 5	铺筑前表面重新碾压泛浆后，直接铺筑
温缝	≤ 12	铺筑高一强度等级砂浆 1 ~ 1.5cm 后铺筑上一层
冷缝	> 12	冲毛后铺筑高一强度等级砂浆或细石混凝土再铺筑上一层

备注：当平均气温高于 25℃时按上表进行控制，当平均气温小于 25℃时时限可再延长 1 ~ 1.5h。

②水泥砂浆铺设全过程，应由仓面混凝土带班安排，在需要洒铺作业前 1h，应通知值班人员进行制浆准备工作，保证需要灰浆时可立即开始作业。

③砂浆铺设与变态混凝土摊铺同步连续进行，防止砂浆的黏结性能受水分蒸发的影响，砂浆摊铺后 20 ~ 30min 内必须覆盖。

④洒铺水泥浆前，仓面混凝土带班必须负责监督洒铺区干净、无积水，并避免出现水泥砂浆晒干问题。

（八）埋件施工与管理

1. 止水结构

①伸缩缝上下游止水片的材料及施工要求应符合有关规定。

②止水结构施工由机电车间负责，位置要有测量放样数据，要求放样和埋设准确，止水片埋设必须采用"一"字形且以结构缝为中对称的安装方法，禁止采用贴模板内的"7"字形安装方法。在止水材料周围 1.5m 范围采用一级配混凝土和软轴振捣器振捣密实，以免产生任何渗水通道。质检人员应把止水设施的施工作为重要质控项目加以检查和监督。

（九）入仓口施工

①采用自卸汽车直接运输碾压混凝土入仓时，入仓口施工是一个重要施工环节，直接影响 RCC 施工速度和坝体混凝土施工质量。

②RCC 入仓口应精心规划，一般布置在坝体横缝处，且距坝体上游防渗层下游 15m ~ 20m。

③入仓口采用预先浇筑仓内斜坡道的方法，其坡度应满足自卸汽车入仓要求。

④入仓口施工由仓面指挥长负责指挥，采用常态混凝土，其强度等级不低于坝体混凝土设计强度等级，应与坝体混凝土同样确保振捣密实（特别是斜坡道边坡部分）。施工时段应有计划地充分利用混凝土浇筑仓位间歇期，提前安排施工，以便斜坡道混凝土有足够强度行走自卸汽车。

八、变态混凝土施工

（一）富浆混凝土浇筑

①电站变态混凝土施工的第一方案采用在拌和楼生产富浆混凝土，运输至工作采用高频振捣器振捣密实，主要施工部位为上游面50cm变态混凝土区域，以及岸坡60cm、廊道周边50cm、下游斜面模板边等。

②富浆混凝土采用在拌和二级配碾压混凝土中掺50 l/m³的胶浆，胶浆水胶比控制在0.5，粉煤灰掺量为50%，外加剂掺量为0.7%，使混凝土坍落度达到1～1.5cm。

③针对上游模板或沿基岩边坡这种振动碾无法碾压地区，采用富浆混凝土施工，其铺筑宽度为50cm，采用φ100高频振捣器，沿模板边有外到里，依次振捣，防止超捣及漏振，若混凝土稠度偏小时，用力尽快将振捣器插入校，直到混凝土表面翻浆粗骨多数下沉时缓慢拨起，边拔边用脚踏平孔洞。为了防止边部有气泡，可采用软轴振捣器，沿模板边进行二次振捣，待全部振实后用平板振捣器拖平。

（二）加浆混凝土浇筑

①加浆混凝土采用在摊铺好的碾压混凝土面上用φ100的振捣棒人工造孔，造孔按矩形或梅花形布置，孔距约为30cm，孔深20cm。然后人工手提桶定量定孔数进行顶面加浆，加浆量控制在50 l/m³，最大不得大于60 l/m³，加浆5～10min后进行振捣。

②加浆混凝土主要用于两岸坡基岩面，大坝上下游模板面，伸缩缝，上，下游止水位置，廊道，电梯井周边及振动碾压不到的地方，也可用在常态混凝土与RCC交接部位。变态混凝土与RCC可同步或交叉浇筑，并应在两种混凝土规定时间内振捣或碾压完毕。

③根据现场情况，宜采用先变态混凝土后碾压混凝土的方式。如采用

先碾压后变态的方式，在变态混凝土与 RCC 交接处，用振捣器向 RCC 方向振捣，使两者互相融混密实。

④对于上游面 30cm 变态混凝土区域，以及岸坡 60cm、廊道周边 50cm、下游斜面模板边的变态混凝土施工，采用在摊铺好的碾压混凝土面上用中 100 的振捣棒人工造孔，造孔按矩形或梅花形布置，孔距约为 30cm，孔深 20cm，先变态混凝土后碾压混凝土时的振捣时间 ≥ 20s，先碾压混凝土后变态混凝土时的振捣时间 ≥ 30s。对于变态混凝土与碾压混凝土搭接凸出部分，用振动碾把搭接部位碾平。

⑤对于岸坡部位的基础面垫层混凝土，应与坝体 RCC 同步浇筑，先施工碾压混凝土，后加浆振捣基础变态混凝土。两种混凝土均在 1.5h 内振捣完毕。

⑥制浆站接到浇筑工区的通知后即可制浆，水泥浆的配比由试验室提供，制浆应做到配料准确、均匀，特别要控制好外加剂掺量。

⑦加浆混凝土的浇筑控制在变态混凝土区，不得在仓内出现灰浆漫溢、飞溅等现象。

（三）防渗层施工

①电站碾压混凝土坝的上游面，设置二级配 RCC 混凝土作为防渗结构体，它的厚度可根据上游面所承受的水压力和水位变化情况做适当变化。

②大坝上游面变态混凝土、二级配 RCC 混凝土防渗体尤其要严格控制混凝土施工质量，防渗体的渗透系数要求小于坝体垂直向的渗透系数，这是目前碾压混凝土坝防渗工作的难点之一。

③实际碾压混凝土工程整体的抗渗能力主要受水平施工缝面抗渗性能所控制，要特别注意对碾压混凝土坝上游区二级配混凝土层面进行抗渗处理，确保层面有良好的结合，达到防渗的目的。

④防渗体变态混凝土采用拌和楼集中搅拌富浆混凝土、现场振捣密实的浇筑方法。当采用加浆混凝土时，应在模板边缘人工铺料的基础上进一步剔除大石，以利水泥浆的渗入和振捣棒插入操作，确保掺浆变态混凝土质量。上游防渗体变态混凝土必须加强振捣（亦应防止过振），确保混凝土密实。

九、斜层平推法施工

①碾压混凝土坝在高气温、强烈日照的环境条件下，碾压混凝土放置

时间越长质量越差，所以大幅度缩减层间间隔时间是提高层间结合质量的最有效、最彻底的措施。而采用斜层铺筑法，浇筑作业面积比仓面面积小，可以灵活地控制层间间隔时间的长短，在质量控制上有着特殊重要的意义。

②每一仓块由工程部绘制详细的仓面设计，仓面指挥长、质检员等必须在开仓前熟悉浇筑要领，并按仓面设计的要求组织实施。

③浇筑工区测量员负责在周边模板上按浇筑要领图上的要求和测量放样，每隔10m画出碾压层控制线，标示桩号、高程和平仓控制线，用于控制斜面摊铺层厚度。

④按1：10～1：15坡度放样，砂浆摊铺长度与碾压混凝土条带宽度相对应。

⑤下一层RCC开始前，挖除坡脚放样线以外的RCC，坡脚切除高度以切除到砂浆为准，已初凝的混凝土料作废料处理。

⑥采用斜层平推法浇筑碾压混凝土时，"平推"方向可以为两种：一种方向垂直于坝轴线，即碾压层面倾向上游，混凝土浇筑从下游向上游推进；另一种是平行于坝轴线，即碾压层面从一岸倾向另一岸。碾压混凝土铺筑层以固定方向逐条带铺筑，坝体迎水面8～15m范围内，平仓、碾压方向应与坝轴线方向平行。

⑦开仓段碾压混凝土施工。碾压混凝土拌和料运输到仓面，按规定的尺寸和规定的顺序进行开仓段施工，其要领在于减少每个铺筑层在斜层前进方向上的厚度，并要求使上一层全部包容下一层，逐渐形成倾斜面。沿斜层前进方向每增加一个升程，都要对老混凝土面（水平施工缝面）进行清洗并铺砂浆。碾压时控制振动碾不得行驶到老混凝土面上，以避免压碎坡角处的骨料而影响该处碾压混凝土的质量。

⑧碾压混凝土的斜层铺筑。这是碾压混凝土的核心部分，其基本方法与水平层铺筑法相同。为防止坡角处的碾压混凝土骨料被压碎而形成质量缺陷，施工中应采取预铺水平垫层的方法，并控制振动碾不得行驶到老混凝土面上去，施工中按图中的序号施工。首先清扫、清洗老混凝土面（水平施工缝面），摊铺砂浆，然后沿碾压混凝土宽度方向摊铺并碾压混凝土拌和物，形成水平垫层，水平垫层超出坡脚前缘30～50cm。第一次不予碾压而与下一层的水平垫层一起碾压，以避免坡脚处骨料压碎。接下来进行下一个斜层

铺筑碾压。如此往复，直至收仓段施工。

⑨收仓段碾压混凝土施工。首先进行老混凝土面的清扫、冲洗、摊铺砂浆，然后采用折线形状施工，其中折线的水平段长度为 8 ~ 10m，当浇筑面积越来越小时，水平层和折线层交替铺筑，满足层间间歇的时间要求。

第三节 混凝土水闸施工

一、施工准备

①按施工图纸及招标文件要求制定混凝土施工作业措施计划，并报监理工程师审批；

②完成现场试验室配置，包括主要人员、必要试验仪器设备等；

③选定合格原材料供应源，并组织进场、进行试验检验；

④设计各品种、各级别混凝土配合比，并进行试拌、试验，确定施工配合比；

⑤选定混凝土搅拌设备，进场并安装就位，进行试运行；

⑥选定混凝土输送设备，修筑临时浇筑便道；

⑦准备混凝土浇筑、振捣、养护用器具、设备及材料；

⑧进行特殊气候下混凝土浇筑准备工作；

⑨安排其他施工机械设备及劳动力组合。

二、混凝土配合比

工程设计所采用的混凝土品种主要为 C30，二期混凝土为 C40，在商品混凝土厂家选定后分别进行配合比的设计。用于工程施工的混凝土配合比，应通过试验并经监理工程师审核确定，在满足强度耐久性、抗渗性、抗冻性及施工要求的前提下，做到经济合理。

混凝土配合比设计步骤如下：

（一）确定混凝土试配强度

为了确保实际施工混凝土强度满足设计及规范要求，混凝土的试配强度要比设计强度提高一个等级。

（二）确定水灰比

严格按技术规范要求，根据所有原料、使用部位、强度等级及特殊要求分别计算确定。实际选用的水灰比应满足设计及规范的要求。

（三）确定水泥用量

水泥用量以不低于招标文件规定的不同使用部位的最小水泥用量确定，且能满足规范需要及特殊用途混凝土的性能要求。

（四）确定合理的含沙率

沙率的选择依据所用骨料的品种、规格、混凝土水灰比及满足特殊用途混凝土的性能要求来确定。

（五）混凝土试配和调整

按照经计算确定的各品种混凝土配合比进行试拌，每品种混凝土用三个不同的配合比进行拌和试验并制作试压块，根据拌和物的和易性、坍落度、28天抗压强度、试验结果，确定最优配合比。

对于有特殊要求（如抗渗、抗冻、耐腐蚀等）的混凝土，则需根据经验或外加剂使用说明按不同的掺入料、外加剂掺量进行试配并制作试压块，根据拌和物的和易性、坍落度和28天抗压强度、特殊性能试验结果，确定最优配合比。

在实际施工中，要根据现场骨料的实际含水量调整设计混凝土配合比的实际生产用水量并报监理工程师批准。同时在混凝土生产过程中随时检查配料情况，如有偏差及时调整。

三、混凝土运输

工程商品混凝土使用泵送混凝土，运输方式为混凝土罐车陆路运输，从出厂到工地现场距离约为30km，用时约为40min。

四、混凝土浇筑

工程主体结构以钢筋混凝土结构为主，施工安排遵循"先主后次、先深后浅、先重后轻"的原则，以闸室、翼墙、导流墩、便桥为施工主线，防渗铺盖、护底、护坡、护面等穿插进行。

工程建筑物的施工根据各部位的结构特点、型式分块、分层进行。底板工程分块以设计分块为准。

①闸室、泵室：底板以上分闸墩、排架2次到顶。

②上下游翼墙：底板以上1次到顶。

五、部位施工方法

（一）水闸施工内容

①地基开挖、处理及防渗、排水设施的施工。

②闸室工程的底板、闸墩、胸墙及工作桥等施工。

③上、下游连接段工程的铺盖、护坦、海漫及防冲槽的施工。

④两岸工程的上、下游翼墙、刺墙及护坡的施工。

⑤闸门及启闭设备的安装。

（二）平原地区水闸施工特点

①施工场地开阔，现场布置方便。

②地基多为软基，受地下水影响大，排水困难，地基处理复杂。

③河道流量大，导流困难，一般要求一个枯水期完成主要工程量的施工，施工强度大。

④水闸多为薄而小的混凝土结构，仓面小，对施工有一定干扰。

（三）水闸混凝土浇筑次序

混凝土工程是水闸施工的主要环节（占工程历时一半以上），必须重点安排，施工时可按下述次序考虑：

①先浇深基础，后浅基础，避免浅基础混凝土产生裂缝。

②先浇影响上部工程施工的部位或高度较大的工程部位。

③先主要后次要部分，其他穿插进行。主要与次要由以下三方面区分：

第一，后浇是否影响其他部位的安全；

第二，后浇是否影响后续工序的施工；

第三，后浇是否影响基础的养护和施工费用。

上述可概括为"十六字方针"即"先深后浅、先重后轻、先主后次、穿插进行"。

（四）闸基开挖与处理

1. 软基开挖

第一，可用人工和机械方法开挖，软基开挖受动水压力的影响较大，易产生流沙，边坡失稳现象，所以关键是减小动水压力。

第二，防止流沙的方法（减小动水压力）。

①人工降低地下水位：可增加土的安息角和密实度，减小基坑开挖和

回填量。可用无沙混凝土井管或轻型井点排水。

②滤水拦沙法稳定基坑边坡：当只能用明式排水时，可采用如下方法稳定边坡：苇捆叠砌拦沙法；柴枕拦沙法；坡面铺设护面层。

2. 软基处理

①换土法。当软基土层厚度不大，可全部挖出，可换填沙土或重粉质壤土，分层夯实。

②排水法。采用加速排水固结法，提高地基承载力，通常用沙井预压法。沙井直径为 30 ~ 50cm，井距为 4 ~ 10 倍的井径，常用范围 2 ~ 4m。一般用射水法成井，然后灌注级配良好的中粗沙，成为沙井。井上区域覆盖 1m 左右沙子，作排水和预压载重，预压荷载一般为设计荷载的 1.2 ~ 1.5 倍。沙井深度以 10 ~ 20m 为宜。

③振冲法。用振冲器在土层中振冲成孔，同时填以最大粒径不超 5cm 的碎石或砾石，形成碎石桩以达到加固地基的目的。桩径为 0.6 ~ 1.1m，桩距 1.2 ~ 2.5m。适用于松沙地基，也可用于黏性土地基。

④混凝土灌注桩。

⑤旋喷法。

⑥强夯法。

采用履带式起重机，锤重 10t，落距 10m，有效深度达 4 ~ 5m。可节约大量的土方开挖。

（五）闸室施工（平底板）

1. 筑块划分

由于受运用条件和施工条件等的限制，混凝土被结构缝和施工缝划分为若干筑块。一般采用平层浇筑法。当混凝土拌和能力受到限制时，亦可用斜层浇筑法。

（1）搭设脚手架，架立模板

利用事先预制的混凝土柱，搭设脚手架。底板较大时，可采用活动脚手浇筑方案。

（2）混凝土的浇筑

可分两个作业组，分层浇筑。先一、二组同时浇筑下游齿墙，待齿墙浇平后，将一组调到上游浇齿墙，二组则从下游向上游开始浇第一坯混凝土。

（六）闸墩施工

1. 闸墩模板安装

（1）"铁板螺栓，对拉撑木"的模板安装

采用对销螺栓、铁板螺栓保证闸墩的厚度，并固定横、纵围图，铁板螺栓还有固定对拉撑木之用，对销螺栓与铁板螺栓间隔布置。对拉撑木保证闸墩的铅直度和不变形。

（2）混凝土的浇筑

需解决好同一块闸底板上混凝土闸墩的均衡上升和流态混凝土的入仓及仓内混凝土的铺筑问题。

（七）止水设施的施工

为了适应地基的不均匀沉降和伸缩变形，水闸设计应设置温度缝和沉陷缝（一般用沉陷缝代替温度缝的作用）。沉陷缝有铅直和水平两种，缝宽 1.0 ~ 2.5cm，缝内设填料和止水。

1. 沉陷缝填料的施工

常用的填料有沥青油毛毡、沥青杉木板、沥青芦席等。其安装方法如下：

（1）先固定填料，后浇混凝土

先用铁钉将填料固定在模板内侧，然后浇筑混凝土，这样拆模后填料即可固定在混凝土上。

（2）先浇混凝土，后固定填料

在浇筑混凝土时，先在模板内侧钉长铁钉数排（使铁钉外露长度的 2/3），待混凝土浇好、拆模后，再将填料钉在铁钉上，并敲弯铁钉，使填料固定在混凝土面上。

2. 止水的施工

位于防渗范围内的缝，都应设止水设施。止水缝应形成封闭整体。

（1）水平止水

常用塑料止水带，施工方法同填料。

（2）垂直止水

①常用金属片，重要部分用紫铜片，一般用铝片、镀锌铁片或镀铜铁片等。

②沥青井。

（3）接缝交叉的处理

①交叉缝的分类

第一，垂直交叉：垂直缝与水平缝的交叉。

第二，水平交叉：水平缝与水平缝的交叉。

②处理方法

第一，柔性连接：在交叉处止水片就位后，用沥青块体将接缝包裹起来。一般用于垂直交叉处理。

第二，刚性连接：将交叉处金属片适当裁剪，然后用气焊焊接。一般用于水平交叉连接。

（八）门槽二期混凝土施工

大中型水闸的导轨、铁件等较大、较重，在模板上固定较为困难，宜采用预留槽，浇二期混凝土的施工方法。

1.门槽垂直度控制

采用吊锤校正门槽和导轨模板的铅直度，吊锤可选用 0.5 ~ 1.0kg 的大垂球。

2.门槽二期混凝土浇筑

①在闸墩立模时，于门槽部位留出较门槽尺寸大的凹槽，并将导轨基础螺栓埋设于凹槽内侧，浇筑混凝土后，基础螺栓固定于混凝土内。

②将导轨固定于基础螺栓上，并校正位置准确，浇筑二期混凝土。二期混凝土用细骨料混凝土。

六、混凝土养护

混凝土的养护对强度增长、表面质量等至关重要，混凝土的养护期时间应符合规范要求。在养护期前期应始终保持混凝土表面处于湿润状态，其后养护期内应经常进行洒水养护，确保混凝土强度的正常增长条件，以保证建筑物在施工期和投入使用初期的安全性。

工程底部结构采用草包、塑料薄膜覆盖养护，中上部结构采用塑料喷膜法养护，即将塑料溶液喷洒在混凝土表面上，溶液挥发后，混凝土表面形成一层薄膜，阻止混凝土中的水分不再蒸发，从而完成混凝土的水化作用。为达到有效养护目的，塑料喷膜要保持完整性，若有损坏应及时补喷，喷膜作业要与拆模同步进行，模板拆到哪里喷到哪里。

七、施工缝处理

在施工缝处继续浇筑混凝土前，首先对混凝土接触面进行凿毛处理，然后清除混凝土废渣、薄膜等杂物以及表面松动沙石和混凝土软弱层，再用水冲洗干净并充分湿润，浇筑前清除表面积水，并在表面铺一层与混凝土中砂浆配合比一致的砂浆，此时方可开始混凝土浇筑，浇筑时要加强对施工缝处混凝土的振捣，使新老混凝土结合严密。

施工缝位置的钢筋回弯时，要做到钢筋根部周围的混凝土不至受到影响而造成松动和破坏，钢筋上的油污、水泥浆及浮锈等杂物应清除干净。

八、二期混凝土施工

二期混凝土浇筑前，应详细检查模板、钢筋及预埋件尺寸、位置等是否符合设计及规范的要求，并作检查记录，报监理工程师检查验收。一期混凝土彻底打毛后，用清水冲洗干净并浇水保持 24 小时湿润，以使二期混凝土与一期混凝土牢固结合。

二期混凝土浇筑空间狭小，施工较为困难，为保证二期混凝土的浇筑质量，可采取减小骨料粒径、增加坍落度，使用软式振捣器，并适当延长振捣时间等措施，确保二期混凝土浇筑质量。

第四节 大体积混凝土的温度控制

随着我国各项基础设施建设的加快和城市建设的发展，大体积混凝土已经愈来愈广泛地应用于大型设备基础、桥梁工程、水利工程等的建设。这种大体积混凝土具有体积大、混凝土数量多、工程条件复杂和施工技术要求高等特点，在设计和施工中除必须满足强度、刚度、整体性和耐久性的要求外，还必须控制温度变形裂缝的扩展，保证结构的整体性和建筑物的安全。因此控制温度应力和温度变形裂缝的扩展，是大体积混凝土设计和施工中的一个重要课题。

一、裂缝的产生原因

大体积混凝土施工阶段产生的温度裂缝，是其内部矛盾发展的结果，一方面是混凝土内外温差产生应力和应变，另一方面是结构的外约束和混凝土各质点间的内约束阻止这种应变，一旦温度应力超过混凝土所能承受的抗拉强度，就会产生裂缝。

（一）水泥水化热

在混凝土结构浇筑初期，水泥水化热引起温升，且结构表面自然散热。因此，在浇筑后的 3 ~ 5d，混凝土内部达到最高温度。混凝土结构自身的导热性能差，且大体积混凝土由于体积巨大，本身不易散热，水泥水化现象会使得大量的热聚集在混凝土内部，使得混凝土内部迅速升温。而混凝土外露表面容易散发热量，这就使得混凝土结构温度内高外低，且温差很大，形成温度应力。当产生的温度应力（一般是拉应力）超过混凝土当时的抗拉强度时，就会形成表面裂缝

（二）外界气温变化

大体积混凝土结构在施工期间，外界气温的变化对防止大体积混凝土裂缝的产生有很大的影响。混凝土内部的温度是由浇筑温度、水泥水化热的绝热温度和结构的散热温度等各种温度叠加之和组成。浇筑温度与外界气温有着直接关系，外界气温越高，混凝土的浇筑温度也就会越高；如果外界温度降低则又会增加大体积混凝土的内外温差梯度。如果外界温度的下降过快，会造成很大的温度应力，极其容易引发混凝土的开裂。另外外界的湿度对混凝土的裂缝也有很大的影响，外界的湿度降低会加速混凝土的干缩，也会导致混凝土裂缝的产生。

二、温度控制措施

针对大体积混凝土温度裂缝成因，可从以下几方面制定温控防裂措施。

（一）温度控制标准

混凝土温度控制的原则是：①尽量降低混凝土的温升、延缓最高温度出现时间；②降低降温速率；③降低混凝土中心和表面之间、新老混凝土之间的温差以及控制混凝土表面和气温之间的差值。温度控制的方法和制度需根据气温（季节）、混凝土内部温度、结构尺寸、约束情况、混凝土配合比等具体条件确定。

（二）混凝土的配置及原料的选择

1. 使用水化热低的水泥

由于矿物成分及掺合料数量不同，水泥的水化热差异较大。铝酸三钙和硅酸三钙含量高的，水化热较高，掺合料多的水泥水化热较低。因此要选

用低水化热或中水化热的水泥品种配制混凝土。不宜使用早强型水泥。采取到货前先临时贮存散热的方法，确保混凝土搅拌时水泥温度尽可能较低。

2. 使用微膨胀水泥

使用微膨胀水泥的目的是在混凝土降温收缩时膨胀，补偿收缩，防止裂缝。但目前使用的微膨胀水泥，大多膨胀过早，即混凝土升温时膨胀，降温时已膨胀完毕，也开始收缩，只能使升温的压应力稍有增大，补偿收缩的作用不大。所以应该使用后膨胀的微膨胀水泥。

3. 控制沙、石的含泥量

严格控制沙的含泥量使之不大于 3%；石子的含泥量，使之不大于 1%，精心设计、选择混凝土成分配合如尽可能采用粒径较大、质量优良、级配良好的石子。粒径越大、级配良好，骨料的孔隙率和表面积越小，用水量减少，水泥用量也少。在选择细骨料时，其细度模数宜在 26 ~ 29。工程实践证明，采用平均粒径较大的中粗沙，比采用细沙每方混凝土中可减少用水量 20 ~ 25kg，水泥相应减少 28 ~ 35kg，从而降低混凝土的干缩，减少水化热，对混凝土的裂缝控制有重要作用。

4. 采用线胀系数小的骨料

混凝土由水泥浆和骨料组成，其线胀系数为水泥浆和骨料线胀系数的加权（占混凝土的体积）平均值。骨料的线胀系数因母岩种类而异。不同岩石的线胀系数差异很大。大体积混凝土中的骨料体积占 75% 以上，采用线胀系数小的骨料对降低混凝土的线胀系数，从而减小温度变形的作用是十分显著的。

5. 外掺料选择

水泥水化热是大体积混凝土发生温度变化而导致体积变化的主要根源。干湿和化学变化也会造成体积变化，但通常都远远小于水泥水化热产生的体积变化。因此，除采用水化热低的水泥外，要减小温度变形，还应千方百计地降低水泥用量，减少水的用量。根据试验每减少 10kg 水泥，其水化热将使混凝土的温度相应升降 1℃。这就要求：

①在满足结构安全的前提，尽量降低设计要求强度。

②众所周知，强度越低，水泥用量越小。充分利用混凝土后期强度，采用较长的设计龄期混凝土的强度，特别是掺加活性混合材（矿渣、粉煤灰）

的。大体积混凝土因工程量大，施工时间长，有条件采用较长的设计龄期，如 90d、180d 等。折算成常规龄期 28d 的设计强度就可降低，从而减少水泥用量。

③掺加粉煤灰：粉煤灰的水化热远小于水泥，7d 约为水泥 1/3，28d 约为水泥的 1/20 掺加粉煤灰减小水泥用量可有效降低水化热。大体积混凝土的强度通常要求较低，允许参加较多的粉煤灰。另外，优质粉煤灰的需水性小，有减水作用，可降低混凝土的单位用水量和水泥用量；还可减小混凝土的自身体积收缩，有的还略有膨胀，有利于防裂。掺粉煤灰还能抑制沙骨料反应并防止因此产生的裂缝。

④掺减水剂：掺减水剂可有效地降低混凝土的单位用水量，从而降低水泥用量。缓凝型减水剂还有抑制水泥水化作用，可降低水化温升，有利于防裂。大体积混凝土中掺加的减水剂主要是木质素磺酸钙，它对水泥颗粒有明显的分散效应，可有效地增加混凝土拌合物的流动性，且能使水泥水化较充分，提高混凝土的强度。若保持混凝土的强度不变，可节约水泥 10%。从而可降低水化热，同时可明显延缓水化热释放速度，热峰也相应推迟。

三、混凝土浇筑温度的控制

降低混凝土的浇筑温度对控制混凝土裂缝非常重要。相同混凝土，入模温度高的温升值要比入模温度低的大许多。混凝土的入模温度应视气温而调整。在炎热气候下不应超过 28℃，冬季不应低于 5℃。在混凝土浇筑之前，通过测量水泥、粉煤灰、沙、石、水的温度，可以估算浇筑温度。若浇筑温度不在控制要求内，则应采取相措施。

（一）在高温季节、高温时段浇筑的措施

①除水泥水化温升外，混凝土本身的温度也是造成体积变化的原因，有条件的应尽量避免在夏季浇筑。若无法做到，则应避免在午间高温时浇筑。

②高温季节施工时，设混凝土搅拌用水池（箱），拌和混凝土时，拌和水内可以加冰屑（可降低 3M）和冷却骨料（可降低 10 以上），降低搅拌用水的温度。

③高温天气时，沙、石子堆场的上方设遮阳棚或在料堆上覆盖遮阳布，降低其含水率和料堆温度。同时提高骨料堆料高度，当堆料高度大于 6m 时，骨料的温度接近月平均气温。

④向混凝土运输车的罐体上喷洒冷水、在混凝土泵管上裹覆湿麻袋片控制混凝土入模前的温度。

⑤预埋钢管，通冷却水：如果绝热温升很高，有可能因温度应力过大而导致温度裂缝时，浇灌前，在结构内部预埋一定数量的钢管（借助钢筋固定），除在结构中心布置钢管外，其余钢管的位置和间距根据结构形式和尺寸确定（温控措施圆满完成后用高标号灌浆料将钢管灌堵密实）。大体积混凝土浇灌完毕后，根据测温所得的数据，向预埋的管内通以一定温度的冷却水，应保证冷却水温度和混凝土温度之差不大于25，利用循环水带走水化热；冷却水的流量应加以控制，保证降温速率不大于15/d，温度梯度不大于2/m。尽管这种方法需要增加一些成本，却是降低大体积混凝土水化热温最为有效的措施。

⑥可采用表面流水冷却，也有较好效果。

（二）保温措施

冬季施工如日平均气温低于5℃时，为防止混凝土受冻，可采取拌和水加热及运输过程的保温等措施。

（三）控制混凝土浇筑间歇期、分层厚度

各层混凝土浇筑间歇期应控制在7天左右，最长不得超过10天。为降低老混凝土的约束，需做到薄层、短间歇、连续施工。如因故间歇期较长，应根据实际情况在充分验算的基础上对上层混凝土层厚进行调整。

四、浇筑后混凝土的保温养护及温差监测

保温效果好坏对大体积混凝土温度裂缝控制至关重要。保温养护采用在混凝土表面覆盖草垫、素土养护方法。养护安排专人进行，养护时间5d。

自施工开始就要派专人对混凝土测温并做好详细记录，以便随时了解混凝土内外温差变化。

承台测温点共布设9个，分上中下三层，沿着基础的高度，分布于基础周边，中间及肋部。测温点具体埋设位置见专项施工方案（作业指导书）。混凝土浇筑完毕后即开始测温。在混凝土温度上升阶段每2～4h测一次，温度下降阶段每8h测一次，同时应测大气温度，以便掌握基础内部温度场的情况，控制混凝土内外温差在25℃以内。根据监测结果，如果混凝土内部升温较快，校内部与表面温度之差有可能超过控制值时，在混凝土外表面增加保温层。

当昼夜温差较大或天气预报有暴雨袭击时，现场准备足够的保温材料，并根据气温变化趋势以及校内部温度监测结果及时调整保温层厚度。

当混凝土内部与表面温度之差不超过20℃，且混凝土表面与环境温度之差也不超过20℃，逐层拆除保温层。当混凝土内部与环境温度之差接近内部与表面温差控制值时，则全部撤掉保温层。

五、做好表面隔热保护

大体积混凝土的裂缝，特别是表面裂缝，主要是由于内外温差过大产生的浇筑后，水泥水化使混凝土温度升高，表面易散热温度较低，内部不易散热温度较高，相对地表面收缩内部膨胀，表面收缩受内部约束产生拉应力。但通常这种拉应力较小，不至于超过混凝土抗拉强度而产生裂缝。只有同时遇冷空气袭击。或过水或过分通风散热、使表面降温过大时才会发生裂缝（浇筑后5～20d最易发生）。表面隔热保护防止表面降温过大，减小内外温差，是防裂的有效措施。

（一）不拆模保温蓄热养护

大体积混凝土浇灌完成后应适时地予以保温保湿养护（在混凝土内外温差不大于25℃的情况下，过早地保温覆盖不利于混凝土散热）。养护材料的选择、维护层数以及拆除时间等应严格根据测温和理论计算结果而定。

（二）不拆模保温蓄热及混凝土表面蓄水养护

对于筏板式基础等大体积混凝土结构，混凝土浇灌完毕后，除在模板表面裹覆保温保湿材料养护外，可以通过在基础表面的四周砌筑砖围堰而后在其内蓄水的方法来养护混凝土，但应根据测温情况严格控制水温，确保蓄水的温度和混凝土的温度之差小于或等于25℃，以免混凝土内外温差过大而导致裂缝出现。

六、控制混凝土入模温度

混凝土的入模温度指混凝土运输至浇筑时的温度。冬期施工时，混凝土的入模温度不宜低于5℃。夏季施工时，混凝土的入模温度不宜高于30℃。

夏季施工混凝土入模温度的控制：

①原材料温度控制。混凝土拌制前测定沙、碎石、水泥等原材料的温度，

露天堆放的沙石应进行覆盖，避免阳光曝晒。拌合用水应在混凝土开盘前的1小时从深井抽取地下水，蓄水池在夏天搭建凉棚，避免阳光直射。拌制时，优先采用进场时间较长的水泥及粉煤灰，尽可能降低水泥及粉煤灰在生产过程中存留的余热。

②采用混凝土搅拌运输车运输混凝土。运输车储运罐装混凝土前用水冲洗降温，并在混凝土搅拌运输车罐顶设置棉纱降温刷，及时浇水使降温刷保持湿润，在罐车行走转动过程中，使罐车周边湿润，蒸发水汽降低温度，并尽量缩短运输时间。运输混凝土过程中宜慢速搅拌混凝土，不得在运输过程加水搅拌。

③施工时，要做好充分准备，备足施工机械，创造好连续浇筑的条件。混凝土从搅拌机到入模的时间及浇筑时间要尽量缩短。同时，为避免高温时段，浇筑应多选择在夜间施工。

冬期施工混凝土入模温度的控制：

①冬期施工时，设置骨料暖棚，将骨料进行密封保存，暖棚内设置加热设施。粗细骨料拌和前先置于暖棚内升温。暖棚外的骨料使用帆布进行覆盖。配制一台锅炉，通过蒸汽对搅拌用水进行加热，以保证混凝土的入模温度不低于5℃。

②混凝土的浇筑时间有条件时应尽量选择在白天温度较高的时间进行。

③混凝土拌制好后，及时运往浇筑地点，在运输过程中，罐车表面采用棉被覆盖保温。运输道路和施工现场及时清扫积雪，保证道路通畅，必要时运输车辆加防滑链。

七、养护

混凝土养护包括湿度和温度两个方面。结构表层混凝土的抗裂性和耐久性在很大程度上取决于施工养护过程中的温度和湿度养护。因为水泥只有水化到一定程度才能形成有利于混凝土强度和耐久性的微观结构。目前工程界普遍存在的问题是湿养护不足，对混凝土质量影响很大。湿养护时间应视混凝土材料的不同组成和具体环境条件而定。对于低水胶比又掺用掺和料的混凝土，潮湿养护尤其重要。湿养护的同时，还要控制混凝土的温度变化。根据季节不同采取保温和散热的综合措施，保证混凝土内表温差及气温与混凝土表面的温差在控制范围内。

第七章 水利工程施工组织

第一节 施工组织的含义和原则

一、施工组织设计

（一）施工组织设计的作用

施工组织设计是水利水电工程设计文件的重要组成部分，是优化工程设计、编制工程总概算、编制投标文件、编制施工成本及国家控制工程投资的重要依据，是组织工程建设、选择施工队伍、进行施工管理的指导性文件。做好施工组织设计，对正确选定坝址、坝型及工程设计优化，合理组织工程施工，保证工程质量，缩短建设工期，降低工程造价，提高工程的投资效益等都有十分重要的作用。

水利水电工程由于建设规模大、设计专业多、范围广，面临洪水的威胁和受到某些不利的地址、地形条件的影响，施工条件往往较困难。因此，水利工程施工组织设计工作就显得更为重要。特别是现在国家投资制度的改革，实行市场化运作，项目法人制、招标投标制、项目监理制代替过去的计划经济方式，对施工组织设计的质量、水平、效益的要求也越来越高。在设计阶段施工组织设计往往影响投资、效益，决定着方案的优劣；招投标阶段，在编制投标文件时，施工组织设计是确定施工方案、施工方法的根据，是确定标底和标价的技术依据。其质量好坏直接关系到能否在投标竞争中取胜，承揽到工程的关键问题；施工阶段，施工组织设计是施工实施的依据，是控制投资、质量、进度以及安全施工和文明施工的保证，也是施工企业控制成本，增加效益的保证。

（二）工程建设项目划分

水利水电工程建设项目是指按照经济发展和生产需要提出，经上级主管部门批准，具有一定的规模，按总体进行设计施工，由一个或若干个互相联系的单项工程组成，经济上统一核算，行政上统一管理，建成后能产生社会经济效益的建设单位。

水利水电建设项目通常可逐级划分为若干个单项工程、单位工程、分部和分项工程。单项工程由几个单位工程组成，具有独立的设计文件，具有同一性质或用途，建成后可独立发展作用或效益，如拦河坝工程、引水工程、水力发电工程等。

单位工程是单项工程的组成部分，可以有独立的设计、可以进行独立的施工，但建成后不能独立发挥作用的工程部分。单项工程可划分为若干个单位工程，如大坝的基础开挖、坝体混凝土浇筑施工等。

分部工程是单位工程的组成部分。对于水利水电工程，一般将人力、物力消耗定额相近的结构部位归为同一分项工程。如溢流坝的混凝土可分为坝身、闸墩、胸墙、工作桥、护坦等分项工程。

（三）施工组织设计的分类

施工组织设计是一个总的概念，根据工程项目的编制阶段、编制对象或范围的不同，施工组织设计在编制的深度和广度上也有所不同。

1. 按工程项目编制阶段分类

根据工程项目建设设计阶段和作用不同，可以将施工组织设计分为设计阶段施工组织设计、招标投标阶段施工组织设计、施工阶段施工组织设计。

（1）设计阶段施工组织设计

这里所说的设计阶段主要是指设计阶段中的初步设计。在做初步设计时，采用的设计方案必然联系到施工方法和施工组织，不同的施工组织所涉及的施工方案是不一样的，所需投资也就不一样。

设计阶段的施工组织设计是整个项目的全面施工安排和组织，涉及范围是整个项目，内容要重点突出，施工方法拟定要经济可行。

这一阶段的施工组织设计，是初步设计的重要组成部分，也是编制总概算的依据之一，由设计部门编制。

（2）施工投标阶段的施工组织设计

水利水电工程施工投标文件一般由技术标和商务标组成，其中的技术标就是施工组织设计部分。

这一阶段的施工组织设计是投标者以招标文件为主要依据，是投标文件的重要组成部分，也是投标报价的基础，以在投标竞争中取胜为主要目的。施工招投标阶段的施工组织设计主要由施工企业技术部门负责编制。

（3）施工阶段的施工组织设计

施工企业通过竞争，取得对工程项目的施工建设权，从而也就承担了对工程项目的建设的责任，这个建设责任，主要是在规定的时间内，按照双方合同规定的质量、进度、投资、安全等要求完成建设任务。这一阶段的施工组织设计，主要以分部工程为编制对象，以指导施工，控制质量、控制进度、控制投资，从而顺利完成施工任务为主要目的。

施工阶段的施工组织设计，是对前一阶段施工组织设计的补充和细化，主要由施工企业项目经理部技术人员负责编制，以项目经理为批准人，并监督执行。

2.按工程项目编制的对象分类

按工程项目编制的对象分类，可分为施工组织总设计、单位工程施工组织设计及分部（分项）工程施工组织设计。

（1）施工组织总设计

施工组织总设计是以整个建设项目为对象编制的，用以指导整个工程项目施工全过程的各项施工活动的全局性、控制性文件。它是对整个建设项目施工的全面规划，涉及范围较广，内容比较概括。

施工组织总设计用于确定建设总工期、各单位工程项目开展的顺序及工期、主要工程的施工方案、各种物资的供需设计、全工地临时工程及准备工作的总体布置、施工现场的布置等工作，同时也是施工单位编制年度施工计划和单位工程项目施工组织设计的依据

（2）单位工程施工组织设计

单位工程施工组织设计是以一个单位工程（一个建筑或构筑物）为编制对象，用以指导其施工全过程的各项施工活动的指导性文件，是施工单位年度施工设计和施工组织总设计的具体化，也是施工单位编制作业计划和制

定季、月、旬施工计划的依据。单位工程施工组织设计一般在施工图设计完成后，根据工程规模、技术复杂程度的不同，其编制内容的深度和广度亦有所不同。对于简单单位工程，施工组织设计一般只编制施工方案并附以施工进度和施工平面图，即"一案、一图、一表"。在拟建工程开工之前，由工程项目的技术负责人负责编制。

（3）分部（分项）工程施工组织设计

分部（分项）工程施工组织设计也叫分部（分项）工程施工作业设计。它是以分部（分项）工程为编制对象，用以具体实施其分部（分项）工程施工全过程的各项施工活动的技术、经济和组织的实施性文件。一般在单位工程施工组织设计确定了施工方案后，由施工队（组）技术人员负责编制，其内容具体、详细、可操作性强，是直接指导分部（分项）工程施工的依据。

施工组织总设计、单位工程施工组织设计和分部（分项）工程施工组织设计，是同一工程项目，不同广度、深度和作用的三个层次。

（四）施工组织设计编制原则、依据和要求

1.施工组织设计编制原则

①执行国家有关方针政策，严格执行国家基本建设程序和有关技术标准、规程规范，并符合国内招标、投标规定和国际招标、投标惯例。

②结合国情积极开发和推广新材料、新技术、新工艺和新设备，凡经实践证明技术经济效益显著的科研成果，应尽量采用。

③统筹安排，综合平衡，妥善协调各分部分项工程，达到均衡施工。

④结合实际，因地制宜。

2.施工组织设计编制依据

①可行性研究报告及审批意见、设计任务书、上级单位对本工程建设的要求或批文。

②工程所在地区有关基本建设的法规或条例、地方政府对本工程建设的要求。

③国民经济各有关部门（交通、林业、环保等）对本工程建设期间有关要求及协议。

④当前水利水电工程建设的施工装备、管理水平和技术特点。

⑤工程所在地区和河流的地形、地质、水文、气象特点和当地建材情

况等自然条件、施工电源、水源及水质、交通、环保、旅游、防洪、灌溉排水、航运、过木、供水等现状和近期发展规划。

⑥当地城镇现有状况，如加工能力、生活、生产物资和劳动力供应条件，居民生活卫生习惯等。

⑦施工导流及通航过木等水工模型试验、各种材料试验、混凝土配合比试验、重要结构模型试验、岩土物理力学试验等成果。

⑧工程有关工艺试验或生产性试验成果。

⑨勘测、设计各专业有关成果。

3.施工组织设计的质量要求

①采用资料、计算公式和各种指标选定依据可靠，正确合理。

②采用的技术措施先进、方案符合施工现场实际。

③选定的方案有良好的经济效益。

④文字通顺流畅，简明扼要，逻辑性强，分析论证充分。

⑤附图、附表完整清晰，准确无误。

（五）施工组织设计的编制方法

①进行施工组织设计前的资料准备。

②进行施工导流、截流设计。

③分析研究并确定主体工程施工方案。

④施工交通运输设计。

⑤施工企业设施设计。

⑥进行施工总体布置。

⑦编制施工进度计划。

（六）施工组织设计的工作步骤

①根据枢纽布置方案，分析研究坝址施工条件，进行导流设计和施工总进度的安排，编制出控制性进度表。

②提出控制性进度之后，各专业根据该进度提供的指标进行设计，并为下一道工序提供相关资料。单项工程进度是施工总进度的组成部分，与施工总进度之间是局部与整体的关系，其进度安排不能脱离总进度的指导，同时它又是检验编制施工总进度是否合理可行，从而为调整、完善施工总进度提供依据。

③施工总进度优化后，计算提出分年度的劳动力需要量、最高人数和总劳动力量，计算主要建筑材料总量及分年度供应量、主要施工机械设备需要总量及分年度供应数量。

④进行施工方案设计和比选。施工方案是指选择施工方法、施工机械、工艺流程、划分施工段。在编制施工组织设计时，需要经过比较才能确定最终的施工方案。

⑤进行施工布置。是指对施工现场进行分区设置，确定生产、生活设施、交通线路的布置。

⑥提出技术供应计划。指人员、材料、机械等施工资料的供应计划。

⑦编制文字说明。文字说明是对上述各阶段的成果进行说明。

（七）施工组织设计的编制内容

1. 施工条件分析

施工条件分析的主要目的是判断它们对工程施工的作用和可能造成的影响，以充分利用有利条件，避免或减小不利因素的影响。

施工条件主要包括自然条件与工程条件两个方面。

（1）自然条件

①洪水枯水季节的时段、各种频率下的流量及洪峰流量、水位与流量关系、洪水特征、冬季冰凌情况（北方河流）、施工区支沟各种频率洪水、泥石流及上下游水利水电工程对本工程施工的影响；

②枢纽工程区的地形、地质、水文地质条件等资料；

③枢纽工程区的气温、水文、降水、风力及风速、冰情和雾等资料。

（2）工程条件

①枢纽建筑物的组成、结构型式、主要尺寸和工程量；

②泄流能力曲线、水库特征水位及主要水能指标、水库蓄水分析计算、库区淹没及移民安置条件等规划设计资料；

③工程所在地点的对外交通运输条件、上下游可利用的场地面积及分布情况；

④工程的施工特点及与其他有关部门的施工协调；

⑤施工期间的供水、环保及大江大河上的通航、过木、鱼群洄游等特殊要求；

⑥主要天然建筑材料及工程施工中所用大宗材料的来源和供应条件；

⑦当地水源、电源、通信的基础条件；

⑧国家、地区或部门对本工程施工准备、工期等的要求；

⑨承包市场的情况，有关社会经济调查和其他资料等。

2. 施工导流

施工导流的目的是妥善解决施工全过程中的挡水、泄水、蓄水问题，通过对各期导流特点和相互关系，进行系统分析、全面规划、周密安排，以选择技术上可行、经济上合理的导流方案，保证主体工程的正常安全施工，并使工程尽早发挥效益。

（1）导流标准

导流建筑物的级别、各期施工导流的洪水频率及流量、坝体拦洪度汛的洪水频率及流量。

（2）导流方式

①导流方式及选定方案的各期导流工程布置及防洪度汛、下游供水措施、大江大河上的通航、过木和鱼群洄游措施、北方河流上的排冰措施。

②水利计算的主要成果。必要时对一些导流方案进行模型试验的成果资料。

（3）导流建筑物设计

①导流挡水、泄水建筑物布置型式的方案比较及选定方案的建筑物布置、结构型式及尺寸、工程量、稳定分析等主要成果；

②导流建筑物与永久工程结合的可能性，以及结合方式和具体措施。

（4）导流工程施工

①导流建筑物（如隧洞、明渠、涵管等）的开挖、衬砌等施工程序、施工方法、施工布置、施工进度；

②选定围堰的用料来源、施工程序、施工方法、施工进度及围堰的拆除方案；

③基坑的排水方式、抽水量及所需设备。

（5）截流

①截流时段和截流设计流量；

②选定截流方案的施工布置、备料计划、施工程序、施工方法措施；

必要时所进行的截流试验的成果资料。

（6）施工期间的通航和过木等

①在大江大河上，有关部门对施工期（包括蓄水期）通航、过木等的要求；

②施工期间过闸（坝）通航船只、木筏的数量、吨位、尺寸及年运量、设计运量等；

③分析可通航的天数和运输能力；

④分析可能碍航、断航的时段及其影响，并研究解决措施；

⑤经方案比较，提出施工期各导流阶段通航、过木的措施、设施、结构布置和工程量；

⑥论证施工期通航与蓄水期永久通航的过闸（坝）设施相结合的可能性及相互间的衔接关系。

3. 料场的选择、规划与开采

（1）料场选择

分析块石料、反滤料与垫层料、混凝土骨料、土料等各种用料的料场分布、质量、储量、开采加工条件及运输条件、剥采比、开挖弃渣利用率及其主要技术参数，通过试验成果及技术经济比较选定料场。

（2）料场规划

根据建筑物各部位、不同高程的用料数量及技术要求，各料场的分布高程、储量及质量、开采加工及运输条件、受洪水和冰冻等影响的情况、拦洪蓄水和环境保护、占地及迁建赔偿以及施工机械化程度、施工强度、施工方法、施工进度等条件，对选定料场进行综合平衡和开采规划。

（3）料场开采

对用料的开采方式、加工工艺、废料处理与环境保护，开采、运输设备选择，储存系统布置等进行设计。

4. 主体工程施工

主体工程施工包括建筑工程和金属结构及机电设备安装工程两大部分。

通过分析研究，确定完整可行的施工方法，使主体工程设计方案能够经济、合理、满足总进度要求的条件下如期建成，并保证工程质量和施工安全。同时提出对水工枢纽布置和建筑物型式等的修改意见，并为编制工程概算奠定基础。

（1）闸、坝等挡水建筑物施工

包括土石方开挖及基础处理的施工程序、方法、布置及进度；各分区混凝土的浇筑程序、方法、布置、进度及所需准备工作；碾压混凝土坝上游防渗面板的施工方案、分缝分块及通仓碾压的施工措施；混凝土温控措施的设计；土石坝的备料、运输、上坝卸料、填筑碾压等的施工程序、工艺方法、机械设备、布置、进度及拦洪度汛、蓄水的计划措施；土石坝各施工期的物料开采、加工、运输、填筑的平衡及施工强度和进度安排，开挖弃渣的利用计划；施工质量控制的要求及冬雨季施工的措施意见。

（2）输（排）水、泄（引）水建筑物施工

输水、排水及泄洪、引水等建筑物的开挖、基础处理、浆砌石或混凝土衬砌的施工程序、方法、布置及进度；预防坍塌、滑坡的安全保护措施。

（3）河道工程施工

土石方开挖及岸坡防护的施工程序、工艺方法、机械设备、布置及进度；开挖料的利用、堆渣地点及运输方案。

（4）渠系建筑物施工

渠道、渡槽等渠系建筑物的施工，可参照上述相关主体工程施工的相关内容。

5.施工工厂设施

（1）沙石加工系统

沙石料加工系统的布置、生产能力与主要设备、工艺布置设计及要求；除尘、降噪、废水排放等的方案措施。

（2）混凝土生产系统

混凝土总用量、不同强度等级及不同品种混凝土的需用量；混凝土拌和系统的布置、工艺、生产能力及主要设备；建厂计划安排和分期投产措施。

（3）混凝土制冷、制热系统

制冷、加冰、供热系统的容量、技术和进度要求。

（4）压缩空气、供水、供电和通信系统

①集中或分散供气方式、压气站位置及规模；

②工地施工生产用水、生活用水、消防用水的水质、水压要求，施工用水量及水源选择；

③各施工阶段用电最高负荷及当地电力供应情况，自备电源容量选择；

④通信系统的组成、规模及布置。

（5）机械修配厂、加工厂

①施工期间所投入的主要施工机械、主要材料的加工及运输设备、金属结构等的种类与数量；

②修配加工能力；

③机械修配厂、汽车修配厂、综合加工厂（包括钢筋、木材和混凝土预制构件加工制作）及其他施工工厂设施（包括制氧厂、钢管制作加工厂、车辆保养场等）的厂址、布置和生产规模；

④选定场地和生产建筑面积；

⑤建厂土建安装工程量；

⑥修配加工所需的主要设备。

6.施工总布置

①施工总布置的规划原则。

②选定方案的分区布置，包括施工工厂、生活设施、交通运输等，提出施工总布置图和房屋分区布置一览表。

③场地平整土石方量，土石方平衡利用规划及弃渣处理。

④施工永久占地和临时占地面积；分区分期施工的征地计划。

7.施工总进度

（1）设计依据

①施工总进度安排的原则和依据，以及国家或建设单位对本工程投入运行期限的要求；

②主体工程、施工导流与截流、对外交通、场内交通及其他施工临建工程、施工工厂设施等建筑安装任务及控制进度因素。

（2）施工分期

工程筹建期、工程准备期、主体工程施工期、工程完建期四个阶段的控制性关键项目、进度安排、工程量及工期。

（3）工程准备期进度

阐述工程准备期的内容与任务，拟定准备工程的控制性施工进度。

（4）施工总进度

①主体工程施工进度计划协调、施工强度均衡、投入运行（蓄水、通水、第一台机组发电等）日期及总工期；

②分阶段工程形象面貌的要求，提前发电的措施；

③导截流工程、基坑抽排水、拦洪度汛、下闸蓄水及主体工程控制进度的影响因素及条件；

④通过附表，说明主体工程及主要临建工程量、逐年（月）计划完成主要工程量、逐年最高月强度、逐年（月）劳动力需用量、施工最高峰人数、平均高峰人数及总工日数；

⑤施工总进度图表（横道图、网络图等）。

8.主要技术供应

（1）主要建筑材料

对主体工程和临建工程，按分项列出所需钢材、木材、水泥、油料、火工材料等主要建筑材料需用量和分年度（月）供应期限及数量。

（2）主要施工机械设备

对施工所需主要机械和设备，按名称、规格型号、数量列出汇总表，并提出分年度（月）供应期限及数量。

二、施工组织的原则

建设项目一旦批准立项，如何组织施工和进行施工前准备工作就成为保证工程按计划实施的重要工作。施工组织的原则如下：

（一）贯彻执行党和国家关于基本建设各项制度，坚持基本建设程序

我国关于基本建设的制度有：对基本建设项目必须实行严格的审批制度、施工许可制度、从业资格管理制度、招标投标制度、总承包制度、发承包合同制度、工程监理制度、建筑安全生产管理制度、工程质量责任制度、竣工验收制度等。这些制度为建立和完善建筑市场的运行机制、加强建筑活动的实施与管理，提供了重要的法律依据，必须认真贯彻执行。

（二）严格遵守国家和合同规定的工程竣工及交付使用期限

对总工期较长的大型建设项目，应根据生产或使用的需要，安排分期分批建设、投产或交付使用，以及早日发挥建设投资的经济效益。在确定分期分批施工的项目时，必须注意是每期交工的项目可以独立地发挥效用，即

主要项目和有关的辅助项目应同时完工，可以立即交付使用。

（三）合理安排施工程序和顺序

水利水电工程建筑产品的固定性，使得水利水电工程建筑施工各阶段工作始终在同一场地上进行。前一段的工作如不完成，后一段就不能进行，即使交叉地进行，也必须严格遵守一定的程序和顺序。施工程序和顺序反映客观规律的要求，其安排应符合施工工艺，满足技术要求，掌握施工程序和顺序，有利于组织立体交叉、流水作业，有利于为后续工程创造良好的条件，有利于充分利用空间、争取时间。

（四）尽量采用国内外先进施工技术，科学地确定施工方案

先进的施工技术是提高劳动生产率、改善工程质量、加快施工进度、降低工程成本的主要途径。在选择施工方案时，要积极采用新材料、新设备、新工艺和新技术，努力为新结构的推行创造条件，要注意结合工程特点和现场条件，施工技术的先进适用性和经济合理性相结合，还要符合施工验收规范、操作规程的要求和遵守有关防火、保安及环卫等规定，确保工程质量和施工安全。

（五）采用流水施工方法和网络计划安排进度计划

在编制施工进度计划时，应从实际出发，采用流水施工方法组织均衡施工，以达到合理使用资源、充分利用空间、争取时间的目的。

网络计划是现代计划管理的有效方法，采用网络计划编制施工进度计划，可使计划逻辑严密、层次清晰、关键问题明确，同时便于对计划方案进行优化、控制和调整，并有利于计算机在计划管理中的应用。

（六）贯彻工厂预制和现场相结合的方针，提高建筑工业化程度

建筑技术进步的重要标志之一是建筑工业化，在制定施工方案时必须根据地区条件和构建性质，通过技术经济比较，恰当地选择预制方案或现场浇筑方案。确定预制方案时，应贯彻工厂预制与现场预制相结合的方针，努力提高建筑工业化程度，但不能盲目追求装配化程度的提高。

（七）充分发挥机械效能，提高机械化程度

机械化施工可加快工程进度，减轻劳动强度，提高劳动生产率。为此，在选择施工机械时，应充分发挥机械的效能，并使主导工程的大型机械如土方机械、吊装机械能连续作业，以减少机械台班费用，同时，还应使大型机

械与中小型机械相结合，机械化与半机械化相结合，扩大机械化施工范围，实现施工综合机械化，以提高机械化施工水平。

（八）加强季节性施工措施，确保全年连续施工

为了确保全年连续施工，减少季节性施工的技术措施费用，在组织施工时，应充分了解当地气象条件和水文地质条件。尽量避免把土方工程、地下工程、水下工程安排在雨期和洪水期施工；尽量避免把混凝土现浇结构安排在冬期施工；高空作业、结构吊装则应避免在风季施工。对那些必须在冬雨期施工的项目，则应采用相应的技术措施，既要确保全年连续施工、均衡施工，更要确保工程质量和施工安全。

（九）合理地部署施工现场，尽可能地减少临时工程

在编制施工组织设计施工时，应精心地进行施工总平面图的规划，合理地部署施工现场，节约施工用地；尽量利用永久工程、原有建筑物及已有设施，以减少各种临时设施；尽量利用当地资源，合理安排运输、装卸与储存作业，减少物资运输量，避免二次搬运。

第二节 施工进度计划

施工进度计划是施工组织设计的主要组成部分，它是根据工程项目建设工期的要求，对其中的各个施工环节在时间上所作的统一计划安排。根据施工的质量和时间等要求均衡人力、技术、设备、资金、时间、空间等施工资源，来规定各项目施工的开工时间、完成时间、施工顺序等，以确保施工安全顺利按时完工。

一、施工进度计划的类型

施工进度计划可划分为以下三大类型：

（一）施工总进度计划

施工总进度计划是对一个水利水电工程枢纽（即建设项目）编制的。要求定出整个工程中各个单项工程的施工顺序及起止时间，以及准备工作、扫尾工作的施工期限。

（二）单项（或单位）工程进度计划

单项（或单位）工程进度计划是针对枢纽中的单项工程（或单位工程）

进行编制的。应根据总进度中规定的工期，确定该单项工程（或单位工程）中各分部工程及准备工作的顺序及起止日期，为此要进一步从施工技术、施工措施等方面论证该进度的合理性、组织平行流水作业的可行性。

（三）施工作业计划

在实际施工时，施工单位应再根据各单位工程进度计划编制出具体的施工作业计划，即具体安排各工种、各工序间的顺序和起止日期。

二、施工总进度计划的编制步骤

（一）收集资料

编制施工进度计划一般要具备以下资料：

①上级主管部门对工程建设开工、竣工投产的指示和要求，有关工程建设的合同协议。

②工程勘测和技术经济调查的资料，如水文、气象、地形、地质、水文地质和当地建筑材料等，以及工程所在地区和库区的工矿企业、矿产资源、水库淹没和移民安置等资料。

③工程规划设计和概预算方面的资料，包括工程规划设计的文件和图纸，主管部门关于投资和定额的要求等资料。

④国民经济各部门对施工期间防洪、灌溉、航运、放木、供水等方面的要求。

⑤施工组织设计其他部分对施工进度的限制和要求，如交通运输能力、技术供应条件、分期施工强度限制等。

⑥施工单位施工能力方面的资料等。

（二）列出工程项目

项目列项的通常做法是先根据建设项目的特点划分成若干个工程项目，然后按施工先后顺序和相互关联密切程度，依次将主要工程项目一一列出，并填入工程项目一览表中。

施工总进度计划主要是起控制总工期的作用，要注意防止漏项。

（三）计算工程量

工程量的计算应根据设计图纸、所选定的施工方法和《水利水电工程工程量计算规定》，按工程性质考虑工程分期和施工顺序等因素，分别按土石、石方、水上、水下、开挖、回填、混凝土等进行计算。

计算工程量时，应注意以下几个问题：

1. 工程量的计量单位要与概算定额一致

施工总进度计划中，为了便于计算劳动量和材料、构配件及施工机具的需要量，工程量的计量单位必须与概算定额的单位一致。

2. 要依据实际采用的施工方法计算工程量

如土方工程施工中是否放坡和留工作面，及其坡度大小和工作面的尺寸，是采用柱坑单独开挖，还是条形开挖或整片开挖，都直接影响工程量的大小。因此，必须依据实际采用的施工方法计算工程量，以便与施工的实际情况相符合，使施工进度计划真正起到指导施工的作用。

3. 要依据施工组织的要求计算工程量

有时为了满足分期、分段组织施工的需要，要计算不同高程（如对拦河坝）、不同桩号（如对渠道）的工程量，并作出累积曲线。

（四）初拟施工进度

对于堤坝式水利水电枢纽工程的施工总进度计划来说，其关键项目一般均位于河床，故常以导流程序为主要线索，先将施工导流、围堰进占、截流、基坑排水、基坑开挖、基础处理、施工度汛、坝体拦洪、下闸蓄水、机组安装和引水发电等关键控制性进度安排好，再将相应的准备工作、结束工作和配套辅助工程的进度进行合理安排，便可构成总的轮廓进度。然后分配和安排不受水文条件控制的其他工程项目，则形成整个枢纽工程施工总进度计划草案。

（五）优化、调整和修改

初拟施工进度以后，要配合施工组织设计其他部分的分析，对一些控制环节、关键项目的施工强度、资源需用量、投资过程等重大问题，进行分析计算、优化论证，以对初拟的进度计划做必要的修改和调整，使之更加完善合理。

经过优化调整修改之后的施工进度计划，可以作为设计成果，整理以后提交审核。

三、施工进度计划的成果表达

施工进度计划的成果，可根据情况采用横道图、网络图、工程进度曲线和形象进度图等一些形式进行反映表达。

（一）横道图

施工进度横道图是应用范围最广、应用时间最长的进度计划表现形式，图表上标有工程中主要项目的工程量、施工时段、施工工期。

施工进度计划横道图的最大优点是直观、简单、方便，适应性强，且易于被人们所掌握和贯彻；缺点是难以表达各分项工程之间的逻辑关系，不能表示反映进度安排的工期、投资或资源等参数的相互制约关系，进度的调整修改工作复杂，优化困难。

不论工程项目和施工内容多么错综复杂，总可以用横道图逐一表示出来。因此，尽管进度计划的技术和形式已不断改进，但横道图进度计划目前仍作为一种常见的进度计划表示形式而被继续沿用。

（二）网络图

施工进度网络图是在横道图进度计划基础上发展起来的，它是系统工程在编制施工进度中的应用。

工作是指计划任务按需要粗细程度划分而成的一个子项目或子任务。根据计划编制的粗细不同，工作既可以是一个单项工程，也可以是一个分项工程乃至一个工序。

1. 相关概念

在实际生活中，工作一般有两类：一类是既需要消耗时间又需要消耗资源的工作（如开挖、混凝土浇筑等）；另一类是仅需要消耗时间而不需要消耗资源的工作（如混凝土养护、抹灰干燥等技术间歇）。

在双代号网络图中，除上述两种工作外，还有一种既不需要消耗时间也不需要消耗资源的工作——称为"虚工作"（或称"虚拟项目"）。虚工作在实际生活中是不存在的，在双代号网络图中引入使用，主要是为了准确而清楚地表达各工作间的相互逻辑关系，虚工作一般采用虚箭线来表示，其持续时间为零。

节点是网络图中箭线端部的圆圈或其他形状的封闭图形。在双代号网络图中，它表示工作之间的逻辑关系；在单代号网络图中，它表示一项工作。

无论在双代号网络图中，还是在单代号网络图中，对一个节点来说，可能有很多箭线指向该节点，这些箭线就称为内向箭线（或称内向工作）；同样也可能有很多箭线由同一节点出发，这些箭线就称为外向箭线（或称外向工作）。网络图中第一个节点叫起点节点（或称源节点），它意味着一个工程项目的开工，起点节点只有外向工作，没有内向工作；网络图中最后一个节点叫终点节点，它意味着一个工程项目的完工，终点节点只有内向工作，没有外向工作。

一个工程项目往往包括很多工作，工作间的逻辑关系比较复杂，可采用紧前工作与紧后工作把这种逻辑关系简单、准确地表达出来，以便于网络图的绘制和时间参数的计算。就前面所述截流专项工程而言，列举说明如下：

（1）紧前工作

紧排在本工作之前的工作称为本工作的紧前工作。对E工作（隧洞衬砌）来说，只有D工作（隧洞开挖）结束后E才能开始，且工作D、E之间没有其他工作，则工作D称为工作E的紧前工作。

（2）紧后工作

紧排在本工作之后的工作称为本工作的紧后工作。紧后工作与紧前工作是一对相对应的概念，如上所述D是E的紧前工作，则E就是D的紧后工作。

2. 绘图规则

（1）双代号网络图的绘图规则

绘制双代号网络图的最基本规则是明确地表达出工作的内容，准确地表达出工作间的逻辑关系，并且使所绘出的图易于识读和操作。具体绘制时应注意以下几方面的问题：

①一项工作应只有唯一的一条箭线和相应的一对节点编号，箭尾的节点编号应小于箭头的节点编号。

②双代号网络图中应只有一个起点节点、一个终点节点。

③在网络图中严禁出现循环回路。

④双代号网络图中，严禁出现没有箭头节点或没有箭尾节点的箭线。

⑤节点编号严禁重复。

⑥绘制网络图时，宜避免箭线交叉。

⑦对平行搭接进行的工作，在双代号网络图中，应分段表达。

⑧网络图应条理清楚，布局合理。

⑨分段绘制。对于一些大的建设项目，由于工序多，施工周期长，网

络图可能很大，为使绘图方便，可将网络图划分成几个部分分别绘制。

（2）单代号网络图的绘图规则

同双代号网络图的绘制一样，绘制单代号网络图也必须遵循一定的绘图规则。如果违背了这些规则，就可能出现逻辑关系混乱、无法判别各工作之间的直接后继关系、无法进行网络图时间参数计算。这些基本规则主要是：

①有时需在网络图的开始和结束增加虚拟的起点节点和终点节点。这是为了保证单代号网络计划有一个起点和一个终点，这也是单代号网络图所特有的。

②网络图中不允许出现循环回路。

③网络图中不允许出现有重复编号工作，一个编号只能代表一项工作。

④在网络图中除起点节点和终点节点外，不允许出现其他没有内向箭线的工作节点和没有外向箭线的工作节点。

⑤为了计算方便，网络图的编号应是后继节点编号大于前导节点编号。

3. 施工进度的调整

施工进度计划的优化调整，应在时间参数计算的基础上进行，其目的在于使工期、资源（人力、物资、器材、设备等）和资金取得一定程度的协调和平衡。

（1）资源冲突的调整

所谓资源冲突是指在计划时段内，某些资源的需用量过大，超出了可能供应的限度。为了解决这类矛盾，可以增加资源的供应量，但往往要花费额外的开支；也可以调整导致资源冲突的某些项目的施工时间，使冲突缓解，但这可能会引起总工期的延长。如何取舍，要权衡得失而定。

（2）工期压缩的调整

当网络计划的计算总工期 T_0 与限定的总工期 T_1 不符时，或计划执行过程中实际进度与计划进度不一致时，需要进行工期调整。

工期调整分压缩调整和延长调整。工程实践中经常要处理的是工期压缩问题。

当 $T_0 < T_1$ 或计划执行超前时，说明提前完成施工项目，有利于工程经济效益的实现。这时，只要不打乱施工秩序，不造成资源供应方面的困难，一般可不必考虑调整问题。

当 $T_0 > T_1$ 或计划执行拖延时，为了挽回延期的影响，需进行工期压缩调整或施工方案调整。

（三）工程进度曲线

以时间为横轴，以单位时间完成的数量或完成数量的累计为纵轴建立坐标系，将有关的数据点绘于坐标系内，顺次完成一条光滑的曲线，就是工程施工进度曲线。工程进度曲线上任意点切线斜率表示相应时间施工速度。

①在固定的施工机械、劳动力投入的条件下，若对施工进行适当的管理控制，无任何偶发的时间损失，能以正常的速度进行施工，则工程每天完成的数量保持一定，施工进度曲线呈直线形状。

②在一般情况下的施工中，施工初期由于临时设施的布置、工作的安排等问题，施工后期又由于清理、扫尾等问题，其施工进度的速度一般都较中期要小，即每天完成的数量通常自初期至中期呈递增变化趋势，由中期至末期呈递减变化趋势，施工进度曲线近似呈 S 形，其拐点对应的时间表示每天完成数量的高峰期。

（四）工程形象进度图

工程形象进度图是把工程进度计划以建筑物的形象、升程来表达的一种方法。这种方法直接将工程项目的进度目标和控制工期标注在工程形象图的相应部位，直观明了，特别适合在施工阶段使用。此法修改调整进度计划也极为方便，只需修改相应项目的日期、升程，而形象图并不用改变。

第三节 施工组织的总设计

一、施工组织总设计概述

施工组织总设计是水利水电工程设计文件的重要组成部分，是编制工程投资估算、总概算和招标投标文件的主要依据，是工程建设和施工管理的指导性文件。认真做好施工组织设计对正确选定坝址、坝型、枢纽布置、整体优化设计方案、合理组织工程施工、保证工程质量、缩短建设周期、降低工程造价都有十分重要的作用。

在进行施工组织总设计编制时，应依据现状、相关文件和试验成果等。具体如下。

①可行性研究报告及审批意见、设计任务书、上级单位对本工程建设的要求或批件。

②工程所在地区有关基本建设的法规或条例、地方政府对本工程建设的要求。

③国民经济各有关部门（铁道、交通、林业、灌溉、旅游、环保、城镇供水等）对本工程建设期间有关要求及协议。

④当前水利水电工程建设的施工装备、管理水平和技术特点。

⑤工程所在地区和河流的自然条件（地形、地质、水文、气象特征和当地建材情况等）、施工电源、水源及水质、交通、环保、旅游、防洪、灌溉、航运、过木、供水等现状和近期发展规划。

⑥当地城镇现有修配、加工能力，生活、生产物资和劳动力供应条件，居民生活、卫生习惯等。

⑦施工导流及通航过木等水工模型试验、各种原材料试验、混凝土配合比试验、重要结构模型试验、岩土物理力学试验等成果。

⑧工程有关工艺试验或生产性试验成果。

⑨勘测、设计各专业有关成果。

二、施工方案

研究主体工程施工是为了正确选择水工枢纽布置和建筑物型式，保证工程质量与施工安全，论证施工总进度的合理性和可行性，并为编制工程概算提供需求的资料。

（一）施工方案选择原则

①施工期短、辅助工程量及施工附加量小，施工成本低。

②先后作业之间、土建工程与机电安装之间、各道工序之间协调均衡，干扰较小。

③技术先进、可靠。

④施工强度和施工设备、材料、劳动力等资源需求均衡。

（二）施工设备选择及劳动力组合原则

①适应工地条件，符合设计和施工要求；保证工程质量；生产能力满足施工强度要求。

②设备性能机动、灵活、高效、能耗低、运行安全可靠。

③通过市场调查，应按各单项工程工作面、施工强度、施工方法进行设备配套选择，使各类设备均能充分发挥效率。

④通用性强，能在先后施工的工程项目中重复使用。

⑤设备购置及运行费用较低，易于获得零配件，便于维修、保养、管理、调度。

⑥在设备选择配套的基础上，应按工作面、工作班制、施工方法以混合工种结合国内平均先进水平进行劳动力优化组合设计。

（三）主体工程施工

水利工程施工涉及工种很多，其中主体工程施工包括土石方明挖、地基处理、混凝土施工、碾压式土石坝施工、地下工程施工等。下面介绍其中两项工程量较大、工期较长的主体工程施工。

1. 混凝土施工

第一，混凝土施工方案选择原则：

①混凝土生产、运输、浇筑、温控防裂等各施工环节衔接合理；

②施工机械化程度符合工程实际，保证工程质量，加快工程进度和节约工程投资；

③施工工艺先进，设备配套合理，综合生产效率高；

④能连续生产混凝土，运输过程的中转环节少、运距短，温控措施简易、可靠；

⑤初、中、后期浇筑强度协调平衡；

⑥混凝土施工与机电安装之间干扰少。

第二，混凝土浇筑程序、各期浇筑部位和高程应与供料线路、起吊设备布置和机电安装进度相协调，并符合相邻块高差及温控防裂等有关规定。各期工程形象进度应能适应截流、拦洪度汛、封孔蓄水等要求。

第三，混凝土浇筑设备选择原则：

①起吊设备能控制整个平面和高程上的浇筑部位；

②主要设备型号单一，性能良好，生产率高，配套设备能发挥主要设备的生产能力；

③在固定的工作范围内能连续工作，设备利用率高；

④浇筑间歇能承担模板、金属构件及仓面小型设备吊运等辅助工作；

⑤不压浇筑块，或不因压块而延长浇筑工期；

⑥生产能力在能保证工程质量前提下能满足高峰时段浇筑强度要求；

⑦混凝土宜直接起吊入仓，若用带式输送机或自卸汽车入仓卸料时，应有保证混凝土质量的可靠措施；

⑧当混凝土运距较远，可用混凝土搅拌运输车，防止混凝土出现离析或初凝，保证混凝土质量。

第四，模板选择原则：

①模板类型应适合结构物外型轮廓，有利于机械化操作和提高周转数；

②有条件部位宜优先用混凝土或钢筋混凝土模板，并尽量多用钢模、少用木模；

③结构型式应力求标准化、系列化，便于制作、安装、拆卸和提升，条件适合时应优先选用滑模和悬臂式钢模。

第五，坝体分缝应结合水工要求确定。最大浇筑仓面尺寸在分析混凝土性能、浇筑设备能力、温控防裂措施和工期要求等因素后确定。

第六，坝体接缝灌浆应考虑：

①接缝灌浆应待灌浆区及以上冷却层混凝土达到坝体稳定温度或设计规定值后进行，在采取有效措施情况下，混凝土龄期不宜短于4个月；

②同一坝缝内灌浆分区高度10～15 m；

③应根据双曲拱坝施工期应力确定封拱灌浆高程和浇筑层顶面间的允许高差；

④对空腹坝封顶灌浆，或受气温年变化影响较大的坝体接缝灌浆，宜采用较坝体稳定温度更低的超冷温度。

第七，用平浇法浇筑混凝土时，设备生产能力应能确保混凝土初凝前将仓面覆盖完毕；当仓面面积过大，设备生产能力不能满足时，可用台阶法浇筑。

第八，大体积混凝土施工必须进行温控防裂设计，采用有效的温控防裂措施满足温控要求。有条件时宜用系统分析方法确定各种措施最优组合。

第九，在多雨地区雨季施工时，应掌握分析当地历年降雨资料，包括降雨强度、频度和一次降雨延续时间，并分析雨日停工对施工进度的影响和采取防雨措施的可能性与经济性。

第十，低温季节混凝土施工必要性应根据总进度及技术经济比较论证后确定。在低温季节进行混凝土施工时，应做好保温防冻措施。

2. 碾压式土石坝施工

第一，认真分析工程所在地区气象台（站）的长期观测资料。统计降水、气温、蒸发等各种气象要素不同量级出现的天数，确定对各种坝料施工影响程度。

第二，料场规划原则：

①料物物理力学性质符合坝体用料要求，质地较均一；

②贮量相对集中，料层厚，总贮量能满足坝体填筑需用量；

③有一定的备用料区保留部分近料场作为坝体合龙和抢拦洪高程用；

④按坝体不同部位合理使用各种不同的料场，减少坝料加工；

⑤料场剥离层薄，便于开采，获得率较高；

⑥采集工作面开阔、料物运距较短，附近有足够的废料堆场；

⑦不占或少占耕地、林场。

第三，料场供应原则：

①必须满足坝体各部位施工强度要求；

②充分利用开挖渣料，做到就近取料，高料高用，低料低用，避免上下游料物交叉使用。

③垫层料、过渡层和反滤料一般宜用天然沙石料，工程附近缺乏天然沙石料或使用天然沙石料不经济时，方可采用人工料。

④减少料物堆存、倒运，必须堆存时，堆料场宜靠近坝区上坝道路，并应有防洪、排水、防料物污染、防分离和散失的措施。

⑤力求使料物及弃渣的总运输量最小。做好料场平整，防止水土流失。

第四，土料开采和加工处理：

①根据土层厚度、土料物理力学特性、施工特性和天然含水量等条件研究确定主次料场，分区开采。

②开采加工能力应能满足坝体填筑强度要求。

③若料场天然含水量偏高或偏低，应通过技术经济比较选择具体措施进行调整，增减土料含水量宜在料场进行。

④若土料物理力学特性不能满足设计和施工要求，应研究使用人工砾

质土的可能性。

⑤统筹规划施工场地、出料线路和表土堆存场，必要时应做还耕规划。

第五，坝料上坝运输方式应根据运输量、开采、运输设备型号、运距和运费、地形条件以及临建工程量等资料，通过技术经济比较后选定。并考虑以下原则：

①满足填筑强度要求；

②在运输过程中不得搀混、污染和降低料物理力学性能；

③各种坝料尽量采用相同的上坝方式和通用设备；

④临时设施简易，准备工程量小；

⑤运输的中转环节少；

⑥运输费用较低。

第六，施工上坝道路布置原则：

①各路段标准原则满足坝料运输强度要求，在认真分析各路段运输总量、使用期限、运输车型和当地气象条件等因素后确定；

②能兼顾地形条件，各期上坝道路能衔接使用，运输不致中断；

③能兼顾其他施工运输，两岸交通和施工期过坝运输，尽可能与永久公路结合；

④在限制坡长条件下，道路最大纵坡不大于15%。

第七，上料用自卸汽车运输上坝时，用进占法卸料，铺土厚度根据土料性质和压实设备性能通过现场试验或工程类比法确定，压实设备可根据土料性质、细颗粒含量和含水量等因素选择。

第八，土料施工尽可能安排在少雨季节，若在雨季或多雨地区施工，应选用适合的土料和施工方法，并采取可靠的防雨措施。

第九，寒冷地区当日平均气温低于0℃时，黏性土按低温季节施工；当日平均气温低于-10℃时，一般不宜填筑土料，否则应进行技术经济论证。

第十，面板堆石坝的面板垫层为级配良好的半透水细料，要求压实密度较高。垫层下游排水必须通畅。

三、施工总进度计划

编制施工总进度时，应根据国民经济发展需要，采取积极有效措施满足主管部门或业主对施工总工期提出的要求。如果确认要求工期过短或过长、施工难以实现或代价过大，应以合理工期报批。

（一）工程建设施工阶段

1. 工程筹建期

工程筹建期工程正式开工前由业主单位负责为承包单位进场开工创造条件所需的时间。筹建工作有对外交通、施工用电、通信、征地、移民以及招标、评标、签约等。

2. 工程准备期

工程准备期是自准备工程开工起至河床基坑开挖（河床式）或主体工程开工（引水式）前的工期。所做的必要准备工程一般包括场地平整、场内交通、导流工程、临时建房和施工工厂等。

3. 主体工程施工期

主体工程施工期一般是从河床基坑开挖或从引水道或厂房开工起，至第一台机组发电或工程开始受益为止的期限。

4. 工程完建期

工程完建期是自水电站第一台机组投入运行或工程开始受益起，至工程竣工止的工期。工程施工总工期为后三项工期之和。并非所有工程的四个建设阶段均能截然分开，某些工程的相邻两个阶段工作也可交叉进行。

（二）施工总进度的表示形式

根据工程不同情况分别采用以下三种形式

①横道图。具有简单、直观等优点。

②网络图。可从大量工程项目中表示控制总工期的关键路线，便于反馈、优化。

③斜线图。易于体现流水作业。

（三）主体工程施工进度编制

1. 坝基开挖与地基处理工程施工进度

①坝基岸坡开挖一般与导流工程平行施工，并在河流截流前基本完成。平原地区的水利工程和河床式水电站如施工条件特殊，也可两岸坝基与河床坝基交叉进行开挖，但以不延长总工期为原则。

②基坑排水一般安排在围堰水下部分防渗设施基本完成之后、河床地基开挖前进行。对土石围堰与软质地基的基坑，应控制排水下降速度。

③不良地质地基处理宜安排在建筑物覆盖前完成。固结灌浆时间可与混凝土浇筑交叉作业，经过论证，也可在混凝土浇筑前进行。帷幕灌浆可在坝基面或廊道内进行，不占直线工期，并应在蓄水前完成。

④两岸岸坡有地质缺陷的坝基，应根据地基处理方案安排施工工期，当处理部位在坝基范围以外或地下时，可考虑与坝体浇筑（填筑）同时进行，在水库蓄水前按设计要求处理完毕。

⑤采用过水围堰导流方案时，应分析围堰过水期限及过水前后对工期带来的影响，在多泥沙河流上应考虑围堰过水后清淤所需工期。

⑥地基处理工程进度应根据地质条件、处理方案、工程量、施工程序、施工水平、设备生产能力和总进度要求等因素研究确定。对处理复杂、技术要求高、对总工期起控制作用的深覆盖层的地基处理应做深入分析，合理安排工期。

⑦根据基坑开挖面积、岩土等级、开挖方法及按工作面分配的施工设备性能、数量等分析计算坝基开挖强度及相应的工期。

2. 混凝土工程施工进度

①在安排混凝土工程施工进度时，应分析有效工作天数，大型工程经论证后若需加快浇筑进度，可分别在冬、雨、夏季采取确保施工质量的措施后施工。一般情况下，混凝土浇筑的月工作日数可按 25 d 计。对控制直线工期工程的工作日数，宜将气象因素影响停工天数从设计日历天数中扣除。

②混凝土的平均升高速度与坝型、浇筑块数量、浇筑块高、浇筑设备能力以及温控要求等因素有关，一般通过浇筑排块确定。

大型工程宜尽可能应用计算机模拟技术，分析坝体浇筑强度、升高速度和浇筑工期。

③混凝土坝施工期历年度汛高程与工程面貌按施工导流要求确定，如施工进度难于满足导流要求，则可相互调整，确保工程度汛安全。

④混凝土的接缝灌浆进度（包括厂坝间接缝灌浆）应满足施工期度汛与水库蓄水安全要求，并结合温控措施与二期冷却进度要求确定。

⑤混凝土坝浇筑期的月不均衡系数：大型工程宜小于 2；中型工程宜小于 2.3。

3.碾压式土石坝施工进度

第一，碾压式土石坝施工进度应根据导流与安全度汛要求安排，研究坝体的拦洪方案，论证上坝强度，确保大坝按期达到设计拦洪高程。

第二，坝体填筑强度拟定原则：

①满足总工期以及各高峰期的工程形象要求，且各强度较为均衡；

②月高峰填筑量与填筑总量比例协调，一般可取 1：20 ~ 1：40；

③坝面填筑强度应与料场出料能力、运输能力协调；

④水文、气象条件对土石坝各种坝料的施工进度有不同程度的影响，须分析相应的有效施工工日，一般应按照有关规范要求结合本地区水文、气象条件参考附近已建工程综合分析确定；

⑤土石坝上升速度主要受塑性心墙（或斜墙）的上升速度控制，而心墙或斜墙的上升速度又和土料性能、有效工作日、工作面、运输与碾压设备性能以及压实参数有关，一般宜通过现场试验确定；

⑥碾压式土石坝填筑期的月不均衡系数宜小于2.0。

4.地下工程施工进度

地下工程施工进度受工程地质和水文地质影响较大，各单项工程施工程序互相制约，安排时应统筹兼顾开挖、支护、浇筑、灌浆、金属结构、机电安装等各个工序。

①地下工程一般可全年施工，具体安排施工进度时，应根据各工程项目规模、地质条件、施工方法及设备配套情况，用关键线路法确定施工程序和各洞室、各工序间的相互衔接和最优工期。

②地下工程月进度指标根据地质条件、施工方法、设备性能及工作面情况分析确定。

5.金属结构及机电安装进度

①施工总进度中应考虑预埋件、闸门、启闭设备、引水钢管、水轮发电机组及电气设备的安装工期，妥善协调安装工程与土建工程施工的交叉衔接，并适当留有余地。

②对控制安装进度的土建工程（如斜井开挖、支墩浇筑、厂房吊车梁及厂房顶板、副厂房、开关站基础等）交付安装的条件与时间均应在施工进度文件中逐项研究确定。

6.施工劳动力及主要资源供应

（1）劳动力需要量计划

劳动力需要量计划主要是作为安排劳动力的平衡、调配和衡量劳动力耗用指标、安排生活福利设施的依据，其编制方法是将施工进度计划表内所列各施工过程每天（或旬、月）所需工人人数按工种汇总而得。

（2）主要材料需要量计划

主要材料需要量计划是备料、供料和确定仓库、堆场面积及组织运输的依据，其编制方法是将施工进度计划表中各施工过程的工程量，按材料名称、规格、数量、使用时间计算汇总而得。

对于某分部分项工程是由多种材料组成时，应按各种材料分类计算，如混凝土工程应换算成水泥、沙、石、外加剂和水的数量列入表格。

（3）构件和半成品需要量计划

建筑结构构件、配件和其他加工半成品的需要量计划主要用于落实加工订货单位，并按照所需规格、数量、时间，组织加工、运输和确定仓库或堆场，可根据施工图和施工进度计划编制。

（4）施工机械需要量计划

施工机械需要量计划主要用于确定施工机械的类型、数量、进场时间，可据此落实施工机械来源，组织进场。其编制方法为将单位工程施工进度计划表中的每一个施工过程每天所需的机械类型、数量和施工日期进行汇总，即得施工机械需要量计划。

第四节 施工的具体实践

一、施工总体布置

施工总体布置是在施工期间对施工场区进行的空间组织规划。它是根据施工场区的地形地貌、枢纽布置和各项临时设施布置的要求.研究施工场地的分期、分区、分标布置方案，对施工期间所需的交通运输、施工工厂设施、仓库、房屋、动力供应、给排水管线等在平面上进行总体规划、布置，以做到尽量减小施工相互干扰，并使各项临时设施最有效地为主体工程施工服务，为施工安全、工程质量、加快施工进度提供保证。

（一）设计原则

①各项临时设施在平面上的布置应紧凑、合理，尽量减少施工用地，且不占或少占农田。

②合理布置施工场区内各项临时设施的位置，在确保场内运输方便、畅通的前提下，尽量缩短运距、减少运量，避免或减少二次搬运，以节约运输成本、提高运输效率。

③尽量减少一切临时设施的修建量，节约临时设施费用。为此，要充分利用原有的建筑物、运输道路、给排水系统、电力动力系统等设施为施工服务。

④各种生产、生活福利设施均要考虑便于工人的生产、生活。

⑤要满足安全生产、防火、环保、符合当地生产生活习惯等方面的要求。

（二）施工总体布置的方法

1.场外运输线路的布置

①当场外运输主要采用公路运输方式时，场外公路的布置应结合场内仓库、加工厂的布置综合考虑。

②当场外运输主要采用铁路运输方式时，要考虑铁路的转弯半径和坡度的限制，确定铁路的起点和进场位置。对于拟建永久性铁路的大型工业企业工地，一般应提前修建铁路专用线，并宜从工地的一侧或两侧引入，以便更好地为施工服务而不影响工地内部的交通运输。

③当场外运输主要采用水路运输方式时，应充分利用原有码头的吞吐能力。如需增设码头，则卸货码头应不少于两个，码头宽度应大于2.5m。

2.仓库的布置

一般将某些原有建筑物和拟建的永久性房屋作为临时库房，选择设立在平坦开阔、交通方便的地方，采用铁路运输方式运至施工现场时，应沿铁路线布置转运仓库和中心仓库。仓库外要有一定的装卸场地，装卸时间较长的还要留出装卸货物时的停车位置，以防较长时间占用道路而影响通行。另外，仓库的布置还应考虑安全、方便等方面的要求。氧气、炸药等易燃易爆物资的仓库应布置在工地边缘、人员较少的地点；油料等易挥发、易燃物资的仓库应设置在拟建工程的下风方向。

3. 加工厂的布置

总的布置要求是：使加工用的原材料和加工后的成品、半成品的总运输费用最小，并使加工厂有良好的生产条件，做到加工厂生产与工程施工互不干扰。

各类加工厂的具体布置要求如下：

（1）工地混凝土搅拌站

有集中布置、分散布置、集中与分散相结合布置三种方式。当运输条件较好时，以集中布置较好；当运输条件较差时，以分散布置在各使用地点并靠近井架或布置在塔吊工作范围内为宜；也可根据工地的具体情况，采用集中布置与分散布置相结合的方式。若利用城市的商品混凝土搅拌站，只要商品混凝土供应能力和输送设备能够满足施工要求，可不设置工地搅拌站。

（2）工地混凝土预制构件厂

一般宜布置在工地边缘、铁路专用线转弯处的扇形地带或场外邻近工地处。

（3）钢筋加工厂

宜布置在接近混凝土预制构件厂或使用钢筋加工品数量较大的施工对象附近。

（4）木材加工厂

原木、锯材的堆场应靠近公路、铁路或水路等主要运输方式的沿线，锯木、成材、粗细木等加工车间和成品堆场应按生产工艺流程布置。

（5）金属结构加工厂、锻工和机修等车间

因为这些加工厂或车间在生产上相互联系比较密切，应尽可能布置在一起。

（6）产生有害气体和污染环境的加工厂

如沥青熬制、石灰熟化、石棉加工等加工厂，除应尽量减少毒害和污染外，还应布置在施工现场的下风方向，以便减少对现场施工人员的伤害。

4. 场内运输道路的布置

在规划施工道路中，既要考虑车辆行驶安全、运输方便、连接畅通，又要尽量减少道路的修筑费用。根据仓库、加工厂和施工对象的相互位置，研究施工物资周转运输量的大小，确定主要道路和次要道路，然后进行场内运输道路的规划。连接仓库、加工厂等的主要道路一般应按双行、循环形道路布置。循环形道路的各段尽量设计成直线段，以便提高车速。次要道路可按单行支线布置，但在路端应设置回车场地。

5. 临时生活设施的布置

临时生活设施包括行政管理用房屋、居住生活用房和文化生活福利用房。包括工地办公室、传达室、汽车库、职工宿舍、开水房、招待所、医务室、浴室、小学、图书馆和邮亭等。

工地所需的临时生活设施，应尽量利用原有的准备拆除的或拟建的永久性房屋。工地行政管理用房设置在工地入口处或中心地区；现场办公室应靠近施工地点布置。居住和文化生活福利用房，一般宜建在生活基地或附近村寨内。

6. 供水管网的布置

①应尽量提前修建并充分利用拟建的永久性供水管网作为工地临时供水系统，节约修建费用。在保证供水要求的前提下，新建供水管线的长度越短越好，并应适当采用胶皮管、塑料管作为支管，使其具有可移动性，以便于施工。

②供水管网的铺设要与场地平整规划协调一致，以防重复开挖；管网的布置要避开拟建工程和室外管沟的位置，以防二次拆迁改建。

③临时水塔或蓄水池应设置在地势较高处。

④供水管网应按防火要求布置室外消防栓。室外消防栓应靠近十字路口、工地出入口，并沿道路布置，距路边应不大于 2 m，距建筑物的外墙应不小于 5 m；为兼顾拟建工程防火而设置的室外消防栓，与拟建工程的距离也不应大于 25 m；工地室外消防栓必须设有明显标志，消防栓周围 3 m 范围内不准堆放建筑材料、停放机械设备和搭建临时房屋等；消防栓供水干管的直径不得小于 100mm。

7. 工地临时供电系统的布置

（1）变压器的选择与布置要求

当施工现场只需设置一台变压器时，供电线路可按枝状布置，变压器应设置在引入电源的安全区域内。

当工地较大，需要设置多台变压器时，应先用一台主降压变压器，将工地附近的 110 kV 或 35 kV 的高压电网上的电压降至 10 kV 或 6 kV，然后通过若干个分变压器将电压降至 380/220V。主变压器与各分变压器之间采用环状连接布置；每个分变压器到该变压器负担的各用电点的线路可采用枝状布置，分变电器应设置在用电设备集中、用电量大的地方或该变压器所负担区域的中心地带，以尽量缩短供电线路的长度；低压变电器的有效供电半径一般为 400 ~ 500 m。

（2）供电线路的布置要求

①工地上的 3 kV、6 kV 或 10 kV 高压线路，可采用架空裸线，其电杆距离为 40 ~ 60 m，也可用地下电缆。户外 380/220V 的低压线路，可采用架空裸线，与建筑物、脚手架等相近时必须采用绝缘架空线，其电杆距离为 25 ~ 40 m。分支线和引入线必须从电杆处连接，不得从两杆之间的线路上直接连接。电杆一般采用钢筋混凝土电杆，低压线路也可采用木电杆。

②配电线路宜沿道路的一侧布置，高出地面的距离一般为 4 ~ 6 m，要保持线路平直；离开建筑物的安全距离为 6 m，跨越铁路或公路时的高度应不小于 7.5 m；在任何情况下，各供电线路均不得妨碍交通运输和施工机械的进场、退场、装拆及吊装等；同时要避开堆场、临时设施、开挖的沟槽或后期拟建工程的位置，以免二次拆迁。

③各用电点必须配备与用电设备功率相匹配的，由闸刀开关、熔断保险、漏电保护器和插座等组成的配电箱，其高度与安装位置应以操作方便、安全为准；每台用电机械或设备均应分设闸刀开关和熔断器，实行单机单闸，严禁一闸多机。

④设置在室外的配电箱应有防雨措施，严防漏电、短路及触电事故的发生。

（三）施工总布置图的绘制

1.施工总布置图的内容构成

施工总布置图一般应包括以下内容：

第一，原有地形、地物。

第二，一切已建和拟建的地上及地下的永久性建筑物及其他设施。

第三，施工用的一切临时设施，主要包括：

①施工道路、铁路、港口或码头；

②料场位置及弃渣堆放点；

③混凝土拌和站、钢筋加工等各类加工厂、施工机械修配厂、汽车修配厂等；

④各种建筑材料、预制构件和加工品的堆存仓库或堆场，机械设备停放场；

⑤水源、电源、变压器、配电室、供电线路、给排水系统和动力设施；

⑥安全消防设施；

⑦行政管理及生活福利所用房屋和设施；

⑧测量放线用的永久性定位标志桩和水准点等。

2. 施工总布置图绘制的步骤与要求

（1）确定图幅的大小和绘图比例

图幅大小和绘图比例应根据工地大小及布置的内容多少来确定。图幅一般可选用 A1 图纸（841 mm × 594 mm）或 A2 图纸（594 mm × 420 mm），比例一般采用 1：1 000 或 1：2 000。

（2）绘制建筑总平面图中的有关内容

将现场测量的方格网、现场原有的并将保留的建筑物、构筑物和运输道路等其他设施按比例准确地绘制在图面上。

（3）绘制各种临时设施

根据施工平面布置要求和面积计算的结果，将所确定的施工道路、仓库堆场、加工厂、施工机械停放场、搅拌站等的位置、水电管网及动力设施等的布置，按比例准确地绘制在建筑总平面图上。

（4）绘制正式的施工总布置图

在完成各项布置后，再经过分析、比较、优化、调整修改，形成施工总布置图草图，然后再按规范规定的线型、线条、图例等对草图进行加工、修饰，标上指北针、图例等，并作必要的文字说明，则成为正式的施工总布置图。

施工总体布置方案应遵循因地制宜、因时制宜、有利生产、方便生活、易于管理、安全可靠、经济合理的原则，经全面系统比较论证后选定。

（四）施工总体布置方案比较指标

①交通道路的主要技术指标包括工程质量、造价、运输费及运输设备

需用量。

②各方案土石方平衡计算成果，场地平整的土石方工程量和形成时间。

③风、水、电系统管线的主要工程量、材料和设备等。

④生产、生活福利设施的建筑物面积和占地面积。

⑤有关施工征地移民的各项指标。

⑥施工工厂的土建、安装工程量。

⑦站场、码头和仓库装卸设备需要量。

⑧其他临建工程量。

（五）施工总体布置及场地选择

施工总体布置应该根据施工需要分阶段逐步形成，满足各阶段施工需要，做好前后衔接，尽量避免后阶段拆迁。初期场地平整范围按施工总体布置最终要求确定。施工总体布置应着重研究以下内容。

①施工临时设施项目的划分、组成、规模和布置。

②对外交通衔接方式、站场位置、主要交通干线及跨河设施的布置情况。

③可资利用场地的相对位置、高程、面积和占地赔偿。

④供生产、生活设施布置的场地。

⑤临建工程和永久设施的结合。

⑥前后期结合和重复利用场地的可能性。

若枢纽附近场地狭窄、施工布置困难，可采取适当利用或重复利用库区场地，布置前期施工临建工程，充分利用山坡进行小台阶式布置。提高临时房屋建筑层数和适当缩小间距。利用弃渣填平河滩或冲沟作为施工场地。

（六）施工分区规划

1. 施工总体布置分区

①主体工程施工区。

②施工工厂区。

③当地建材开采区。

④仓库、站、场、厂、码头等储运系统。

⑤机电、金属结构和大型施工机械设备安装场地。

⑥工程弃料堆放区。

⑦施工管理中心及各施工工区。

⑧生活福利区。

要求各分区间交通道路布置合理、运输方便可靠、能适应整个工程施工进度和工艺流程要求，尽量避免或减少反向运输和二次倒运。

2.施工分区规划布置原则

①以混凝土建筑物为主的枢纽工程，施工区布置宜以沙、石料开采、加工、混凝土拌和浇筑系统为主；以当地材料坝为主的枢纽工程，施工区布置宜以土石料采挖、加工、堆料场和上坝运输线路为主。

②机电设备、金属结构安装场地宜靠近主要安装地点。

③施工管理中心设在主体工程、施工工厂和仓库区的适中地段；各施工区应靠近各施工对象。

④生活福利设施应考虑风向、日照、噪声、绿化、水源水质等因素，其生产、生活设施应有明显界限。

⑤特种材料仓库（炸药、雷管库、油库等）应根据有关安全规程的要求布置。

⑥主要施工物资仓库、站场、转运站等储运系统一般布置在场内外交通衔接处。外来物资的转运站远离工区时，应在工区按独立系统设置仓库、道路、管理及生活福利设施。

二、施工辅助企业

为施工服务的施工工厂设施（简称施工工厂）主要有沙石加工、混凝土生产、预冷、预热、压缩空气、供水、供电和通信、机械修配及加工系统等。其任务是制备施工所需的建筑材料，供应水、电和风，建立工地与外界通信联系，维修和保养施工设备，加工制作少量非标准件和金属结构。

（一）一般规定

第一，施工工厂的规划布置

①施工工厂设施规模的确定，应研究利用当地工矿企业进行生产和技术协作以及结合本工程及梯级电站施工需要的可能性和合理性；

②厂址宜靠近服务对象和用户中心，设于交通运输和水电供应方便处；

③生活区应该与生产区分开，协作关系密切的施工工厂宜集中布置。

第二，施工工厂的设计应积极、慎重地推广和采用新技术、新工艺、新设备、新材料；提高机械化、自动化水平，逐步推广装配式结构，力求设计系列化，定型化。

第三，尽量选用通用和多功能设备，提高设备利用率、降低生产成本。

第四，需在现场设置施工工厂，其生产人员应根据工厂生产规模，按工作班制，进行定岗定员计算所需生产人员。

（二）沙石加工系统

沙石加工系统（简称沙石系统）主要由采石场和沙石厂组成。

沙石原料需用量根据混凝土和其他沙石用料计及开采加工运输损耗和弃料量确定。沙石系统规模可按沙石厂的处理能力和年开采量划分为大、中、小型，划分标准见表7-1。

表7-1 沙石系统规模划分标准

规模类型	沙石厂处理能力		采料场
	小时（t）	月（万t）	年开采（万t）
大型	> 500	> 15	> 120
中型	120 ~ 500	4 ~ 15	30 ~ 120
小型	< 120	< 4	< 30

1.沙石料源确定

根据优质、经济、就近取材的原则，选用天然、人工沙石料或两者结合的料源：

①工程附近天然沙石储量丰富，质量符合要求，级配及开采、运输条件较好时，应优先作为比较料源；

②在主体工程附近无足够合格天然沙石料时，应研究就近开采加工人工骨料的可能性和合理性；

③尽量不占或少占耕地；

④开挖渣料数量较多，且质量符合要求，应尽量利用；

⑤当料物较多或情况较复杂时，宜采用系统分析法优选料源。

2.对选定的主要料场开挖渣料应作开采规划

料场开采规划原则主要包括：

①尽可能机械化集中开采，合理选择采、挖、运设备；

②若料场比较分散，上游料场用于浇筑前期，近距离料场宜作为生产高峰用；

③力求天然级配与混凝土需用级配接近，并能连续均衡开采；

④受洪水或冰冻影响的料场应有备料、防洪或冬季开采等措施。

3. 沙石厂厂址选择原则

①设在料场附近；多料场供应时，设在主料场附近；沙石利用率高、运距近、场地许可时，亦可设在混凝土工厂附近。

②沙石厂人工骨料加工的粗碎车间宜设在离采场 1 ~ 2 km 范围内，且尽可能靠近混凝土系统，以便共用成品堆料场。

③主要设施的地基稳定，有足够的承受能力。

成品堆料场容量尚应满足沙石自然脱水要求。当堆料场总容量较大时，宜多堆毛料或半成品；毛料或半成品可采用较大的堆料高度。

4. 成品骨料堆存和运输应符合要求

①有良好的排水系统。

②必须设置隔墙避免各级骨料混杂，隔墙高度可按骨料动摩擦角 34° ~ 37° 加 0.5 m 超高确定。

③尽量减少转运次数，粒度大于 40 mm 的骨料抛料落差大于 3 m 时，应设缓降设备。碎石与砾石、人工沙与天然沙混合使用时，碎砾石混合比例波动范围应小于 10%，人工、天然沙料的波动范围应小于 15%。

5. 大中型沙石系统堆料场一般宜采用地弄取料

大中型沙石系统堆料场设计时应注意：

①地弄进口高出堆料地面；

②地弄底板一般宜设大于 5% 的纵坡；

③各种成品骨料取料口不宜小于 3 个；

④不宜采用事故停电时不能自动关闭的弧门；

⑤较长的独头地弄应设有安全出口。

石料加工以湿法除尘为主，工艺设计应注意减少生产环节，降低转运落差，密闭尘源。应采取措施降低或减少噪声影响。

（三）混凝土生产系统

混凝土生产必须满足质量、品种、出机口温度和浇筑强度的要求，小时生产能力可按月高峰强度计算，月有效生产时间可按 500 h 计，不均匀系数按 1.5 考虑，并按充分发挥浇筑设备的能力进行校核。

拌和加冰和掺合料以及生产干硬性或低坍落度混凝土时，均应核算拌和楼的生产能力。

混凝土生产系统（简称混凝土系统）规模按生产能力分大、中、小型，划分标准见表7-2。

表7-2 混凝土系统规模划分标准

规模定型	小时生产能力（m³）	月生产能力（×10³m³）
大型	＞200	＞6
中型	50～200	1.5～6
小型	＜50	＜1.5

独立大型混凝土系统拌和楼总数以1～2座以下为宜，一般不超过3座，且规格、型号应尽可能相同。

1.混凝土系统布置原则

①拌和楼尽可能靠近浇筑地点，并应满足爆破安全距离要求。

②妥善利用地形减少工程量，主要建筑物应设在稳定、坚实、承载能力满足要求的地基上。

③统筹兼顾前、后期施工需要，避免中途搬迁，不与永久性建筑物干扰；高层建筑物应与输电设备保持足够的安全距离。

2.混凝土系统尽可能集中布置

下列情况可考虑分散设厂：

①水工建筑物分散或高低悬殊、浇筑强度过大，集中布置使混凝土运距过远、供应有困难。

②两岸混凝土运输线不能沟通。

③沙石料场分散，集中布置骨料运输不便或不经济。

3.混凝土系统内部布置原则

①利用地形高差。

②各个建筑物布置紧凑，制冷、供热、水泥、粉煤灰等设施均宜靠近拌和楼。

③原材料进料方向与混凝土出料方向错开。

④系统分期建成投产或先后拆迁，能满足不同施工期混凝土浇筑要求。

4.拌和楼出料线布置原则

①出料能力能满足多品种、多标号混凝土的发运，保证拌和楼不间断地生产。

②出料线路平直、畅通。如采用尽头线布置，应核算其发料能力。

③每座拌和楼有独立发料线，使车辆进出互不干扰。

④出料线高程应和运输线路相适应。

轮换上料时，骨料供料点至拌和楼的输送距离宜在 300 m 以内。输送距离过长，一条带式输送机向两座拌和楼供料或采用风冷、水冷骨料时，均应核算储仓容量和供料能力。

混凝土系统成品堆料场总储量一般不超过混凝土浇筑月高峰日平均 3 ~ 5d 的需用量。特别困难时，可减少到 1 天的需用量。

沙石与混凝土系统相距较近并选用带式输送机运输时，成品堆料场可以共用，或混凝土系统仅设活容积为 1 ~ 2 班用料量的调节料仓。

水泥应力求固定厂家计划供应，品种在 2 ~ 3 种以内为宜。应积极创造条件，多用散装水泥。

仓库储水泥量应根据混凝土系统的生产规模、水泥供应及运输条件、施工特点及仓库布置条件等综合分析确定，既要保证混凝土连续生产，又要避免储存过多、过久，影响水泥质量，水泥和粉煤灰在工地的储备量一般按可供工程使用日数而定。

第一，材料由陆路运输时，储备量应可供工程使用 4 ~ 7d。

第二，材料由水路运输时，储备量应可供工程使用 5 ~ 15d。

当中转仓库距工地较远时，可增加 2 ~ 3d。

袋装水泥仓库容量以满足初期临建工程需要为原则。仓库宜设在干燥地点，有良好的排水及通风设施。水泥量大时，宜用机械化装卸、拆包和运输。

运输散装水泥优先选用气力卸载车辆；站台卸载能力、输送管道气压与输送高度应与所用的车辆技术特性相适应；受料仓和站台长度按同时卸载车辆的长度确定；尽可能从卸载点直接送至水泥仓库，避免中断站转送。

（四）混凝土预冷、预热系统

1. 混凝土预冷系统

混凝土的拌和出机口温度较高、不能满足温控要求时，拌和料应进行预冷。

拌和料预冷方式可采用骨料堆场降温，加冷水，粗骨料预冷等单项或多项综合措施。加冷水或加冰拌和不能满足出机温度时，结合风冷或冷水喷淋冷却粗骨料，水冷骨料须用冷风保温。骨料进一步冷却，需风冷、淋冷水并用。粗骨料预冷可用水淋法、风冷法、水浸法、真空汽化法等措施。直接水冷法应有脱水措施，使骨料含水率保持稳定；风冷法在骨料进入冷却仓前宜冲洗脱水，5 ~ 20 mm 骨料的表面水含量不得超过 1%。

2. 混凝土预热系统

①低温季节混凝土施工，须有预热设施。

②优先用热水拌和以提高混凝土拌和料温度，若尚不能满足浇筑温度要求，再进行骨料预热，水泥不得直接加热。

③混凝土材料加热温度应根据室外气温和浇筑温度通过热平衡计算确定，拌和水温一般不宜超过 60℃。骨料预热设施根据工地气温情况选择，当地最低月平均气温在 -10℃ 以上时，可在露天料场预热；在 -10℃ 以下时，宜在隔热料仓内预热；预热骨料宜用蒸汽排管间接加热法。

④供热容量除满足低温季节混凝土浇筑高峰时期加热骨料和拌和水外，尚应满足料仓、骨料输送廊道、地弄、拌和楼、暖棚等设施预热时耗热量。

⑤供热设施宜集中布置，尽量缩短供热管道减少热耗，并应满足防火、防冻要求。

⑥混凝土组成材料在冷却、加热生产、运输过程中，必须采取有效的隔热、降温或采暖措施，预冷、预热系统均需围护隔热材料。

⑦有预热要求的混凝土在日平均气温低于 -5℃ 时，对输送骨料的带式输送机廊道、地弄、装卸料仓等均需采暖，骨料卸料口要采取措施防止冻结。

（五）压缩空气、供水、供电和通信系统

1. 压缩空气

①压气系统主要供石方开挖、混凝土施工、水泥输送、灌浆、机电及金属结构安装所需压缩空气。

②根据用气对象的分布、负荷特点、管网压力损失和管网设置的经济性等综合分析确定集中或分散供气方式，大型风动凿岩机及长隧洞开挖应尽可能采用随机移动式空压机供气，以减少管网和能耗。

③压气站位置应尽量靠近耗气负荷中心、接近供电和供水点，处于空气洁净、通风良好、交通方便、远离需要安静和防振的场所。

④同一压气站内的机型不宜超过两种规格，空压机一般为 2 ~ 3 台，

备用 1 台。

2. 施工供水

施工供水量应满足不同时期日高峰生产用水和生活用水需要，并按消防用水量进行校核。水源选择原则：

①水量充沛可靠，靠近用户；

②满足水质要求，或经过适当处理后能满足要求；

③符合卫生标准的自流或地下水应优先作为生活饮用水源；

④冷却水或其他施工废水应根据环保要求与论证确定回收净化作为施工循环用水源；

⑤因水量有限而与其他部门共用水源，应签订协议，防止用水矛盾。

水泵型号及数量根据设计供水量的变化、水压要求、调节水池的大小、水泵效率、设备来源等因素确定。同一泵站的水泵型号尽可能统一。

泵站内应设备用水泵，当供水保证率要求不高时，可根据具体情况少设或不设。

3. 施工供电

供电系统应保证生产、生活高峰负荷需要。电源选择应结合工程所在地区能源供应和工程具体条件，经过技术经济比较确定。一般优先考虑电网供电，并尽可能提前架设电站永久性输电线路；施工准备期间，若无其他电源，可建临时发电厂供电，电网供电后，电厂作为备用电源。

各施工阶段用电最高负荷按需要系数法计算；当资料缺乏时，用电高峰负荷可按全工程用电设备总容量的 25% ~ 40% 估算。

对工地因停电可能造成人身伤亡或设备事故、引起国家财产严重损失的一类负荷必须保证连续供电，设两个以上电源；若单电源供电，须另设发电厂作备用电源。

自备电源容量确定原则：

①用电负荷全由自备电源供给时，其容量应能满足施工用电最高负荷要求。

②作为系统补充电源时，其容量为施工用电最高负荷与系统供电容量的差值。

③事故备用电源，其容量必须满足系统供电中断时工地一类负荷用电

要求。

④自备电源除满足施工供电负荷和大型电动机起动电压要求外，尚应考虑适当的备用容量或备用机组。

供电系统中的输、配电电压等级根据输送半径及容量确定。

4.施工通信

施工通信系统应符合迅速、准确、安全、方便的原则。

通信系统组成与规模应根据工程规模大小、机械程度高低、施工设施布置以及用户分布情况确定，一般以有线通信为主。机械化程度较高的大型工程，需增设无线通信系统。有线调度电话总机和施工管理通信的交换机容量可按用户数加20% ~ 30%的备用量确定，当资料缺乏时，可按每百人5 ~ 10门确定。

水情预报、远距离通信以及调度施工现场流动人员、设备可采用无线电通信。其工作频率应避免与该地区无线电设备干扰。

供电部门的通信主要采用电力载波。当变电站距供电部门较近且架设通信线经济时，可架设通信线。

与工地外部通信一般应通过邮电部门挂长途电话方式解决，其中继线数量一般可按每百门设双向中继线2 ~ 3对；有条件时，可采用电力载波、电缆载波、微波中继、卫星通信或租用邮电系统的通道等方式进行通信，并与电力调度通信及对外永久通信的通道并作。

（六）机械修配及加工厂

1.机械修配厂（站）

机械修配厂（站）主要进行设备维修和更换零部件。尽量减少在工地的设备加工、修理工作量，使机械修配厂向小型化、轻装化发展。应接近施工现场，便于施工机械和原材料运输，附近有足够场地存放设备、材料、并靠近汽车修配厂。

机械修配厂各车间的设备数量应按承担的年工作量（总工时或实物工作量）和设备年工作时数（或生产率）计算，最大规模设备应与生产规模相适应。尽可能采用通用设备，以提高设备利用率。

汽车大修尽可能不在工地进行，只有汽车数量较多且使用期多超过大修周期、工地又远离城市或基地，方可在工地设置汽车修理厂，大型或利用率较低的加工设备尽可能与修配厂合用。如果汽车大修量较小，汽车修理厂可与机械修配厂合并。

压力钢管加工制作地点主要根据钢管直径、管壁厚度、加工运输条件等因素确定。大型钢管一般宜在工地制作；直径较小且管壁较厚的钢管可在专业工厂内加工成节或瓦状，运至工地组装。

2. 木材加工厂

木材加工厂承担工程锯材、制作细木构件、木模板和房屋建筑构件等加工任务。根据工程所需原木总量、木材来源及其运输方式，锯材、构件、木模板的需要量和供应计划，场内运输条件等确定加工厂的规模。

当工程布置比较集中时，木材加工厂宜和钢筋加工、混凝土构件预制共同组成综合加工厂，厂址应设在公路附近装、卸料方便处，并应远离火源和生活办公区。

3. 钢筋加工厂

钢筋加工厂承担主体及临时工程和混凝土预制厂所用钢筋的冷处理、加工及预制钢筋骨架等任务。规模一般按高峰月日平均需用量确定。

4. 混凝土构件预制厂

混凝土构件预制厂供应临建和永久工程所需的混凝土预制构件。混凝土构件预制厂规模根据构件的种类、规格、数量、最大重量、供应计划、原材料来源及供应运输方式等计算确定。

当预制件量小于 3 000m³/a 时，一般只设简易预制场。预制构件应优先采用自然保护，大批量生产或寒冷地区低温季节才采取蒸汽保护。

当混凝土预制与钢筋加工、木材加工组成综合加工厂时，可不设钢筋、木模加工车间；当由附近混凝土系统供应混凝土时，可不设或少设拌和设备。木材、钢筋、混凝土预制厂在南方以工棚为主，少雨地区可露天作业。

第八章 水利工程项目的施工管理

第一节 水利工程项目施工进度管理

一、项目进度管理方法

进度管理作为项目管理的重要组成内容，对于工程的按质按量完成起着不可忽视的作用。项目的进度管理（又称项目的时间管理）是确保项目按质按量完成的一系列管理活动和过程。具体地讲，就是在项目规定时间内统筹安排各项任务工作以及相关任务。

（一）项目进度管理的几个相关概念

1. 制订项目任务

每一个项目都由许多任务组成。用户在进行项目时间管理前，必须首先定义项目任务，合理地安排各项任务对一个项目来说是至关重要的。企业项目任务及设置企业项目中各项任务信息包括设置任务工作的结构、限制条件范围信息、任务分解、模板、任务清单和详细依据等，创建一个任务列表是合理安排各项任务不可缺少的。通过 Microsoft Project 创建任务列表可为项目策划者节省许多宝贵的时间。

2. 任务历时估计

任务通常按尽可能早的时间进行排定，在项目开始后，只要后面列出的因素允许它将尽可能早地开始，如果是按一个固定的结束早期排定，则任务将尽可能晚地排定，即尽可能地靠近固定结束日期，系统默认的排定方法是按尽可能早的时间。任务之间的关系有很多种，例如链接关系表明一项任务在另一项任务完成后立即开始这些链接称作任务相关性，Microsoft Project 自动决定依赖其他任务日期的任务的开始和完成时间。相关性或链接任务的优势是在某个任务被改变之后，与之链接的任务也会自动重新安排日程，在工作暂时停止时，可以利用限制、重叠或延迟任务和拆分任务精细地调整任务的日期安排。

3. 任务里程碑

里程碑是一种用于识别日程安排中重要文件的任务，用户在进行任务管理时，可以通过将某些关键性任务设置成里程碑，来标记被管理项目取得的关键性进展。

（二）进度计划的表示方法

1. 横道图进度计划

横道图进度计划法是传统的进度计划方法。横道图计划表中的进度线（横线）与时间坐标相对应，这种表达方式较直观，易看懂计划编制的意图。

它的纵坐标根据项目实施过程中的先后顺序自上而下排列任务的名称以及编号，为了方便计划的核查使用，在纵坐标上可同时注明各个任务的工作计划量等。图中的横道线各个任务的工作开展情况，持续时间，以及开始与结束的日期等，一目了然。它是一种图和表的结合形式，在工程中被广泛使用。

当然，横道图进度计划法也存在一些缺点：工作之间的逻辑关系可以设法表达，但不易表达清楚；仅适合于手工编织计划，不方便；没有通过严谨的时间参数计算，不能确定计划的关键工作，关键路线与时差；计划调整只能用手工方式进行，其工作量大，难以适应大的进度计划系统。

2. 网络计划技术

网络图是指由箭线和节点组成的，用来表示工作流程的有向、有序网络图形。这种利用网络图的形式来表达各项工作的相互制约和相互依赖关系，并标注时间参数，用以编制计划，控制进度，优化管理的方法统称为网络计划技术。

第一，我国推荐的常用的工程网络计划类型如下：

①双代号网络计划——以箭线及其两端节点的编号表示工作的网络图。工作之间的逻辑关系包括工艺关系和组织关系。关键线路法是计划中工作与工作之间逻辑关系肯定，且每项工作估计一定的持续的时间的网络计划技术。以下重点解释时间参数的计算及表达方式。

②双代号时标网络计划——以时间坐标为尺度编制的双代号网络计划。

③单代号网络图——以节点及其编号表示工作，以箭线表示工作之间逻辑关系的网络图。工作之间的逻辑关系和双代号网络图一样，都应正确反映工艺关系和组织关系。

④单代号搭接网络计划——指前后工作之间有多种逻辑关系的肯定型（工作持续时间确定）单代号网络计划。

第二，总的来说，网络计划技术是目前较为理想的进度计划和控制方法。与横道图比较之下，它有不少优点。

①网络计划技术把计划中各个工作的逻辑关系表达得相当清楚，这实质上表示项目工程活动的全流程，网络图就相当于一个工作流程图。

②通过网络分析，它能够给本项目组织者提供丰富的信息或时间参数等。

③能十分清晰地判断关键工作，这一点对于工程计划的调整和实施中的控制来说非常重要。

④能很方便地进行工期、成本和资源的最优化调整。

⑤网络计划方法具有普遍的适用性，特别是对复杂的大型工程项目更能显现出它的优越性。对于复杂点的网络计划，网络图的绘制、分析、优化和使用都可以借助于计算机软件来完成。

在施工中，一般对这两种方式均予以采用。在编制施工组织设计时，多采用网络图编制整个工程的施工进度计划；在施工现场，多采用横道图编制分部分项工程施工进度计划。

二、项目进度控制方法

进度是指活动顺序、活动之间的相互关系、活动持续时间和过程的总时间。工程施工项目可以是多个，也可以是很多个，其所对应的竣工日期也可以是一个或多个。进度控制在项目施工中是非常重要的，项目负责人要保证在合同规定的竣工日期前，使项目达到实质性的竣工目标，否则，可能会引起法律事件。因此，项目负责人应以合同约定的竣工日期指导和控制行动。总之，进度控制为保证施工项目在合同规定的竣工日期前使项目达到实质性的竣工，在整个工程项目的实施过程的连续时间内，通过协调每一分部工程之间的逻辑关系和人员的组织关系，连续地、反复地对每一阶段或每一分部工程进行持续控制。

（一）项目进度控制的基本作用和原理

1.进度控制的基本作用

①能够有效地缩短工程项目建设周期。

②落实承建单位的各项施工规划，保障施工项目的成本、进度及质量目标的顺利完成。

③为防止或提出项目施工索赔提供依据。

④能减少不同部门和单位之间的相互干扰。

工程项目进度控制的主要任务主要包括两个方面：一方面，业主方进度控制的主要任务是，控制整个项目实施阶段的进度，以及项目动工之前准备阶段工作的进度；另一方面，施工方进度控制的任务是，依据施工任务承包合同对施工进度进行控制。

2.项目进度控制的基本原理

工程项目进度控制的一般原理有：

（1）系统控制原理

①项目施工进度计划系统包括施工项目总进度计划、单位工程的施工度计划、分部分项工程进度计划、月施工作业计划。这些项目施工进度计划由粗到细，编制是应当从总体计划到局部计划，逐层按目标计划进行控制，用以保证计划目标的实现。

②项目施工进度实施系统包括施工项目经理部和有关生产要素管理职能部门，这些部门都要按照施工进度规定的施工要求严格进行管理，落实完成各自的任务，从而形成严密的施工进度实施系统，用以保证施工进度按计划实现。

（2）动态控制原理

项目施工进度控制是一个不断进行的动态控制，也是一个循环进行的过程，实际进度与计划进度两者经常会出现超前或延后的偏差。因此，要分析偏差的原因并采取措施加以调整，施工进度计划控制就是采用动态循环的控制原理进行的。

（3）信息反馈原理

信息反馈是项目施工进度控制的依据，要做好项目施工进度控制的协调工作就必须加强施工进度的信息反馈，当项目施工进度比现偏差时，相应的信息就应当反馈到项目进度控制的主体。然后由该主体进行比较分析并做出纠正偏差的反应，使项目施工进度朝着计划的目标进行并达到预期效果。这样就使项目施工进度计划执行、检查和调控过程成为信息反馈控制的实施过程。

（4）弹性控制原理

项目施工进度控制涉及因素较多、变化较大且持续时间长，因此不可能十分精确地预测未来或做出绝对准确的项目施工进度安排，也不能期望项目施工进度会完全按照规划日程而实现。因此，在确定项目施工进度目标时必须留有余地，而使进度目标具有弹性，使项目施工进度控制具有较强的应受能力。

（5）循环控制原理

项目施工进度控制包括项目施工进度计划的实施、检查、比较分析和调整四个过程，这实质上构成一个循环控制系统。

（二）进度控制的主要影响因素和方法及措施

1.影响进度控制的主要因素

（1）项目施工技术的因素

前一节已经简单介绍了工程项目的一些技术方法，但是在与实际施工过程联系运用起来也许会出现一些理论不能解释的问题，可以在一些技术的方面稍作调整。

（2）施工条件变化的因素

在施工的过程中，会出现一些并非施工人员能够控制的人为或非人为的因素，如天气等。

（3）有关单位的影响

在施工过程中一些单位之间的工作可能出现矛盾冲突，这将影响项目施工按计划完成。

（4）不可预见的因素

有句话说得好，计划不如变化，所以在施工的实际过程中会出现一些在计划中未预见的现象，从而影响项目计划目标的按时完成。

2. 进度控制的主要控制方法

工程项目进度控制的主要工作环节首先是确定（确认）总进度目标和各进度控制子目标，并编制进度计划；其次在工程项目实施的全过程中，分阶段进行实际进度与计划进度的比较，出现偏差则及时采取措施予以调整，并编制新计划；最后是协调工程项目各参加单位、部门和工作队之间的工作节奏与进度关系。简单说，进度控制就是规划（计划）、检查与调整、协调这样一个循环的过程，直到项目活动全部结束。

3. 工程项目进度的控制措施

工程项目进度控制采取的主要措施有组织措施、管理措施、经济措施、技术措施等。

（1）组织措施

组织是目标能否实现的决定性因素，为实现项目的进度目标，应充分重视项目管理的组织体系。

①落实工程项目中各层次进度目标的管理部门及责任人。

②进度控制主要工作任务和相应的管理职能应在项目管理组织设计分工表和管理职能分工表中标示并认真落实。

③应编制项目进度控制的工作流程，如确定项目进度计划系统的组成，各类进度计划的编制程序、审批程序、计划调整程序等。

④进度控制工作往往包括大量的组织和协调工作，而会议是组织和协调的重要手段，应进行有关进度控制会议的组织设计，以明确会议的类型，各类会议的主持人及参加单位和人员，各类会议的召开时间（时机），各类会议文件的整理、分发和确认等。

（2）管理措施

建设工程项目进度控制的管理措施涉及管理的思想、管理的方法、管理的手段、承发包模式，合同管理和风险管理等。在理顺组织的前提下，科学和严谨的管理显得十分重要。

①在管理观念方面下述问题比较突出。一是缺乏进度计划系统的观念，分别编制各种独立而互不联系的计划，形成不了系统；二是缺乏动态控制的观念，只重视计划的编制，而不重视计划执行中的及时调整；三是缺乏进度计划多方案比较和择优的观念，合理的进度计划应体现资源的合理使用、空

间（工作面）的合理安排，有利于提高建设工程质量，有利于文明施工和缩短建设周期。

②工程网络计划的方法有利于实现进度控制的科学化。用工程网络计划的方法编制进度计划应仔细严谨地分析和考虑工作之间的逻辑关系，通过工程网络的计划可发现关键工作和关键线路，可以知道非关键工作及时差。

③承发包模式的选择直接关系到工程实施的组织和协调。应选择合理的合同结构，以避免合同界面过多而对工程的进展产生负面影响。工程物资的采购模式对进度也有直接影响，对此应做分析比较。

④应该分析影响工程进度的风险，并在此基础上制订风险措施，以减少进度失控的风险量。

⑤重视信息技术（包括各种应用软件、互联网以及数据处理设备等）在进度控制中的应用。信息技术应用是一种先进的管理手段，有利于提高进度信息处理的速度和准确性，有利于增加进度信息的透明度，有利于促进相互间的信息统一与协调工作。

（3）经济措施

建设工程项目进度控制的经济措施涉及资金需求计划、资金供应的条件及经济激励措施等。

①应编制与进度计划相适应的各种资源（劳力、材料、机械设备和资金等）需求计划，以反映工程实施的各时段所需的资源。进度计划确定在先，资源需求量计划编制在后。其中，资金需求量计划非常重要，它同时也是工程融资的重要依据。

②资金供应条件包括可能的资金总供应量、资金来源以及资金供应的时间。

③在工程预算中应考虑加快工程进度所需要的资金，其中包括为实现进度目标将要采取的经济激励措施所需要的费用。

（4）技术措施

建设工程项目进度控制的技术措施涉及对实现进度目标有利的设计技术和施工方案。

①不同的设计理念、设计技术路线、设计方案会对工程进度产生不同的影响。在设计工作的前期，特别是在设计方案评审和择优选用时，应对设

计技术与工程进度尤其是施工进度的关系做分析比较。在工程进度受阻时，应分析是否存在设计技术的影响因素，以及为实现进度目标有无设计变更的可能性。

②施工方案对工程进度有直接的影响。在选择施工方案时，不仅应分析技术的先进与合理，还应考虑其对进度的影响。在工程进度受阻时，应分析是否存在施工技术的影响因素，以及为实现进度目标有无变更施工技术、施工流向、施工机械和施工顺序的可能性。

（三）项目进度管理的基础工作

为了保障工程项目进度的有序进行，进度管理的基础工作必须全部做好到位。

①资源配备。施工进度的实施成功取决于人力资源的合理配置、动力资源的合理配置、设备和半成品供应、施工机械配备、环境条件要求、施工方法的及时跟踪等，应当与施工计划同时进行，同时审核，这样才能使施工进度计划有序进行，是项目按时完成的保障。

②技术信息系统。信息收集和管理工作，利用现在科技的发展，实时关注工程进度，并将其进行收集整理，系统地分析与整个工程施工的关系，及时调整实施细节，高效快速地完成工作。

③统计工作。工程在实施的过程中，有些工作做得不止一次，需要的材料不止一套，因此需要施工人员及时做好相应的统计工作，明确已施工多少个、已用多少材料，剩余工作量及材料，如果发现个别材料有质量问题，要补充新的质量过关的材料。

④应对常见问题的准备措施。根据以往相似工程的施工过程，预测在施工时是否会发生以往的问题。根据这些信息，准备相应的方案，资源设施。

三、工程项目进度的调整

（一）调整的方法

项目实施过程中工期经常发生工期延误，发生工期延误后，通常应采取积极的措施赶工，以弥补或部分地弥补已经产生的延误。主要通过调整后期计划，采取措施赶工，修改（调整）原网络进度计划等方法解决进度延误问题。如果任其发展，或不及时采取措施赶工，拖延的影响会越来越大，最终必然会损害工期目标和经济效益。有时刚开始仅一周多的工期延误，如任其发展或采取的是无效的措施，到最后可能会导致拖期一年的结果，所以进度调整应及时有效。调整后编制的进度计划应及时下达执行。

1. 利用网络计划的关键线路进行调整

①关键工作持续时间的缩短，可以减小关键线路的长度，即可以缩短工期。要有目的地去压缩那些能缩短工期的工作的持续时间，解决此类问题最接近于实际需要的方法是"选择法"。此方法综合考虑压缩关键工作的持续时间对质量的影响、对资源的需求增加等多种因素，对关键工作进行排序，优先缩短排序靠前，即综合影响小的工作的持续时间，具体方法见相关网络计划"工期优化"的介绍。

②一切生产经营活动都要讲究成本核算，压缩工期通常都会引起直接费用支出的增加。在保证工期目标的前提下，如何使相应追加费用的数额最小呢？关键线路上的关键工作有若干个，在压缩它们持续的时间上，显然有一个次序排列的问题需要解决，其原理与方法见相关网络计划"工期——成本优化"的介绍。

2. 利用网络计划的时差进行调整

①任何进度计划的实施都受到资源的限制，计划工期的任一时段，如果资源需要量超过资源最大供应量，那这样的计划是没有任何意义的，它不具有实践的可能性，不能被执行。受资源供给限制的网络计划调整是利用非关键工作的时差来进行，具体方法见相关网络计划"资源最大——工期优化"的介绍。

②项目均衡实施，是指在进度开展过程中所完成的工作量和所消耗的资源量尽可能保持得比较均衡。反映在支持性计划中，是工作量进度动态曲线、劳动力需要量动态曲线和各种材料需要量动态曲线尽可能不出现短时期的高峰和低谷。工程的均衡实施优点很多，可以节约实施中的临时设施等费用支出，经济效果显著。使资源均衡的网络计划调整方法是利用非关键工作的时差来进行，具体方法见相关网络计划"资源均衡——工期优化"介绍。

（二）调整的内容

进度计划的调整，以进度计划执行中的跟踪检查结果进行，调整的内容包括工作内容、工作量、工作起止时间、工作持续时间、工作逻辑关系以及资源供应。

可以只调整六项其中之一项，也可以同时调整多项，还可以将几项结合起来调整，以求综合效益最佳。只要能达到预期目标，调整越少越好。

1. 关键路线长度的调整

①当关键线路的实际进度比计划进度提前时，首先要确定是否对原计划工期予以缩短。如果不拟缩短，可以利用这个机会降低资源强度或费用，方法是选择后续关键工作中资源占用量大的或直接费用高的予以适当延长，延长的长度不应超过已完成的关键工作提前的时间量，以保证关键线路总长度不变。

②当关键线路的实际进度比计划进度落后（拖延工期）时，计划调整的任务是采取措施赶工，把失去的时间抢回来。

2. 非关键工作时差的调整

时差调整的目的是充分或均衡地利用资源，降低成本，满足项目实施需要，时差调整幅度不得大于计划总时差值。

需要注意非关键工作的自由时差，它只是工作总时差的一部分，是不影响工作最早可能开始时间的机动时间。在项目实施工程中，如果发现正在开展的工作存在自由时差，一定要考虑是否需要立即利用，如把相应的人力、物力调整支援关键工作或调整到别的工程区号上去等，因为自由时差不用"过期作废"。关键是进度管理人员要有这个意识。

3. 增减工作项目

增减工作项目均不应打乱原网络计划总的逻辑关系。由于增减工作项目，只能改变局部的逻辑关系，此局部改变不影响总的逻辑关系。增加工作项目，只是对原遗漏或不具体的逻辑关系进行补充；减少工作项目，只是对提前完成了的工作项目或原不应设置而设置了的工作项目予以删除。只有这样才是真正调整而不是"重编"。增减工作项目之后应重新计算时间参数，以分析此调整是否对原网络计划工期产生影响，如有影响应采取措施消除。

4. 逻辑关系调整

工作之间逻辑关系改变的原因必须是施工方法或组织方法改变。但一般说来，只能调整组织关系，而工艺关系不宜调整，以免打乱原计划。

5. 持续时间的调整

在这里，工作持续时间调整的原因是指原计划有误或实施条件不充分。

调整的方法是重新估算。

6. 资源调整

资源调整应在资源供应发生异常时进行。所谓异常，即因供应满足不了需要，导致工程实施强度（单位时间完成的工程量）降低或者实施中断，影响了计划工期的实现。

第二节 水利工程项目施工成本管理

一、水利工程项目施工成本概述

水利工程项目施工成本是指在水利工程项目施工过程中产生的直接成本费用和间接成本费用的总和。

直接成本指施工企业在施工过程中直接消耗的活劳动和物化劳动，由基本直接费和其他直接费组成。其中，基本直接费包括人工费、材料费、机械费；其他直接费包括夜间施工增加费、冬雨季施工增加费、特殊地区施工增加费、施工工具用具使用费、检验试验费、安全生产措施费、临时设施费、工程项目及设备仪表移交生产前的维护费、工程验收检测费。

间接成本指施工企业为水利工程施工而进行组织与经营管理所发生的各项费用，由规费和企业管理费组成。其中，规费包括社会保险费和住房公积金；企业管理费包括差旅办公费、交通费、职工福利费、劳动保护费、工会经费、职工教育经费、管理人员工资、固定资产使用费、保险费、财务费、工具用具使用费等。

水利工程项目成本在成本发生和形成过程中，必然会产生人力资源、物资资源和费用开支，针对产生成本的各项费用应采取一系列行之有效的措施，深入成本控制的各个环节，对各个环节进行有效合理的控制，使各项费用控制在成本目标之内。

（一）水利工程项目施工成本的划分

根据水利工程的特点和成本管理的要求，水利工程项目施工成本可按不同的标准的应用范围进行划分。

①水利工程项目施工成本按成本计价的定额标准划分为预算成本、计划成本和实际成本。

②水利工程项目施工成本按计算项目成本对象划分为单项工程成本、单位工程成本、分部工程成本和单元工程成本。

③水利工程项目施工成本按工程完成程度的不同划分为本期施工成本、已完施工成本、未完工程成本和竣工施工工程成本。

④水利工程项目施工成本按生产费用与工程量关系划分为固定成本和变动成本。

⑤水利工程项目施工成本按成本经济性质划分为直接成本和间接成本。

（二）水利工程项目施工成本的特征

水利工程项目同其他项目如建筑工程项目、市政工程项目等具有相同的特点，但其成本有着区别于其他项目的显著特征。

1. 特殊性

由于水利工程建设项目的周期长，建设阶段多，投资规模大，包含的建筑群体种类繁多，技术条件复杂，尤其会受到自然环境以及气候条件的影响，使得每个水利工程项目的每个建设阶段成本也有所差别，从而导致在项目实施过程中针对不同的建设阶段，无法形成具有水利行业标准的、高效的成本管理体系和施工成本管理手段。

2. 施工工期长、分布区域广

水利工程项目建设涉及的专业和部门多，包括房建、交通、市政、电力等，工作环节错综复杂。水利工程项目实体体形大，工程量大，资源消耗大，有些分布在农村、山区、河流，其配套的基础设施不够完善，加上施工周期长等各种因素的影响，使得项目实施起来难免成本会形成动态的变化，因此项目施工成本控制工作变得更加复杂。

3. 施工的流动性

水利工程施工生产过程中人员、工具和设备的流动性比较大。主要表现有以下几个方面：同一工地不同工序之间的流动；同一工序不同工程部位之间的流动；同一工程部位不同时间段之间流动；施工企业向新建项目迁移的流动。这几个方面的情况都可能会造成施工成本的增加，给企业管理层的管理带来很大的挑战。

4. 施工成本项目多变

水利工程中水工建筑物较多，一般规模大，技术复杂，工种多，工期较长，施工常受水的推力、浮力、渗透力、冲刷力等的作用限制。因此，施工阶段的组织管理工作十分重要，应对施工中遇到的具体情况要具体分析，运用科学、合理的方法选择切实可行的施工方案，同时对施工方案所涉及的材料、机械、人工等问题制定严格的管理措施。还要求项目管理层对项目的施工组织设计进行优化、提高员工素质和采用科学的管理等措施，进而将降低成本和科学管理有机结合起来，形成一个完整的、系统的工程成本管理控制体系。

二、施工项目成本管理的主要内容与措施

（一）施工项目成本管理的主要内容

施工项目成本管理是指在保证工程质量的前提下，以目标成本为核心所采取的一系列科学有效管理手段和方法。施工项目成本管理主要内容有：

1.施工项目成本预测

施工项目成本预测是通过取得历史资料和环境调查，选择切实可行的工程项目预测方法，对施工项目未来成本进行科学的估算。

2.施工项目成本计划

施工项目成本计划是根据施工项目责任成本确定施工项目中的施工生产耗费计划总水平及主要经济技术措施的计划方案，该计划是项目全面计划管理的核心。

3.施工项目成本控制

施工项目成本控制是依据施工项目成本计划规定的各项指标，对施工过程中所发生的各种成本费用采取相应的成本控制措施进行有效的控制和监督。

4.施工项目成本核算

施工项目成本核算是对项目施工过程中所直接发生的各种费用而进行的会计处理工作。是按照成本核算的程序进行成本计算，计算出全部工程总成本和每项工程成本，是施工项目进行成本分析和成本考核基本依据。

5.施工项目成本分析

施工项目成本分析是依据施工项目成本核算得到的成本数据，对成本发生的过程、成本变化的原因进行分析研究。

6.施工项目成本考核

施工项目成本考核是对施工项目成本目标完成情况和成本管理工作业

绩所进行的总结和评价，是实现成本目标责任制的保证和实现决策目标的重要手段。

（二）施工项目成本控制的措施

施工项目成本控制的措施包括组织措施、技术措施、经济措施、合同措施。通过这几方面的措施来进行施工成本控制，使之达到降低成本的目标。

1. 组织措施

组织措施是为落实成本管理责任和成本管理目标而对企业管理层的组织方面采取的措施。项目经理应负责组织项目部的成本管理工作，组织各生产要素，使各生产要素发挥最大效益。严格管理下属各部门、各班组，围绕增收节支对项目成本进行严格的控制；工程技术部在项目施工中应做好施工技术指导工作，尽可能采取先进技术，避免出现施工成本增加的现象；做好施工过程中的质量、安全监督工作，避免质量事故及安全事故的发生，减少经济损失。经营部按照工程预算及工程合同进行施工前的交底，避免盲目施工造成浪费；对分包工程合同应认真核实，落实执行情况，避免因合同漏洞造成经济损失；对现场签证严格把关，做到现场签证现场及时办理；及时落实工程进度款的计量及支付。材料部应根据市场行情合理选择材料供应商，做好进场材料、设备的验收工作，并实行材料定额储备和限额领料制度。财务部应及时分析项目在实施过程中的财务收支情况，合理调度资金。

2. 技术措施

①根据项目的分部工程或专项工程的施工要求和施工外部环境条件进行技术经济分析，选择合适的项目施工方案。

②在施工过程中采用先进的施工技术、新材料、新开发机械设备等降低施工成本的措施。

③根据合同工期或业主单位的要求合理优化施工组织设计。

④制定冬雨季施工技术措施，组织施工人员认真落实该措施相关规定。

3. 经济措施

（1）人工费成本控制

加强项目管理，选择劳务水平高的队伍，合理界定劳务队伍定额用工，使定额控制在造价范围内，同时制定科学、合理的施工组织设计和施工方案，合理安排人员，提高作业效率。

（2）材料费成本控制

对材料的采购应进行严格的控制，要确保价格、质量、数量达到降低成本的要求，还要加强对材料消耗的控制，确保消耗量在定额总需要量内。

（3）机械费成本控制

根据施工情况和市场行情确定最合适的施工机械，建立机械设备的使用方案，完善保养和检修制度。

4.合同措施

首先要选择适合工程技术要求和施工方案的合同结构模式；其次对于存在风险的工程应仔细考虑影响成本的因素，提出降低风险的改进方案，并反映在合同的具体条款中；还要明确合同款的支付方式和其他特殊条款；最后要密切注视合同执行的情况，寻求合同索赔的机会。

三、水利工程项目施工成本管理流程

水利工程项目施工成本管理工作主要内容包括成本预测、成本计划、成本控制、成本核算、成本分析、成本考核等。

项目部按照施工项目成本管理流程对工程项目进行施工成本管理。首先，项目投标成本估算与审核应在充分理解招标文件的基础上，进行拟建工程的现场考察后进行。其次，项目部成立后，应立即确定项目经理的责任成本目标，并由公司和项目部签署项目成本目标责任书。在施工进场之前，项目经理主持并组织有关部门对施工图进行充分的估算和预算。组织编制项目施工成本计划和施工组织设计，确定目标成本总控指标。根据施工成本计划的成本目标值对施工全过程进行有效控制。对产生的成本数据进行收集整理、计算、核算，同时开展成本计划分析活动，促进项目的生产经营管理。同时，项目部建立考核组织，对项目部各岗位进行成本管理考核。最后，项目竣工时，各成本管理的有关部门核算项目的实际成本和开展竣工项目成本总结，并及时将书面材料上报。

四、水利工程项目施工成本管理存在的问题

（一）企业缺乏内部劳动定额

目前，我国的施工企业内部劳动定额主要依据的是国家的有关法律、法规和政府的价格政策等来进行制订。在水利行业，国家颁布实施的预算

定额相对滞后，这就使得企业在生产经营活动中缺乏自己的内部劳动定额。由于企业没有自己的内部劳动定额，在进行投标报价时往往会压低报价以取得工程的中标，这样会导致在工程项目上施工企业无法进行准确的测算和控制，使得项目的成本也得不到很好的控制，企业得不到应有的充足的利润。同时，如果缺乏内部劳动定额，施工前则无法准确测算施工的成本，企业在进行成本核算时，核算的每一项工程将得不到准确的测算，也无法达到效益最大化的目的。

（二）成本管理缺乏全员观念

目前不少施工企业工程技术人员只懂管理和技术但是不懂成本核算管理，对工程所采取的成本降低措施，将对工程成本起多大的作用和影响，一般不会去在意。因此，要提高施工企业工程技术人员对成本管理的认识，培养企业全员成本意识，企业应积极宣传或举办关于成本管理方面的内容，安排企业职工参加成本方面的培训班，加强企业职工的技术培训和多种施工作业技能的培训。

（三）施工成本管理方法落后，不适应当前水利工程建设的需求

目前的水利施工企业在施工项目中没有形成一套有效的、科学的管理方法，管理方法相对落后。其主要表现为以下几个方面：

①在结合市场行情时对施工材料的控制方面不能进行科学合理的利用和控制。

②对某个项目没有明确的成本控制目标，无法确定合适的施工成本控制方案，分部工程成本和单元工程成本的控制难以落实到位。

③施工企业在制订成本控制目标时，对质量和工期成本不够重视，导致出现因质量问题而引起的赶工期、返工、返修等现象。

（四）成本管理队伍缺乏人才

目前水利施工企业成本管理人员匮乏、专业素质普遍不高，缺乏现代管理观念，不能充分发挥成本管理在水利工程施工管理中的作用。首先，成本管理人员缺乏相应的财务会计知识，对成本管理的方法掌握不够熟练。同时，技术人员在施工中采用先进的技术方案和材料没有同成本管理人员形成有效的沟通，从而影响工期成本、质量成本、管理成本，造成工期、质量、管理方面成本的浪费。

五、水利工程项目施工成本控制管理现状

目前在水利企业施工项目管理中，最终是要使项目达到质量高、工期短、消耗低、安全好等目标，而成本是这四项目标经济效果的综合反映。因此，施工项目成本是施工项目管理的核心。施工项目成本管理是水利施工企业项目管理系统中的一个子系统，这一系统的具体工作内容包括成本控制、成本决策、成本计划、成本核算、成本分析和成本检查等。

施工项目经理部在项目施工过程中，对所发生的各种成本信息，通过有组织、有系统地进行预测、计划、控制、核算和分析等一系列工作，促使施工项目系统内各种要素，按照一定的目标运行，使施工项目的实际成本能够控制在预定的计划成本范围内。

当前水利工程施工项目的成本控制，通常是指在项目成本的形成过程中，对生产经营所消耗的人力资源、物质资源和费用开支，进行指导、监督、调节和限制，及时纠正将要发生和已经发生的偏差，把各项生产费用，控制在计划成本的范围之内，以保证成本目标的实现。

水利工程施工企业中标获取水利施工项目，施工队伍进场前，首先制订施工项目的成本目标，其目标有企业下达或内部承包合同规定的，也有项目经理部自行制订的。但这些成本目标，一般只有一个成本降低率或降低额，即使加以分解，也不过是相对明细的降本指标而已，难以具体落实，以致目标管理往往流于形式，无法发挥控制成本的作用。因此，当前水利施工企业注重根据施工项目的具体情况，就工程本身制订明细而又具体的成本计划。而这种成本计划，包括每一个分部分项工程的资源消耗水平，以及每一项技术组织措施的具体内容和节约数量金额，用于指导项目管理人员有效地进行成本控制，作为企业对项目成本检查考核的依据。

为实现成本目标多采用偏差控制法、成本分析表法、进度生成本同步控制法和施工图预算控制法等多种形式的成本控制方法。有些不确定性成本，则通过加强预测、制订附加计划法和设立风险性成本管理储备金等方法进行成本控制和管理。但当前施工项目成本控制的目的，仅局限于以降低项目成本来提高经济效益，控制方法局限于工程学及其常规理论，要实现成本目标，存在不确定性。

六、水利工程项目施工成本控制管理主要环节

（一）施工项目成本预测

通过分析成本信息和施工项目的具体情况，并运用一定的专门方法，对未来的成本水平及其可能发展趋势作出科学的估计，其实质就是工程项目在施工以前对成本进行核算。通过成本预测，可以使项目经理在满足业主和企业要求的前提下，选择成本低、效益好的最佳成本方案，并能够在施工项目成本形成过程中，针对薄弱环节，加强成本控制，克服盲目性，提高预见性。

（二）施工项目成本计划

施工项目成本计划是项目经理部对项目施工成本进行计划管理的工具。它是以货币形式编制施工项目在计划期内的生产费用、成本水平、成本降低率以及为降低成本所采取的主要措施和规划的书面方案。一般来说，一个施工项目成本计划应包括从开工到竣工所必需的施工成本，它是施工项目降低成本的指导文件，是设立目标成本的依据。

（三）施工项目成本控制

施工项目成本控制是指在施工过程中，对影响施工项目成本的各种因素加强管理，并采取各种有效措施，将施工中实际发生的各种消耗和支出严格控制在成本计划范围内，随时揭示并及时反馈，严格审查各项费用是否符合标准、计算实际成本和计划成本之间的差异并进行分析，消除施工中的损失浪费现象，发现和总结先进经验。通过成本控制，使之最终实现甚至超过预期的成本目标。

施工项目成本控制应贯穿在施工项目从招投标阶段开始直到项目竣工验收的全过程，它是企业全面成本管理的重要环节。因此，必须明确各级管理组织和各级人员的责任和权限，这是成本控制的基础之一，必须给以足够的重视。

（四）施工项目成本核算

包括两个基本环节：一是按照规定的成本开支范围对施工费用进行归集，计算出施工费用的实际发生额；二是根据成本核算对象，采用适当的方法，计算出该施工项目的总成本和单位成本。施工项目成本核算所提供的各种成本信息，是成本预测、成本计划、成本控制、成本分析和成本考核等各个环节的依据。因此，加强施工项目成本核算工作，对降低施工项目成本、

提高企业的经济效益有积极的作用。

（五）施工项目成本分析

施工项目成本分析是在成本形成过程中，对施工项目成本进行的对比评价和剖析总结工作，它贯穿于施工项目成本管理的全过程，主要利用施工项目的实际成本核算资料成本信息，与目标成本计划成本、预算成本以及类似的施工项目的实际成本等进行比较，了解成本的变动情况，同时也要分析主要技术经济指标对成本的影响，系统地研究成本变动的因素，检查成本计划的合理性，并通过成本分析，深入揭示成本变动的规律，寻找降低施工项目成本的途径，以便有效地进行成本控制，减少施工中的浪费。

（六）施工项目成本考核

施工项目完成后，对施工项目成本形成的各责任者，按施工项目成本目标责任制的有关规定，将成本的实际指标与计划、定额、预算进行对比和考核，评定施工项目成本计划的完成情况和各责任者的业绩，做到有奖有惩，赏罚分明，有效调动企业的每一个职工在各自的施工岗位上努力完成目标成本的积极性，为降低施工项目成本和增加企业的积累，做出自己的贡献。

施工项目成本管理系统中每一个环节都是相互联系和相互作用的。成本预测是成本决策的前提，成本计划是成本决策所确定目标的具体化。成本控制则是对成本计划的实施进行监督，保证决策的成本目标实现。而成本核算又是成本计划是否实现的最后检验，它所提供的成本信息又对下一个施工项目成本预测和决策提供基础资料。成本考核是实现成本目标责任制的保证和实现决策的目标的重要手段。

第三节 水利工程施工安全管理

一、认知水利项目施工中的危险源

（一）危险源与危险源的识别内涵

危险源是指短期或者长期生产、运输、储存或者加工危险物质，并且其数量大于或者等于临界量的单元。这里的单元一般指整体的生产装备、器材或者生产厂房；另外，有些物质可以引起中毒、产生爆炸、引发火灾等隐患，由一类或者多类的混合体组成，这种物质便是所谓的危险物质；它们是一种或者一类危险物质的数量级且由我国出台标准所定义即所谓的临界量。水利项目施工中存在危险源一般可以分为三个方面：

1. 危险的潜在性

危险源一般可以放出强大的能量或有毒有害的物质，在事故发生后均会带来或多或少的损失以及形成不同程度的危险，这便是危险的潜在性。释放能量的大小或有毒有害物质的多少均可以用来衡量危险的潜在性，放出的能量愈巨大，危险的潜在性也就愈高。这一因素的存在，便决定了危险源产生隐患事故的危险程度。

2. 危险源存在的具体条件

危险源是以多种多样的形式存在的，危险源的物理状态和化学组成在不同程度，可以以固态、液态和气态的形式存在，还有燃点的不同、爆炸极限参差不齐等；数量的多少、储存环境的良优以及堆放形式的不同，均可以形成危险源。施工单位管理责任是否落实到人，对危险品的控制、运输、组织、是否协调到位也会形成危险源。另外，对危险物品的防护措施是否到位，是否安放相应的表示牌以及是否有安全装置等亦可构成危险源的存在条件。

3. 危险源的触发

一般主要由以下几个方面触发危险源：自然环境的不可抗拒影响；施工地点的水文地质环境以及自然气候的不同均可以使危险源爆发，如：闪电、雷暴、强降雨导致的滑坡泥石流，随之而来的温度对养护的影响等，均会成为触发危险源的契机。因此，我们在施工过程中应及时发现环境的不利因素，采取行之有效的措施，进而避免事故的发生。

事在人为：未经过培训而存在操作违规、不当，工作人员是否积极进取以及生理对人心态的影响等。

管理缺陷：如技术知识的选用是否得当、施工过程中各单位的协调是否存在问题、设计是否存在偏差，决策有误与否等。

若要行之有效地对危险源进行控制，对危险源进行辨识是必不可少的，因为通过对危险源进行辨识我们才能了解什么因素能对其产生影响，我们才能做到有的放矢的采取防范措施。

（1）我们必须多方面地了解以下知识

①深入了解国家出台的各类规范、标准，采纳前辈们优秀的系统设计

经验、维护方法以及运行方案等。

②针对系统广泛收集危险源可能造成危害的知识并加以利用。在水电项目施工中要充分了解危险源存在的种类，它们的数量以及事故引发的临界点进而形成可能产生损失的程度，然后融合施工的技术工艺，制定行之有效方案实施，对设备进行合理操作从而为防止安全隐患发生奠定基础。

③熟悉进行施工的对象系统，如以水利项目的整体施工环境为系统，了解其构成、系统中能量的传递、物质的运输和信息的流动以及该系统是否处于一个良好的运行状态等。

（2）应尽可能多地了解水电项目危险源辨识知识

①国家出台的法律法规和规范，如国家设计标准，地方出台的施工规范，水利水电工程项目设计规范、作业流程规范等。

②水电项目施工资料，如施工前技术人员设计的施工初期的图纸、施工地区的水文地质检测汇报表、整体施工图纸、子项目设计图纸、改善的结果报告、危险隐患整改方案等。

③收集以往与目标水电项目类似的项目事故资料并进行整理总结。

（二）施工过程中常见危险源的类型及危险源的界定

为了制订有效措施对危险源进行掌控，我们可以由已掌握的技术及知识对危险源进行分类规划。危险源的类型有许多，且储存条件和存在的条件各不相同，由于危险源的这种特性，标准相异导致的分类结果也会千差万别。在此介绍三种方法将其归类。

1. 引发事故的直接因素

当前，我国对危险源领域的一个热点研究就是以引发事故的直接因素为基础对施工中存在的危险源进行分类的。在此将其分成六类：

（1）以物理状态存在的危险源

工程项目选址在地质活动频繁或者节理裂隙存在较多的地区，未设置警告标志，设备看管不力，养护或者施工中可以导致人员伤亡的异于常温的物体等即为物理状态存在的危险源。

（2）以化学状态存在的危险源

这里的化学危险源主要为以地质开采为主产生的容易燃烧且发生爆炸的气体，如天然气、煤气等；以施工需要为主储备的易发生中毒或腐蚀的物质，如易腐蚀性化学原材料和化工原料等。

（3）生理、心理性危险源

包括由于工作压力繁重而产生的负面情绪以及由于施工人员心理健康状况而产生的不良影响等。

（4）以生物形式存在的危险源

如蚊子、跳蚤、牲畜所携带的致病微生物（各类致病细菌、病毒等），或者存在极大危险性的动物和植物，等等。

（5）行为性危险源

如对施工器材的操作违规或者看管不到位，或是主管人员存在的重大决策失误等从主观上出现的偏差。

2. 以水电项目施工安全事故为主划分

从施工人员生命财产遭到损失出发的角度出发，依据危险源的触发原因，可将危险源划分为20种。

3. 以隐患转化为损失时危险源所起的作用划分

以隐患转化为损失时危险源所起的作用划分的过程，危险源又被叫作固有危险源与失效危险源。

（1）第一类危险源

第一类危险源是工程项目施工中必定存在的不同物体与具有能量的集合体，是万物正常运行的助推力，它的存在是不能被忽视的，就像机械能，热能或具有放射性的物质和能释放能量的爆炸物等。由此我们可以将第一类危险源看作施加于人体的过载能量或者它们能够阻碍人体与其进行能量互相转化的物体。在水电项目施工作业中如起重机，塔吊、传送带等机械设备，以及作为容器存放危险物品的设施或者厂房。因此，第一类危险源又叫作固有危险源，无论器械还是厂房，它们贮藏的能量越多，则将隐患转化为事故的可能性就越大，第一类危险源直接影响着隐患变为事故损失的概率以及后果的危险程度，它们作为能量的集合体若看管不当，将造成施工企业的财产损失甚至工作人员的生命财产损失。

（2）第二类危险源

第二类危险源是在第一类危险源的基础之上产生的，在操作过程中，为了确保第一类危险源能够安全度过危险期并有效运转，一般采取必要的约束措施制约能量的级数，以达到限制能量的目的。但是这种约束措施很可能因为各种问题而没有产生效力，最后导致安全事故的发生。我们把各种不能约束能量而使破坏产生的原因称为不安全因素，而这种因素统称为第二类危险源，又称为失效危险源。第二类危险源（失效危险源）是产生安全事故的必要条件。

施工环境中不良的作业条件、器械的失灵以及人为的操作不当均可成为第二类危险源。物的故障是指本身的不安全设计、机械自身故障和安全防护设施的设置存在问题等。对施工机械使用不当，形成安全隐患的均属于人为效应。而水电施工现场厂房储存有毒有害物或易挥发刺激性物质，又或者施工地区经常出现刮风下雨等自然灾害而导致施工人员的工作无法正常进行的，都属于不良环境。

（三）施工时不和谐因子危险程度认知

施工时的不和谐因子是可以将系统中的隐患转化为事故的一切物质，包括人，也称作损失诱导因子。它既可以是隐患转化为事故的直接导致者，亦可以间接地作为第三方将隐患变为损失，如负责人对上下级协调不善。因此，通过追溯源头我们不难看出，不和谐因子是由人的掌控，或者操作不当导致机械的运作不正常再加之施工环境中的不利因素共同作用而产生的。这是三者的不协调。

通常，间接的不和谐因子使隐患上升为损失的概率要高于可以直接引发事故的不和谐因子，而在可以直接引发事故的不和谐因子中以易燃易爆、有毒易挥发等有害物质为主体，人为的直接导致事故仅占小部分，但这一小部分也高于因选址地区的气候地质不稳定而导致事故产生的概率。近几年清华大学对施工系统中的安全事故做过统计与探究，且以某一地区为例进行了数据统计解析。

二、我国水利工程施工安全管理制度

《中华人民共和国建筑法》和《中华人民共和国安全生产法》总共制定了十六项制度来规范安全施工工作，并确立了"安全第一，预防为主"的安全生产方针。国家要求建筑施工单位在这个方针和安全管理体制的指导下，根据自身单位的特点形成具有自己特色的安全管理，这些管理的内容包括安全生产防护基本措施、安全技术、企业的环境形象、宣传培训、卫生、社会治安等方面。各施工企业单位实施安全管理的主要方法为建立两个目标，即事故控制和创优达标。

国家除了制定方针制度，还采用宏观和微观的手段来直接或间接地干预监管安全生产。宏观方面的措施是制定安全生产许可制度，对施工企业进行资质等级划分。如果施工单位所承接的工程出现安全事故就要承担处罚；如果安全事故中有人员伤亡则要求施工企业除接受经济惩罚外，还要承担被降低资质等级和暂扣安全生产许可证的处罚，暂扣期限一般为 1 ~ 3 个月，暂扣期间要进行停工整顿并不得参加招投标活动。停工整顿所产生的费用和工期由施工方承担，不得加入成本核算当中，此次的信誉也会被记入档案，作为以后资质等级评选的资料。这样可以激励企业加强安全管理。除此之外，国家的微观干预体现在由国家建设主管部门委派安全监督员到施工现场实地勘察和监督，对安全防护措施不到位的地方要给予警告并督促整改；安全监督员还负责为现场施工的员工进行安全教育的宣传工作，提高工人的安全意识。

第四节 水利工程施工项目风险管理

一、风险的基本概念

（一）风险的含义

风险意识由来已久，就我国而言，赈灾制度其实就是政府对灾荒的一种积极的风险预控手段。风险定义就是环绕基于某种预期不同变化的结果。

"风险"一词最早出现在 17 世纪的欧洲，起源于航海方面的术语，原意是指航海时候碰到危机或者触礁，反映的是资本主义早期的时候，在贸易航行活动中遇到的不确定的一些因素。伴随着社会的迅速发展，"风险"的定义在也在不断进行丰富。

到目前为止，风险还没有具体、统一的概念，较宽泛地说也就是危险事件的发生具有的不确定性。它有两个较代表性观点：

①第一种观点把风险认为是一种不确定性的、潜在的危险。

②第二种观点是说风险会出现和预期不一样的不利的后果，会造成损失。有些国外学者认为"风险是不确定的"；我国学者的主要观点是："风

险其实是实际的进展和预期想的结果有着不同性，所以发生不确定性损失。"

（二）风险的特点及构成要素

风险的特点主要有以下几方面：

1. 风险具有客观性

风险是企业意志之外客观的存在，是不以企业的意志转移的。风险难以完全消灭，只能采用一些风险管理办法来降低风险发生概率和损失程度。

2. 风险具有普遍性

风险无处不在，不管是个体还是企业都会面对各种各样的风险，伴随着新兴科技的出现，新的风险还会继续出现，并且由风险事件导致的损失还会越来越大。

3. 风险具有不确定性

风险之所以称为风险，是因为它具有不确定性。主要从时间、空间和损失程度这三个方面来表现其不确定性。

4. 风险具有损失性

风险的发生，不只是生产力遭到损失，还会导致人员伤亡。可以说，只要有风险的出现，就必定导致损失，所以很多人一直在努力的寻找应对风险的方法。

5. 风险具有可变性

风险在一定的条件下是可以转化的。大千世界，任何事物都是互相依存、联系和制约的，处在变化和变动当中，而这些变化又会导致风险的变化。

风险的构成要素包括风险因素、风险事故及风险损失三个方面，风险因素产生或增加了风险事故，而风险事故的产生又可能导致损失的出现。

风险事故是造成损失的事件，由风险因素所产生的结果，也是引发损失的直接原因。

风险损失是风险事故发生而出现的后果，是由风险损失产生的概率和后果严重程度来计算风险的大小。

风险因素引发风险事故的发生从而造成风险损失。

二、水利工程风险的相关概念

（一）水利工程风险的定义及分类

按照风险的不确定性可以把工程项目风险定义为：在整个工程寿命周

期内所发生的、对工程项目的目标（质量、成本和工期）的实现及生产运营过程中可能产生的干扰的不确定性的影响，或者可能导致工程项目受到损害失或损失的事件。水利工程风险指的是从水利工程准备阶段到竣工验收阶段的整个全部过程中可能发生的威胁。

根据项目风险管理者不同，项目生命周期的阶段不同，风险来源不同，以及风险可能发生的风险事件等方面，可以采取不同管理策略对工程进行管理。工程风险常见的分类如下：

①按工程项目的各参与单位分类：业主风险、勘察单位的风险、设计单位的风险、承办商的风险、监理方的风险等。

②按风险的来源分类：社会风险、自然风险、经济风险、法律风险、政治风险等。

③按风险可控性分类：核心风险和环境风险。

④按工程项目全生命周期不同阶段划分分类：可行性研究分析阶段的风险、设计阶段的风险、施工准备阶段的风险、施工阶段的风险、竣工阶段的风险、运营阶段的风险等。

⑤按风险导致的风险事件分类：进度风险、成本风险、质量风险、安全风险、环境污染的风险等。

（二）水利工程风险的特点

水利工程风险除具有破坏性、不确定性、危害性这几个特点之外，还有下面的几个特点：

1. 专业性强

水利工程其工作环境、施工技术及其所需设备等的复杂性，决定了其风险的专业性较强。所以，很多复杂的施工环节的工作都只有专门的人员才能胜任。由于专业性的限制，水利工程施工人员都要经过职业培训，只有业务和专业对口，才能从事水利工程的工作。在风险的管理过程中，质量、设计规划、合同、财务管理等都存在人为性质的风险，因为专业性较强，这些人为性风险很难管理，外行人难以对它进行有效的监督。

2. 发生频率高

因为水利工程项目的工期一般较长，不确定的因素较多，特别是一些大型的工程，人为或者自然的原因导致的工程风险交替发生，造成风险的损失频繁发生。而且我们所处的市场是有很大变数的，很多发包人一般较喜欢签订固定总价的合同，并且一般在合同中都会有"遇到政策及文件要求变化不再调整"条款，其实就是他们担心因为政策的变化等一些外力的介入会妨碍其利益，特别是担心国家或省级、行业建设主管部门或其他授权的工程造价管理机构发布工程造价调整文件所带来的风险浮动的市场价格与固定的合同价格之间的矛盾，产生利润风险。再者，现在的很多工程项目的特点是参与方多、投入的资金巨大、资金链较长、工作监管难以到位、质量水平参差不齐、工期长、变化多端的市场价格、复杂的环境接口，存这些不可确定性因素，导致项目工程实施过程中是危机重重。

3. 承担者的综合性

水利工程是一个庞大的系统工程，其各参与方很多，其中某一方在工作中都有可能发生风险，只要一个环节发生风险，整个系统都会受其影响。因为风险事件经常是多方原因导致的，因此一个项目一般都有多个风险共同承担者，这方面与别的行业对比，突出性尤其明显。

4. 监管难度较大，寻租空间较大

水利工程其涉及的范围广泛、专业分布和人员流动都较密集，从横向范围来看，材料供应商、公关费用、日常开销等项目繁多；从纵向流程来看，与招标投标、工程监理、项目负责、融资投资、业主、工程师、项目经理、财务等多个方面有关系，范围较大，监管的战线拉长，因此其监管的难度较大。在监管有一定难度的情况下，处于利益最大化的施工主体，由于利益驱动，在诱惑面前寻租可能性加大。

5. 复杂性

水利工程有着工期较长、参与单位较多、涉及的范围较广的特点，其中人文、政治、气候和物价等不可预见和不可抗力的事件几乎是不可避免的，所以其风险的变化是相当复杂的。工程风险与施工分工、设计的质量、方案是否可行、监管的力度、资金到位情况、执行力是否到位、施工单位资质等各种各样的问题息息相关。这就是说风险一直存在，并且其发生的流程也很繁复。

三、水利工程项目风险管理概述

水利工程包括防洪、排涝、灌溉、发电、供水等工程的新扩建、改建、加固及修复，及其一些配套和附属工程，有着投入大、工程量大、周期较长、工作条件复杂；以及受自然方面的条件制约多、施工难度系数大、效益大，对环境的影响也大，失事后果相当严重，对国民经济有很大影响等特点。所以在工程管理中，如何对水利工程进行有效的风险管理，是企业想赢利的一个非常重要的管理内容。

水利工程的风险管理是项目管理的一部分，确保工程项目总目标的实现是它的目的。风险管理具体指的是利用风险识别去认识风险，风险估计去量化风险，接着对风险因素进行评价，并以评价结果为参照选择各种合理的风险应对措施、技术方案和管理办法对工程的风险实行有效及时的控制，对导致的不利结果进行妥善解决，在确保工程目标得以实现的同时，使成本达到最小化的一项管理工作。具体风险管理的基本流程包含风险识别、风险评估、风险控制等阶段周而复始的过程。

一般会把风险识别和风险评估统一作为风险分析，把风险控制认定为风险决策。这两者密不可分，风险识别是风险决策的科学依据，其目的就是为了避免失误的、盲目的决策。在具体工程中从事风险管理的主体多有不同，风险管理的侧重点也会有所差异，不同工程存在的，风险因素和具体采取的控制方法也会有差异。尽管在实际工作中因为具体项目的不同风险管理的程序会有所不同，但是风险管理的基本内容是一致的。

（一）风险识别

水利工程风险的识别是其风险管理的第一步，是基础性工作，它是从定性的角度来了解和认识风险因素，加上之后的风险评估的量化，这对于我们更好地认识风险因素有很大的帮助。风险识别是指工程项目管理人员根据各种历史资料和相关类似工程的工程档案进行统计分析，或者通过查找和阅读已出版的相关资料书籍和公开的统计数据来获得风险资料的方法，并在以往的工程项目经验的基础上，对工程项目风险因素及其可能产生的风险事件进行系统、全面、科学的判断、归纳和总结的过程，对工程项目各项风险因素进行定性分析。风险识别如果做得不好，经常可以预料到风险评估也做得不好，对风险的错误认识将导致进一步的风险。风险识别一般包含确定风险因素、分析风险产生的条件、描述风险特征和可能发生的结果，对识别出的风险进行分类。风险识别不是进行一次就结束了，而是在风险管理过程当中持续进行的一项一直继续着地工作，应当在工程建设过程中从始至终的定期进行。

1. 风险识别分类

（1）感知风险

第一是查阅和整理以往工程资料数据和类似风险案例发生的资料，工程的具体要求、计划方案和总体目标等，把这些作为工程识别的根据；第二是对收集的依据和数据进行分类整理，最后进行风险识别。

（2）分析风险

由于水利工程有着投资需求大、技术要求高和建设工期长等特点，所以水利工程的风险无处不在又多种多样，有来自内外部环境的、各个时期的、动态和静态的。分析风险的目的就是寻找出工程的重要风险。

2. 常用的风险识别方法

常用的风险识别方法有：头脑风暴法、德尔菲法、流程图法、核对表法、情景分析法、工作分解结构法等。风险识别方法的选取主要取决于具体工程的性质、规模和风险分析技术等方面。

（二）风险评估

风险评估一般分风险估计及风险评价两个步骤。由于工程风险的不确定性和模糊性导致难以对其进行准确的定义和量化，所以工程评估显得尤其重要。

1. 风险估计

风险估计一般是对单个的风险因素进行风险估计，通常可分为主观估计与客观估计两种。主观估计是在对研究信息不够充足的情况下，应用专家的一些经验及决策者的一些决策技巧来对风险事件风险度做出主观的判断与预测；客观风险的估计是指经过对一些历史数据资料进行分析，找到风险事件的规律性，进一步对风险事件发生的概率及严重程度也就是风险度做出估计判断和预测。风险估计大概包含以下几个方面内容：

①最开始要对风险的存在做出分析，查找出工程具体在什么时间、地点及哪些方面有可能出现风险，接着应尽力而为地对风险进行量化，对风险事件发生概率进行估算。

②对风险发生后产生的后果的大小进行估计，并对各个因素大小确定

和轻重缓急程度进行排序。

③最后是对风险有可能出现的大概时间及其影响的范围进行确认。换句话说，风险估计其实就是以对单个的风险因素和影响程度进行量化为基础来构建风险的清单，最终为风险的控制提供参考，提供各种行动路线及其方案的一个过程。依据事先选择好的计量的方法和尺度，可以确定风险后果的大小。这期间我们还要对有可能增加的或者是比较小的一些潜在风险加以考虑。

2. 风险评价

风险评价是综合权衡风险对工程实现既定目标的影响程度。换句话说，就是指工程的管理人员利用一些方法来对可能引起损失的风险因素进行系统分析及权衡，对工程发生危险的一些可能性及其严重的程度进行评价，并对风险整体水平进行综合整体评价。

3. 风险估计和评价的常用方法

风险估计及风险评价是指利用各式各样的科学的管理技术，并且采取定性和定量相结合的方式，对风险的大小进行估计，进一步对工程主要的风险源进行寻求，并对风险的最终影响进行评价。当前估计与评价具有代表性的方法包括模糊综合评判法、层次分析法、蒙特卡洛模拟法、事故树分析法、专家打分法、概率分析法、粗糙集、决策树分析法、BP 神经网络法等。

每一种方法都有其各自的优缺点，没有一种评价方法适合所有的工程。在工程风险的评估方法研究上，国内外的很多相关学者做出了很大的贡献，提出了很多方法，并且每一种方法在各自的环境下都有其适用性。水利工程风险的评估方法的选择，将会直接影响风险评估的结果的客观性和有效性。为了选取最合适的评估方法，应该遵循适应性、合理性、充分性、针对性及系统性这五个原则。

一般来说，定量和定性相结合的风险评估方法是比较有效的，在复杂的风险评估过程中，把定性分析与定量分析简单的分割是不可取的，应使它们融合在一起。采用综合系统的评估方法，经常是吸取不同方法的优点，采用几种方法相结合进行风险评估。在水利工程工程风险管理中，为了能够保证得到客观准确的安全风险评价等级，需要对水利工程中的环境、设备、人力方面等进行定性和定量的分析，选择专家打分法和神经网络中的 BP 神经网络评估方法，利用建立的水利工程风险评价指标体系，对风险作出评价，并提出相关措施，达成良好的风险管理。

（三）风险控制

风险控制就是在风险发生之前，依据风险的识别、估计及评价的结果，选择一些应对的措施来避免或降低风险的发生概率及发生后导致的损失，增加积极应对风险的过程。制订风险管理相关计划是风险控制的前提条件，一般情况下，对风险的应对有两个方面的内容，一个方面是选择相关措施把风险事件扼杀在萌芽时期，尽可能地消灭或减轻风险，控制在一定的范围内；另一个方面是采取合理的风险转移来减轻风险事故发生后工程目标的影响。因此，我们首先就要对风险源及其风险的特点、类型等进行正确的分析，并利用合理的风险评估方法进行评估，这是风险控制的前提条件。

风险控制的主要方法有风险转移、风险规避、风险预防、损失控制、风险储备、风险自留、风险利用等。

1. 风险转移

这种方法是一种比较经常使用的一个风险控制方法。它主要是针对一些风险发生的概率不是很高而且就算发生导致的损失也不是很大的工程，通过发包、保险及担保的一些方式把工程遇到与一些潜在的风险转移给第三方。例如，总承包商可以把一些勘测设计、设备采购等一些分包给第三方；与保险公司就工程相关方面签订保险合同；一般在工程项目中，担保主要是银行为被担保人的债务、违约及失误承担间接责任的一种承诺。

2. 风险规避

这是一种面对一些发生的概率较高，而且导致的后果比较严重的风险，所采取的主动放弃该工程的方法。但是这种方法有着一些局限性，因为我们知道，很多风险因素是可以相互转化的，消除了这个风险带来的损害的同时又会引起另一个风险的出现。假如我们因为某些高风险问题放弃了一个工程的建设，是直接消除了可能带来的损失，但是我们也不可能得到这个工程带来的盈利方面的收入。所以，有时我们应该衡量好风险和利益之间的比率来选择风险控制的方法。

3. 风险预防

这种方法主要是采取一些措施来对工程的风险进行动态的控制，就是要尽可能地避免风险的发生。一种是运用工程先进合理的技术手段对工程决策和实施阶段提前进行预防控制，降低损失；另一种就是管理人员和施工人员要把实际的进度、资金、质量方面的情况与之前计划好了的相关目标进行对比，要做到事前控制、过程控制和事后控制。发现计划有所偏离，应该立即采取有效的措施，防患于未然。还有就是要加强对管理人员及从事工程的各方人员进行风险教育，提高安全意识。

4. 损失控制

这种方法一般包括两个方面，一是在风险事件还没发生之前就采取相应损失的预防措施，降低风险发生的概率，例如，对于高空作业的工作人员应该要做好高空防护措施，系好安全带等；二是在风险事件发生之后采取相应措施来降低风险导致的损失，如一些自然灾害导致的风险事件。

5. 风险储备

这种方法就是经过分析判断，在一些风险事件对工程的影响范围和危害都不是很确定的情况下，事前制订出多种的预防和控制措施，也就是主控制措施和备用的控制措施，很多施工和资金等方面的风险问题都可以采取备用方案。

6. 风险自留

风险自留这是选择自愿承担风险带来损失的一种方法。一般包括主动自留和被动自留两张，是企业自行准备风险基金。主动自留相对于目标的实现更有力，而被动自留主要是一些以往工程中未出现过的或者出现的概率非常低的风险事件。还有就是因为对项目的风险管理的前几个环节中出现遗漏和判断失误的情形下发生的风险事件，事件发生后其他的风险措施难以解决的，可以选择风险自留的方式。

7. 风险利用

这种方法一般只针对投机风险的情况。在衡量利弊之后，认为其风险的损失小于风险带来的价值，那就可以尝试着对该风险加以利用，转危为机。这种方法较难掌握，采取这种方法应该具备以下几个条件：首先，此风险有无转化我价值的可能性，可能性的大小；其次，实际转化的价值和预计转化的价值之间的比例占多少；再次，项目风险管理者是否具备辨识、认知和应变等方面的能力；最后，要考虑到企业自身能不能承担在转危为机的过程中所要面临的一些困难和应该付出的代价。

上面描述的风险应对措施都会存在一定的局限性，所以处理实际的问题时一般采取组合的方式，也就是采用两种或者两种以上的应对方法来处理问题。因为对于简单的事件，单一的方法可以解决问题，但是复杂的就很棘手，采用组合的方式可以弥补各自之间的不足，使得目标效益最大化。

第五节 水利工程施工质量管理

一、建设项目质量管理概念

（一）建设项目质量的定义

"质量"这个词的内涵极广，它的定义属性也极为丰富。平常工作生活中不可缺少"质量"二字。因此，不同的学者和文献对质量的定义不尽相同。质量就是指物质能够满足和隐藏需求的性质。这其中主要包含服务、产品以及活动。不同的实体，质量的特性也是不同的。

质量管理定义为在既定的质量管理计划、目标及职能设置的基础上，经过质量管理系统的策划、控制、保证及改进来实现其所有相关质量管理职责的行为。通俗地讲，把完成服务和产品适用性作为一个组织或者企业质量管理的根本职责。所以，质量管理并不是一个简单的基础定义，而是一个全方位的具有相当的复杂性的系统工程。

建设项目的质量内涵是指工程项目的使用属性及性质，它是一个综合性的复杂指标。它应该反映出合同中规定的条款，还包括隐藏的功能属性，其中包含下面三个主要内容：

①工程项目建设完工投产运行之后，它所提供的服务或产品的质量属性，生产运行的稳定性和安全性。

②工程项目所采用的设备材料、工艺结构等的质量属性，尤其是耐久性及工程项目的使用寿命。

③其他方面，如造型、可检查性和可维护性等。

（二）建设项目质量管理的内涵

普遍意义中，质量管理的内涵主要指为了实现工程项目质量管理目标而实施的相关具有管理属性的行为及控制活动。这其中主要包含制定方针及目标、进行控制及实施改进措施等。质量管理行为绝对不是孤立的，它也不是与进度、成本、安全等活动相互对立的，而是项目质量管理全过程的一个重要组成因素，是与进度、成本、安全等活动相互促进并相互制约的。质量管理活动应该是贯穿整个工程项目管理全过程的重要活动。

建设项目质量管理的内涵为保障项目方针目标内容的实现，同时能够对劳动成果进行管控的活动。主要包括为保障项目质量管理成果符合协议合同或者业内标准而采用的一系列行为。它是工程项目质量管理中非常重要的、有计划性和系统性的行为。

建设项目质量管理活动的定义是为了达到工程项目质量管理需求而采用的各种行为及活动的总和。其目标为监视控制质量的形成过程，并消灭质量管理各环节中偏离行为准则的现象，以确保质量管理目标的完成。建设项目质量管理活动通过检验建设项目质量成果，判定其是否完全符合相应的准则和规范，并且消除引起劣质结果的因素。

二、质量管理相关理论及其发展

（一）质量管理相关理论

目前，质量管理主要有以下几种重要理论：

1.“零缺陷”理论

“零缺陷”理论，顾名思义，该项理论基本原则和内容是把活动中可能发生的任何错误及缺陷降为零。这种管理方法出发点及目标较为全面。核心思想是企业的生产者第一次就把工作做到非常好，没有任何缺陷，不用依靠事后的验证来发现及解决错误。它强调对缺陷进行提前预防以及对生产过程进行极为有效的控制。

“零缺陷”要求企业管理层应该采取各种激励手段来充分调动生产者的主观能动性和积极性，并且制订高质量的目标，使得生产的产品及从事的业务没有任何缺点。“零缺陷”的成功实现还需要企业生产者具有强烈的产品及业务质量的责任感。“零缺陷”理论强调在整个项目质量管理中，必须全员参与，才能切实提高产品和服务的质量。

“零缺陷”管理理论由外国传入我国。从 20 世纪 80 年代开始，部分管理思想较为先进的组织或企业开始学习采用“零缺陷”管理，并且努力将真正的“零缺陷”作为最重要的活动目标。这就需要所有工作层面对所有产品或者服务质量进行保证，以使整个组织或者企业质量管控水平逐步提高。

2."三部曲"理论

"三部曲"就其内涵而言，是将质量策划、控制以及改进作为服务或者产品全周期质量管控的三个最重要环节。每一个环节都有其相对固定的模式和实施标准。其认为质量管理的目的是保证服务或者产品的质量能确保消费者或者使用者的需求。

三个环节中，质量计划的制订是质量管理"三部曲"的起始点，它是一个能保证满足管理者特定管理目标，并且能够在现有生产环境下施行的过程。在质量计划完成之后，这个过程被移交给操作者。操作人员的职责就是按照既定质量计划施行全部控制管理行为。若既定的质量计划出现某些漏洞，生产过程中的经常性损耗就会始终保持较高的标准。于是，组织或者企业的管理层就会引入一个新的管理环节——质量改进环节。质量改进环节是通过采用各种行之有效有效的办法来提升服务或者产品、过程和体系以满足管理者或者消费者质量管理需求的行为，使质量管理工作达到一个崭新的高度和水平。通过实施质量改进活动，生产过程中的经常性损耗会较大程度地下降。最终，在实施质量改进活动中吸取的经验教训会反馈并影响下一轮的质量计划。于是，质量管理全过程就会形成一个生命力强劲的循环链条。

3.全面质量管理理论

该理论的主要含义是指组织或者企业实施质量管理的权限和范围应该不仅局限在服务或者产品的质量本身，还应该要包含从生产扩展至研究设计、设备材料采购、制造生产、营销销售和后勤服务等质量管理的各个环节。该理论在工程项目质量管理的实际应用中必须关注下面五点原则：以质量为效益、以人为本、预防为先及注重全过程原则。

全面质量管理理论要求将组织内部的所有部门都联合起来，把提高及维持质量等行为组成一个非常高效的系统。同时强调以下三个方面：

①组织或者企业为了使消费者或者使用者对其提供的产品或者服务产生较高的满意度，就必须从更加全方位的角度去寻找解决质量问题的管控办法。需要其把各类先进的管控方法或者思想融合加工，将组织或者企业中的每一道环节的质量管控作到极致，来代替仅在生产环节中依靠统计学来管控质量的做法，以使质量问题得到更为根本的解决。

②产品质量的高低是相对的。而控制质量高低程度的管理过程也不是一蹴而就的。它由制订标准及研制开发等多个步骤构建而成。这些步骤影响着一项服务或者产品质量高低的程度。因此，组织或者企业进行质量管控，就必须关注设计开发生存的全过程，这是全面质量管理的基本原则。

③由于组织或者企业经营持续下去的基础是盈利，那么它就必须要把服务或者产品的功能性和经济性结合起来，既保证服务或者产品能够满足消费者或者使用者的功能需求品质需求，又要充分考虑其成本；否则，长久持续确保服务或者产品的质量水平就是一句空谈。

全面质量管理理论，从问世起就在世界各地关注并研究相关理论的专业领域和群体中得到了相当广泛的传播。同时，由于各国的国情不同，在各国的研究中，也都充分与各国的不同实际进行着有机的结合。20世纪80年代中后期，由于生产水平的提高，该理论有了较快发展，逐步演变为一种全面且综合的管理思想，对其赋予了如下定义：一个组织或者企业将服务或者产品的质量管控作为中心点，而实施的全过程周期的管控行为或者活动。

（二）质量管理的发展

至今，质量管理理论的发展阶段主要有以下四个：

1. 质量检验阶段

这个阶段是以泰勒等专家提出的质量管理理论为标志的。这阶段的质量管理是由专职的质检人员或者质检部门利用各种仪表及检测设备，按照规定的质量标准对生产过程进行严格把关，以确保产品质量。它的特点是强调事后把关及信息反馈行为，但无法在生产过程当中起到预防及控制作用。

2. 统计质量控制阶段

这阶段是利用数理统计技术在生产流程工序之间进行质量控制行为，从而预防不合格产品的产生。使用该种方法能够对影响服务或者产品质量的相关因素进行部分约束。与此同时，世界范围内主流的质量管理由事后检查进化到事前事中预防性控制的管控模式。但是，由于该种方式是以数理统计学科技术为基础的，容易导致组织或者企业把质量管控的关注点集中到数理统计工作者本身，而忽视生产人员以及管理人员的重要影响。因此，质量管理理论必然开创了一个全新的阶段—面管理阶段。

3.全面管理阶段

全面质量管理理论是根据组织或者企业的不同实际情况，通过全周期、全过程的质量控制，运用当代最为先进的科学质量管理模式，保证服务业或者产品的质量，改善质量管理模式的一种思想。

全面质量管理主要特征是面对不同的组织或者企业在条件、环境以及状态等方面的不同，综合性地把数理统计学科、组织管理技术和心理行为科学等各个学科知识以及工具融合统一，建立健全完善高效的质量管理工作系统，并对全过程各个环节加以控制管理，做到生产运行全面受控。全面质量管理是现代的质量管理，它从更高层面上囊括了质量检验及统计质量管理的内容，不再受限于质量管理的职能范畴，而是逐步变成一种把质量管理作为核心内容，行之有效的、综合全面的质量管理模式。

4.质量保证与质量管理标准的形成阶段

人们把一些现代科学技术融入质量管控当中，一些当代互联网的辅助质量管理信息系统被逐步开发应用。近代涌现出了非常多的关于质量管理理论和办法，就是得益于全面质量管理研究的快速发展。其中，得到广泛应用的主要包括"零缺陷"理论等。

三、水利工程质量管理及其优化

（一）水利工程施工管理内容

1.施工前管理

水利工程施工前主要完成的工作包括投标文件的编制及施工承包合同的签订以及工程成本的预算，同时要根据工程需要制定科学合理的合同及施工方案。施工前的管理是属于准备工作阶段，这段时间是为工程的顺利施工提供基础，准备得充分与否是决定工程能否顺利进行以及能否达到高标准高质量的条件。

2.施工中管理

①对图纸进行会审，根据工程的设计确定质量标准和成本目标，根据工程的具体情况，对于一些相对复杂、施工难度较高的项目，要科学安排施工程序，本着方便、快速、保质、低耗的原则进行安排施工，并根据实际情况提出修改意见。

②对施工方案的优化。施工方案的优化是建立在现场施工情况的基础

之上的，根据施工中遇到的情况，科学合理地进行施工组织，以有效控制成本进行针对性管理，做好优化细化的工作。

③加强材料成本管理。对于材料成本控制，首先是要保证质量，然后才是价格，不能为了节约成本而使用质量难以保证的材料，要质优价廉，要根据工序和进度，细化材料的安排，确保流动资金的合理使用，既保证施工作业的连续性，同时也能降低材料的存储成本。另外，对于施工现场的材料要科学合理地进行放置，减少不合理的搬运和损耗，达到降低成本的目的。另外要控制材料的消耗，对大宗材料及周转料进行限额领料，对各种材料要实行余料回收，废物利用，降低浪费。

3. 水利工程施工后管理

水利工程完工后要完成竣工验收资料的准备和加强竣工结算管理。要做好工程验收资料的收集、整理、汇总，以确保完工交付竣工资料的完整性、可靠性。在竣工结算阶段，项目部有关施工、材料部门必须积极配合预算部门，将有关资料汇总、递交至预算部门、预算部门将中标预算、目标成本、材料实耗量、人工费发生额进行分析、比较，查寻结算的漏项，以确保结算的正确性、完整性。要加强资料管理和加强应收账款的管理。

（二）水利工程质量管理的重要性

随着科学技术的发展和市场竞争的需要，质量管理越来越被人们重视。在水利工程建设中，工程质量始终是水利工程建设的关键，任何一个环节，任何一个部位出现问题，都会给整体工程带来严重的后果，直接影响到水利工程的使用效益，甚至造成巨大的经济损失。因此，质量管理是确保水利工程质量的生命线。

工程质量的优劣，直接影响工程建设的速度。劣质工程不仅增加了维修和改造的费用、缩短工程的使用寿命，还会给社会带来极坏的影响。反之，优良的工程质量能给各方带来良好的经济效益和社会效益，建设项目也能早日投入运营，早日见效。由此可见，质量是水利工程建设中的重中之重，不能因为追求进度，而轻视质量，更不能因为追求效益而放弃质量管理。只有深刻认识质量管理的重要性，我们的工作才能做好。

（三）水利工程质量管理存在的问题

1. 质量意识薄弱

"质量第一""质量是工程的生命线"，但迫于工程进度的压力，少数施工单位为了避免由于工期延误引起业主提出索赔，生产"重进度轻质量"倾向，即在工期与质量发生冲突时，往往会是工期优先。一些工程没能认真推行工程项目招标制、项目法人制、工程监理制、工程质量终身制。一些地方与单位行政干预严重，违反建设程序，任意压缩合理工期，影响工程质量；资金不到位，资金运作有问题、压价、要求承包方垫资、拖欠工程款，造成盲目压缩质量成本和质量投入；招投标工作不够规范，违规操作，虚假招标或直接发包工程导致低资质、无资质设计、施工、监理队伍参与工程建设。

2. 工程前期勘测设计不规范

由于前期工程经费不足个别水利工程建设项目的项目规划书、可行性研究报告和初步设计文件，只停留在已有资料的分析上，缺乏对环境、经济、社会水资源配置等方面的综合分析，特别是缺乏较系统全面地满足设计要求的地质勘测资料，致使方案比选不力，新材料、新技术、新工艺的应用严重滞后，整个前期工作做得不够扎实，直接影响到工程建设项目的评估、立项、进度和质量等。

3. 监理市场不规范，监理工作不到位

监理队伍少，人员素质参差不齐，部分人员无证上岗，工作责任心不强；监理市场不规范，监理单位存在"一条龙""同体监理""自行监理"现象，监理成"兼理"；监理工作不到位，工作深度和广度不够，质量能力不强，缺乏有效的方法和手段。

4. 技术力量薄弱

一些中小型水利工程设计、施工单位的设计、施工人员的业务水平较低，对于某些复杂的技术问题无法很好地加以解决。

（四）水利工程质量管理的要点

针对以上水利工程质量管理所存在的问题，应从以下几个方面加强质量管理，确保工程建设的质量。

1. 加强水利工程的测量工作，保证测量的准确性

水利工程建设中，工程设计所需的坐标和高程等基本数据以及工程量

计算等都必须经过测量来确定，而测量的准确性又直接影响到工程设计、工程投入。

2. 加强水利工程设计工作

在水利工程建设项目可行性论证通过并立项后，工程设计就成为影响工程质量的关键因素。工程设计的合理与否对工程建设的工期、进度、质量、成本，工程建成运行后的环境效益、经济效益和社会效益起着决定作用。先进的设计应采用合理、先进的技术、工艺和设备，考虑环境、经济和社会的综合效益，合理地布置场地和预测工期，组织好生产流程，降低成本，提高工程质量。

3. 加强施工质量管理

施工是决定水利工程质量的关键环节之一，因此在施工过程中应加强施工质量管理，保证施工质量。

①加强法制建设，增强法制意识，认真遵守相关的法律法规。

②完善水利工程施工质量管理体系，严格执行事先、事中、事后"三检制"的质量控制，并确保水利工程施工过程中该体系正常和有效地运转，质量管理工作到位。

③水利工程建设中，影响工程质量的因素主要有人、材料、机械、工艺和方法、环境5个方面。因此，在建设过程中应从以上5个方面做好施工质量的管理。

④整个施工过程中应实行严格的动态控制，做到"施工前主动控制，施工时认真检查，施工后严格把关"的质量动态控制措施。

⑤施工时不偷工减料，应严格按照设计图纸和施工规程、规范、技术标准精心进行施工。

⑥加强相关人员的管理，有特殊要求的人员要持证上岗。

⑦加强工程施工过程中的信息交流和沟通管理。

⑧加强技术复核。

水利工程施工过程中，对于重要的或关系整个工程的核心技术工作，必须加强对其的复核避免出现重大差错，确保主体结构的强度和尺寸得到有效控制，保证工程建设的质量。

4. 重视质量管理，落实责任制

相关的管理部门应高度重视水利工程质量管理工作，本着以对国家和人民负责的态度真正把工程质量管理工作落到实处，明确相关人员的责任，层层落实责任制，全面落实责任制，并加强监督和检查，严格按照水利规范和技术要求进行施工，如出现质量问题就要追究当事人的责任，即工程质量终身制，彻底解决工程质量如没人负责问题，能够提高相关人员的责任感。

5. 改进监控方法，提高检测水平

加强原材料、设备的质量控制，对批量购置的材料、设备等，要按国家相关部颁标准或行业技术标准先检测（全面检测或抽样检测）后使用，不合格材料和设备不准使用。加强施工质量监测，对关键工序和重点部位，应严格监控施工质量。

6. 加强技术培训，提高相关人员的业务素质

设计人员、管理人员、施工人员和操作人员业务素质的高低直接影响水利工程建设的质量，加强相关人员的技术培训，提高技术人员的业务素质，能够大大地提高水利工程建设的质量。因此，各个单位应重视员工的专业素质，定期进行相关的培训，提高员工的专业技能和业务素质，促进其掌握并运用新技术、新材料和新工艺等，还应建立完善的考核机制。

综上所述，质量是企业的生存之本，因此，只有高度重视工程质量，才能使企业更好更快地发展。

（五）施工过程的质量控制

施工是形成工程项目实体的过程，也是决定最终产品质量的关键阶段，要提高工程项目的质量，就必须狠抓施工阶段的质量控制。水利水电工程项目施工涉及面广，是一个极其复杂的过程，影响质量的因素很多，使用材料的微小差异、操作的微小变化、环境的微小波动，机械设备的正常磨损，都会产生质量问题，造成质量事故。因此，工程项目施工过程中的质量控制，是工程项目控制的重点，是工程的生命线。施工过程的质量控制，主要表现为现场的质量监控，必须牢牢掌握住"PDCA"循环中的每一个环节。

1. 加强工地试验对质量控制的力度

工地试验室在工程质量管理中是非常重要的一个环节，是企业自检的一个重要部门，应该予以高度的重视。试验人员的素质一定要高，要有强烈

的工作责任心和实事求是的认真精神。必需实事求是。否则，既花了冤枉钱，又耽误了工期，更可能造成严重的后果。

试验室配备的仪器和使用的试验方法除满足技术条款和规范要求外，还要尽量做到技术水平先进。比如在测量工作中，尽量使用全站仪校验放样；即可以提高精度，又可以提高工作效率。

2. 加强现场质量管理和控制

要加强现场质量控制，就必须加强现场跟踪检查工作。工程质量的许多问题，都是通过现场跟踪检查而发现的。要做好现场检查，质量管理人员就一定要腿勤、眼勤、手勤。

腿勤就是要勤跑工地，眼勤就是要勤观察，手勤就是要勤记录。要在施工现场发现问题、解决问题，让质量事故消灭在萌芽状态中，减少经济损失。质量管理人员要在施工现场督促施工人员按规范施工，并随时抽查一些项目，如，混凝土的沙石料、水的称量是否准确，钢筋的焊接和绑扎长度是否达到规范要求，模板的搭设是否牢固紧密等。质量管理人员还应在现场给工人做正确操作的示范，遇到质量难题，质量管理人员要同施工人员一起研究解决，出现质量问题，不能把责任一齐推向施工人员。质量管理者只有做深入细致的调查研究工作，才能做到工程质量管理奖罚分明，措施得当。

目前工地上有一种现象值得重视，那就是好像拆掉多少块混凝土、砸掉多少个结构物、挡墙施工返工多少次，就证明质量工作抓得严，质量工作就做到家了，往往还在质量总结中屡屡提及，把它当作质量管理有效做法。这种做法有它的片面性，是要不得的。应该看到问题的另一面，敲、砸和返工证明质量管理没有做好。试问：为什么在事前不采取措施预防此类问题的发生？因此，质量管理一定要把保证质量、提高质量、对质量精益求精作为施工的提前，未雨绸缪，将质量隐患消除在萌芽状态。

另外，在现场质量管理上，有一个弊病，就是负责管理质量的人没有真正的否决权，技术和行政相对来讲还是分家的。现在的很多工地，特别是中小型工地，往往是行政一把手对质量管理工作说了算，技术人员在技术管理上缺乏相应权力，这样极大地挫伤技术人员的积极性，该管的地方不管，该说的问题不说，一切唯领导是从。这样就难以做好质量控制工作，建议给真正负责质量管理的技术人员一定的否决权。

在现场质量控制的过程中，还应该采取合理的手段和方法。比如在工程施工过程中，往往一些分项分部工程已完成，而其他一些工程尚在施工中；有些专业已施工结束，而有的专业尚在继续进行。在这种情况下，应该对已完成的部分采取有效措施，予以成品保护，防止已完成的工程或部位遭到破坏，避免成品因缺乏必要保护而造成损坏和污染，影响整体工程质量。此时施工单位就应该自觉地加强成品保护的意识，舍得投入必要的财力人力，避免因小失大。科学合理地安排施工顺序，制订多工种交叉施工作业计划时，既要在时间上保证工程进度顺利进行，又要保证交叉施工不产生相互干扰；工序之间、工种之间交接时手续规范，责任明确；提倡文明施工，制定成品保护的具体措施和奖惩制度。

在工程施工过程中，运用全面质量管理的知识，可以采用因果分析图、鱼刺图等方法，对工程质量影响因素进行认真细致的分析，确定质量控制的措施和目标，使工程质量控制有的放矢，达到事前预防、事中严格控制，扭转事后检测不达标的被动局面，提高工程质量控制的水平和效率。

参考文献

[1] 孙友良 . 水利工程施工技术 [M]. 北京：中国水利水电出版社，2022.

[2] 张小华，周厚贵，孙洪水，周厚贵，宗敦峰，梅锦煜，付元初 . 水利水电工程施工技术全书施工导流 [M]. 北京：中国水利水电出版社，2022.

[3] 畅瑞锋 . 水利水电工程水闸施工技术控制措施及实践 [M]. 郑州：黄河水利出版社，2022.

[4] 焦有权，程海风 . 活页式水利工程特色高水平骨干专业群建设系列教材水利水电工程施工资料整编 [M]. 北京：中国水利水电出版社，2022.

[5] 项宏敏，侯志金 . 水利工程隧洞施工技术 [M]. 北京：中国水利水电出版社，2021.

[6] 贺国林 . 中小型水利工程施工监理技术指南 [M]. 长春：吉林科学技术出版社，2021.

[7] 李友华，周厚贵 . 截流 [M]. 北京：中国水利水电出版社，2021.

[8] 赵静，盖海英，杨琳 . 水利工程施工与生态环境 [M]. 长春：吉林科学技术出版社，2021.

[9] 岳丰田 . 高等学校土木工程专业创新型人才培养系列教材地下工程施工技术 [M]. 北京：中国建筑工业出版社，2021.

[10] 宗敦峰 . 水利水电施工 2020 第 6 辑 [M]. 北京：中国水利水电出版社，2021.

[11] 张舒羽，赵颖辉 . 工程水文与水力计算 [M]. 北京：中国水利水电出版社，2021.

[12] 程德虎，李舜才，槐先锋 . 水利水电工程水下检测与修复研究进展水利水电工程水下检测与修复技术论坛论文集 [M]. 北京：中国电力出版社，2021.

[13] 丹建军. 水利工程水库治理料场优选研究与工程实践 [M]. 郑州：黄河水利出版社，2021.

[14] 李成明. 水利工程测量 [M]. 北京：中国水利水电出版社，2021.

[15] 谢文鹏，苗兴皓，姜旭民，唐文超. 水利工程施工新技术 [M]. 北京：中国建材工业出版社，2020.

[16] 闫国新，吴伟. 水利工程施工技术 [M]. 北京：中国水利水电出版社，2020.

[17] 陈惠达. 水利工程施工技术及项目管理 [M]. 中国原子能出版社，2020.

[18] 闫国新. 水利水电工程施工技术 [M]. 郑州：黄河水利出版社，2020.

[19] 朱显鸽. 水利水电工程施工技术 [M]. 郑州：黄河水利出版社，2020.

[20] 代培，任毅，肖晶. 水利水电工程施工与管理技术 [M]. 长春：吉林科学技术出版社，2020.

[21] 马志登. 水利工程隧洞开挖施工技术 [M]. 北京：中国水利水电出版社，2020.

[22] 王国涛，姜和，刘彦军. 中小型水利工程管理与施工技术研究 [M]. 长春：吉林科学技术出版社，2020.

[23] 贺芳丁，刘荣钊，马成远. 水利工程施工设计优化研究 [M]. 长春：吉林科学技术出版社，2019.

[24] 袁俊周，郭磊，王春艳. 水利水电工程与管理研究 [M]. 郑州：黄河水利出版社，2019.

[25] 牛广伟. 水利工程施工技术与管理实践 [M]. 北京：现代出版社，2019.

[26] 刘宏丽. 水利水电工程施工组织与管理 [M]. 郑州：黄河水利出版社，2018.

[27] 金晶. 水利水电工程施工与组织 [M]. 郑州：黄河水利出版社，2018.

[28] 王海雷，王力，李忠才. 水利工程管理与施工技术 [M]. 北京：九州

出版社，2018.

[29] 高占祥 . 水利水电工程施工项目管理 [M]. 南昌：江西科学技术出版社，2018.

[30] 刘勤 . 建筑工程施工组织与管理 [M]. 银川：阳光出版社，2018.

[31] 李明 . 水利工程施工管理与组织 [M]. 郑州：黄河水利出版社，2018.

[32] 梁建林，高秀清，费成效 . 水利工程施工组织与管理第 3 版 [M]. 郑州：黄河水利出版社，2017.

[33] 赵旭升，白炳华 . 水利水电工程施工组织与造价 [M]. 北京：中国水利水电出版社，2017.

[34] 张智涌，双学珍 . 水利水电工程施工组织与管理 [M]. 北京：中国水利水电出版社，2017.

[35] 钟汉华，薛建荣 . 水利水电工程施工组织与管理 [M]. 北京：中国水利水电出版社，2017.